visang

개념+유형

PLUS

유형편

기초탄탄 LITE

중학 수학

1·1

왜 유형편 라이트를 보아야 하나요?

다양한 유형의 문제를 기초부터 반복하여 연습할 수 있도록
구성하였으므로 앞으로 배울 내용을 예습하거나
부족한 유형을 학습하려는 친구라면 누구나 꼭 갖고 있어야 할 교재입니다.
아무리 기초가 부족하더라도 이 한 권만 내 것으로 만든다면 상위권으로 도약할 수 있습니다.

유형편 라이트의 구성

- 문제 풀이의 비법을 담은 내용 정리

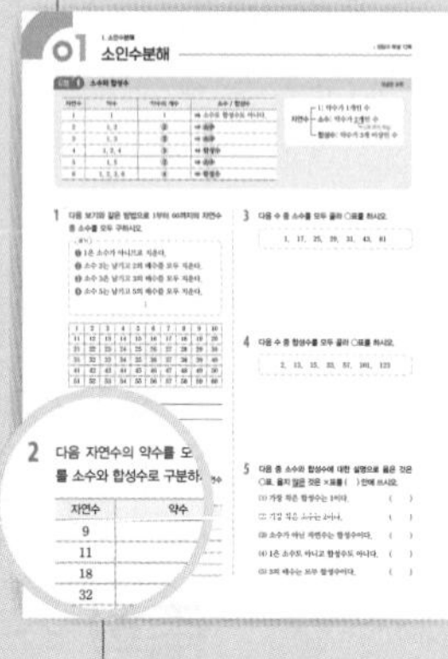

- 꼼꼼하게 짚어주는 단계별 연습 문제
- 부족한 유형은 한 번 더 연습
- 발전된 유형은 한 걸음 더 연습
- 자주 출제되는 문제는 두 번씩 보는 쌍둥이 기출문제

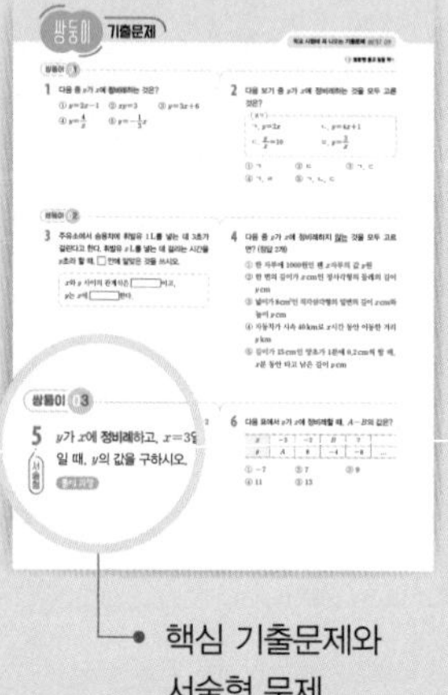

- 핵심 기출문제와 서술형 문제
- 쌍둥이 기출문제 중 핵심 문제만을 모아 단원 마무리

CONTENTS 차례

1 소인수분해

유형 1 소수와 합성수

유형 2 거듭제곱

유형 3 소인수분해

유형 4 소인수분해를 이용하여 제곱인 수 만들기

유형 5 소인수분해를 이용하여 약수와 약수의 개수 구하기

유형 6 공약수와 최대공약수

유형 7 공배수와 최소공배수

01 소인수분해

• 정답과 해설 12쪽

유형 1 소수와 합성수

개념편 8쪽

자연수	약수	약수의 개수	소수 / 합성수
1	1	1	➡ 소수도 합성수도 아니다.
2	1, 2	2	➡ 소수
3	1, 3	2	➡ 소수
4	1, 2, 4	3	➡ 합성수
5	1, 5	2	➡ 소수
6	1, 2, 3, 6	4	➡ 합성수

자연수
- 1: 약수가 1개인 수
- 소수: 약수가 2개인 수 (↳ 1과 자기 자신)
- 합성수: 약수가 3개 이상인 수

1 다음 보기와 같은 방법으로 1부터 60까지의 자연수 중 소수를 모두 구하시오.

(보기)
❶ 1은 소수가 아니므로 지운다.
❷ 소수 2는 남기고 2의 배수를 모두 지운다.
❸ 소수 3은 남기고 3의 배수를 모두 지운다.
❹ 소수 5는 남기고 5의 배수를 모두 지운다.
⋮

1	2	3	4	5	6	7	8	9	10
11	12	13	14	15	16	17	18	19	20
21	22	23	24	25	26	27	28	29	30
31	32	33	34	35	36	37	38	39	40
41	42	43	44	45	46	47	48	49	50
51	52	53	54	55	56	57	58	59	60

⇨ 소수: ______________________

2 다음 자연수의 약수를 모두 구하고, 주어진 자연수를 소수와 합성수로 구분하시오.

자연수	약수	소수 / 합성수
9		
11		
18		
32		
47		

3 다음 수 중 소수를 모두 골라 ○표를 하시오.

1, 17, 25, 29, 31, 43, 81

4 다음 수 중 합성수를 모두 골라 ○표를 하시오.

2, 13, 15, 33, 57, 101, 123

5 다음 중 소수와 합성수에 대한 설명으로 옳은 것은 ○표, 옳지 않은 것은 ×표를 ( ) 안에 쓰시오.

(1) 가장 작은 합성수는 1이다. ( )

(2) 가장 작은 소수는 2이다. ( )

(3) 소수가 아닌 자연수는 합성수이다. ( )

(4) 1은 소수도 아니고 합성수도 아니다. ( )

(5) 3의 배수는 모두 합성수이다. ( )

유형 2 거듭제곱

개념편 9쪽

- $\underbrace{2\times2\times2}_{3번\ 곱}$ $\xrightarrow{\text{거듭제곱으로 나타내면}}$ 2^3
- $\underbrace{2\times2\times2}_{3번\ 곱}\times\underbrace{5\times5}_{2번\ 곱}$ $\xrightarrow{\text{거듭제곱으로 나타내면}}$ $2^3\times5^2$

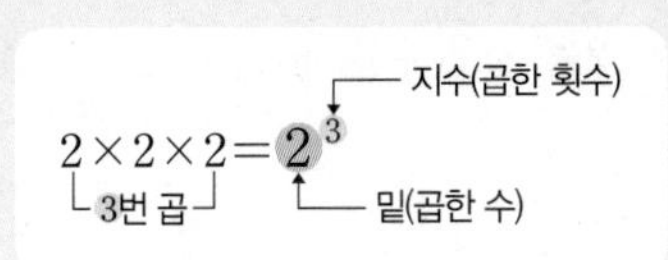

1 다음 거듭제곱의 밑과 지수를 각각 구하시오.

거듭제곱	밑	지수
(1) 5^2		
(2) 10^2		
(3) $\left(\frac{1}{2}\right)^4$		
(4) $\left(\frac{3}{5}\right)^{10}$		

[2~3] 다음을 거듭제곱을 사용하여 나타내시오.

2 (1) $3\times3\times3\times3$ ________

(2) $10\times10\times10\times10\times10$ ________

(3) $\frac{1}{11}\times\frac{1}{11}\times\frac{1}{11}$ ________

(4) $\frac{1}{5\times5\times5\times5}$ ________

3 (1) $2\times3\times3\times2\times3\times3$ ________

(2) $3\times5\times3\times7\times7$ ________

(3) $\frac{1}{5}\times\frac{1}{5}\times\frac{1}{7}\times\frac{1}{7}\times\frac{1}{7}$ ________

(4) $\frac{1}{2\times3\times3\times5\times5\times5}$ ________

4 다음 수를 [ ] 안의 수의 거듭제곱으로 나타내시오.

(1) 16 [2] ________

(2) 27 [3] ________

(3) 125 [5] ________

(4) 10000 [10] ________

(5) $\frac{1}{32}$ $\left[\frac{1}{2}\right]$ ________

(6) $\frac{1}{1000}$ $\left[\frac{1}{10}\right]$ ________

도형의 넓이를 구하는 공식을 생각해 봐.

5 다음을 거듭제곱을 사용하여 나타내시오.

(1) 한 변의 길이가 2인 정사각형의 넓이

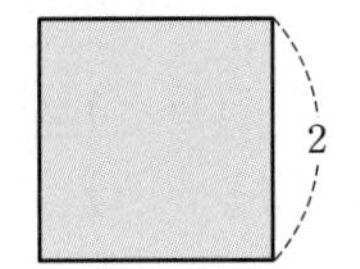

____

(2) 한 모서리의 길이가 5인 정육면체의 부피

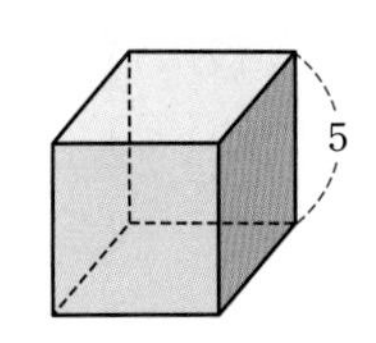

____

유형 3 소인수분해

개념편 10쪽

• 12를 소인수분해 하기
소인수(소수인 약수)만의 곱으로 나타내는 것

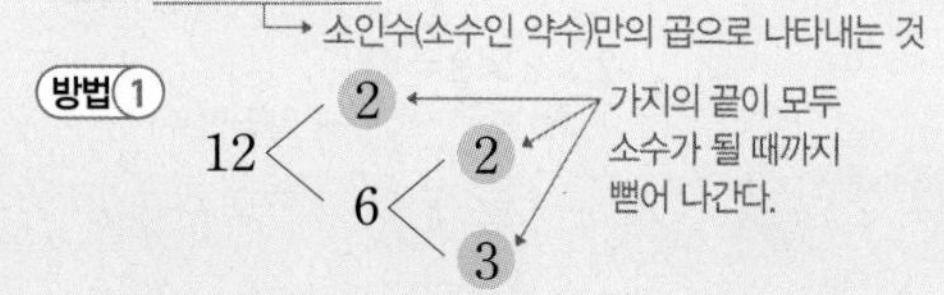

방법 ② 나누어떨어지는 소수로만 나눈다.

2) 12
2) 6
3 ← 몫이 소수가 될 때까지 나눈다.

소인수분해 결과 $12=2\times2\times3=2^2\times3$

12의 소인수: 2, 3

1 다음은 두 가지 방법을 이용하여 주어진 자연수를 소인수분해 하는 과정과 그 결과를 나타낸 것이다. □ 안에 알맞은 수를 쓰시오.

(1) 방법 ①

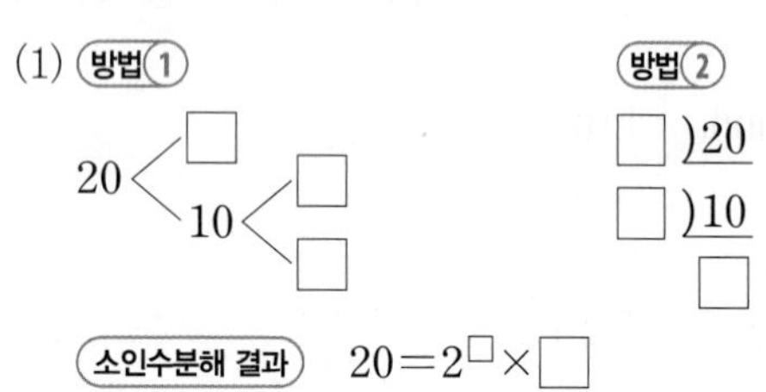

방법 ②

□) 20
□) 10
□

소인수분해 결과 $20=2^{\square}\times\square$

(2) 방법 ①

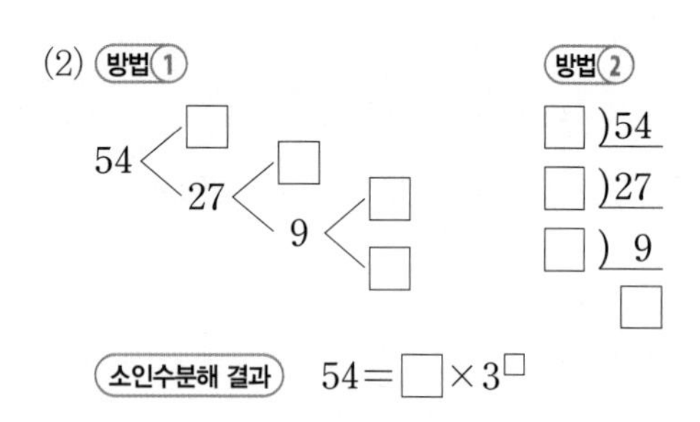

방법 ②

□) 54
□) 27
□) 9
□

소인수분해 결과 $54=\square\times3^{\square}$

2 다음 수를 소인수분해 하고, 각각의 소인수를 모두 구하시오.

(1)) 28
)

28=
소인수: ____

(2)) 40
)
)

40=
소인수: ____

(3)) 140
)
)

140=
소인수: ____

(4)) 540
)
)
)
)

540=
소인수: ____

3 다음 문장에서 잘못된 부분을 찾아 밑줄을 긋고, 그 부분을 바르게 고치시오.

(1) 24를 소인수분해 하면 4×6이다.
⇨ ____

(2) 81을 소인수분해 하면 9^2이다.
⇨ ____

(3) $48=2^4\times3$에서 48의 소인수는 2^4, 3이다.
⇨ ____

4 360을 소인수분해 한 후, 다음 물음에 답하시오.

(1) 소인수를 모두 구하시오. ____

(2) 각 소인수의 지수를 구하시오.

____

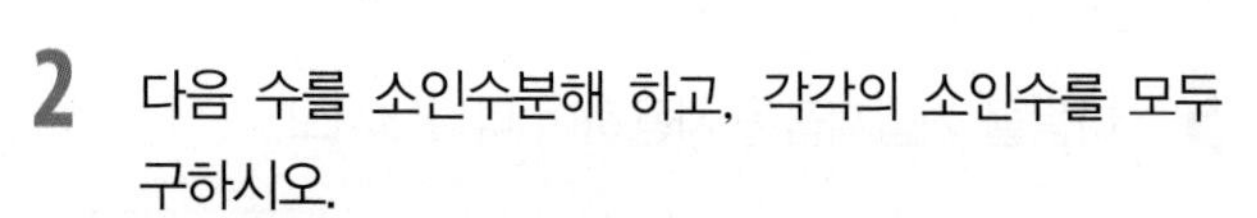

유형 4 소인수분해를 이용하여 제곱인 수 만들기

개념편 10쪽

제곱인 수를 만들 때는 다음과 같은 순서로 한다.
❶ 주어진 수를 소인수분해 한다.
❷ 모든 소인수의 지수가 짝수가 되도록 적당한 자연수를 곱하거나 적당한 자연수로 나눈다.

• 제곱인 수: 어떤 자연수의 제곱인 수는 소인수분해 하였을 때, 모든 소인수의 지수가 짝수이다.
예 $9=3^2$, $16=2^4$, $36=2^2\times3^2$

1 다음 보기와 같이 주어진 수에 가능한 한 작은 자연수를 곱하여 어떤 자연수의 제곱인 수가 되게 하려고 한다. 이때 곱해야 하는 가장 작은 자연수를 구하시오.

(보기)
$2^2\times3$ ← 3의 지수가 짝수가 되어야 한다.
⇨ $2^2\times3\times3=2\times2\times3\times3$
$=(2\times3)\times(2\times3)$
$=(2\times3)^2$

(1) 5^3

(2) $2^4\times7$

(3) $2\times3^2\times5$

2 다음 보기와 같이 주어진 수를 가능한 한 작은 자연수로 나누어 어떤 자연수의 제곱인 수가 되게 하려고 한다. 이때 나눠야 하는 가장 작은 자연수를 구하시오.

(보기)
$2^2\times5^3$ ← 5의 지수가 짝수가 되어야 한다.
⇨ $\dfrac{2^2\times5^3}{5}=\dfrac{2\times2\times5\times5\times5}{5}=2\times2\times5\times5$
$=(2\times5)\times(2\times5)$
$=(2\times5)^2$

(1) 3^5

(2) $2^3\times11^2$

(3) $2^4\times3\times7$

3 156에 가능한 한 작은 자연수를 곱하여 어떤 자연수의 제곱이 되게 하려고 한다. 다음 물음에 답하시오.

(1) 156을 소인수분해 하시오.

(2) 곱해야 하는 가장 작은 자연수를 구하시오.

4 180을 가능한 한 작은 자연수로 나누어 어떤 자연수의 제곱이 되게 하려고 한다. 다음 물음에 답하시오.

(1) 180을 소인수분해 하시오.

(2) 나눠야 하는 가장 작은 자연수를 구하시오.

5 다음 수가 어떤 자연수의 제곱이 되도록 할 때, □ 안에 알맞은 가장 작은 자연수를 구하시오.

(1) $48\times\square$ ________

(2) $60\times\square$ ________

(3) $\dfrac{99}{\square}$ ________

(4) $\dfrac{189}{\square}$ ________

● 정답과 해설 14쪽

유형 5 소인수분해를 이용하여 약수와 약수의 개수 구하기

개념편 11쪽

• 소인수분해를 이용하여 18의 약수와 약수의 개수 구하기

❶ 18을 소인수분해 하기 ➡ $18=2\times3^2$

❷ 표 그리기

(3^2의 약수: 1, 3, 3^2 / 2^1의 약수: 1, 2)

×	1	3	3^2
1	1	3	9
2	2	6	18

→ 18의 약수

❸ 18의 약수 ➡ (2의 약수)×(3^2의 약수) ➡ 1, 2, 3, 6, 9, 18

18의 약수의 개수 ➡ (2^1의 약수의 개수)×(3^2의 약수의 개수) ➡ $(1+1)\times(2+1)=6$

→ 각 소인수의 지수에 1을 더하여 곱한다.

1 다음은 소인수분해를 이용하여 약수를 구하는 과정이다. 표를 완성하고, 주어진 수의 약수를 모두 구하시오.

(1) $2^2\times5$

×	1	
1		

⇨ $2^2\times5$의 약수: ____________

(2) $72=$ ________ (소인수분해)

×	1		
1			

⇨ 72의 약수: ____________

(3) $108=$ ________ (소인수분해)

×	1			
1				

⇨ 108의 약수: ____________

2 다음 수의 약수를 보기에서 모두 고르시오.

(1) $3^2\times5^3$ ________

보기

ㄱ. 1　　ㄴ. 3　　ㄷ. $2^2\times5$

ㄹ. 3^3　　ㅁ. $3^2\times5^2$　　ㅂ. 3×5^4

(2) 112 ________

보기

ㄱ. 8　　ㄴ. 2×5　　ㄷ. 14

ㄹ. 7^2　　ㅁ. $2^2\times7$　　ㅂ. $2^4\times7$

3 다음 수의 약수의 개수를 구하시오.

(1) $2^2\times7$ ⇨ $(\square+1)\times(\square+1)=\square$

(2) $2^4\times5^2$ ________

(3) $2^2\times5\times7^3$ ________

(4) $3^2\times5^3\times7^2$ ________

(5) $200=\square$ (소인수분해) ________

(6) 135 ________

• 정답과 해설 15쪽

학교 시험에 꼭 나오는 **기출문제** *BEST 11*

형광펜 들고 밑줄 짝~

쌍둥이 01

1 다음 수 중 소수는 모두 몇 개인지 구하시오.

1, 5, 27, 32, 47, 51, 63

2 10보다 크고 20보다 작은 자연수 중 소수가 a개, 합성수가 b개일 때, $b-a$의 값을 구하시오.

쌍둥이 02

3 다음 중 옳은 것은?

① 1은 소수이다.
② 한 자리의 자연수 중 소수는 5개이다.
③ 가장 작은 소수는 3이다.
④ 모든 자연수는 약수가 2개 이상이다.
⑤ 자연수는 1과 소수, 합성수로 이루어져 있다.

4 다음 보기 중 옳은 것을 모두 고르시오.

보기

ㄱ. 모든 짝수는 합성수이다.
ㄴ. 9의 약수는 1과 9뿐이다.
ㄷ. 가장 작은 합성수는 4이다.
ㄹ. 두 소수의 합은 항상 합성수이다.
ㅁ. 1을 제외한 모든 자연수는 약수가 2개 이상이다.

쌍둥이 03

5 $5\times5\times5\times5$를 거듭제곱으로 나타낼 때, 밑을 a, 지수를 b라 하자. 이때 $a+b$의 값은?

① 9 ② 10 ③ 11
④ 12 ⑤ 13

6 다음 중 거듭제곱으로 나타내었을 때, 밑이 7이고 지수가 3인 수는?

① 21 ② 98 ③ 147
④ 343 ⑤ 441

쌍둥이 04

7 다음 중 옳은 것은?

① $2+2+2=2^3$ ② $7^2=49$
③ $10^4=1000$ ④ $\frac{1}{5}\times\frac{1}{5}\times\frac{1}{5}=\frac{3}{5}$
⑤ $3\times3\times5\times3\times5=3^3+5^2$

8 다음 중 옳지 않은 것을 모두 고르면? (정답 2개)

① $2^2=4$ ② $5^3=15$
③ $3^3=27$ ④ $\frac{2}{3}\times\frac{2}{3}\times\frac{2}{3}=\frac{2^3}{3}$
⑤ $\frac{1}{2\times2\times7\times7\times7}=\frac{1}{2^2\times7^3}$

쌍둥이 05

9 270을 바르게 소인수분해 한 것은?

① $2\times3\times5\times9$ ② 27×10
③ $27\times2\times5$ ④ $2^2\times3^2\times5$
⑤ $2\times3^3\times5$

10 다음 중 소인수분해를 바르게 한 것을 모두 고르면? (정답 2개)

① $56=2^2\times14$ ② $72=2^3\times9$
③ $108=2^2\times3^3$ ④ $150=3\times5\times10$
⑤ $350=2\times5^2\times7$

쌍둥이 06

11 126의 소인수를 모두 구하시오.

12 다음 중 196의 소인수인 것을 모두 고르면? (정답 2개)

① 2 ② 2^2 ③ 7
④ 14 ⑤ 7^2

쌍둥이 07

13 132를 소인수분해 하면 $2^a\times3^b\times11^c$일 때, 다음 물음에 답하시오. (단, a, b, c는 자연수)

서술형

(1) 132를 소인수분해 하시오.
(2) $a+b+c$의 값을 구하시오.

풀이 과정

(1)

(2)

답 (1) (2)

14 60을 소인수분해 하였을 때, 모든 소인수의 지수의 합을 구하시오.

쌍둥이 08

15 84에 자연수를 곱하여 어떤 자연수의 제곱이 되게 하려고 한다. 이때 곱해야 하는 가장 작은 자연수를 구하시오.

16 서술형 63에 가능한 한 작은 자연수 a를 곱하여 어떤 자연수의 제곱이 되게 하려고 한다. 다음 물음에 답하시오.

(1) a의 값을 구하시오.

(2) $63\times a$가 어떤 자연수의 제곱이 되는지 구하시오.

풀이 과정

(1)

(2)

답 (1)　　　(2)

쌍둥이 09

17 다음 중 $2^3\times7$의 약수가 아닌 것은?

① 1　② 2　③ 2×7　④ 2^3　⑤ $2^2\times7^2$

18 다음 중 72의 약수가 아닌 것은?

① 2×3　② $2^2\times3^2$　③ 2^3　④ 3^3　⑤ $2^3\times3^2$

쌍둥이 10

19 $2^2\times5^2$의 약수의 개수는?

① 4　② 5　③ 6　④ 9　⑤ 14

20 120의 약수의 개수는?

① 8　② 10　③ 16　④ 20　⑤ 25

쌍둥이 11

21 $2^a\times3^2$의 약수의 개수가 12일 때, 자연수 a의 값은?

① 1　② 2　③ 3　④ 4　⑤ 5

22 자연수 $5^2\times\square$의 약수의 개수가 9일 때, 다음 중 $\square$ 안에 알맞은 수는?

① 2　② 3　③ 5　④ 7　⑤ 9

02 최대공약수와 최소공배수

• 정답과 해설 16쪽

유형 6 공약수와 최대공약수

개념편 14~15쪽

(1) **공약수**: 두 개 이상의 자연수의 공통인 약수

(2) **최대공약수**: 공약수 중에서 가장 큰 수

(3) **최대공약수의 성질**

공약수는 최대공약수의 약수이다.

8의 약수: 1, 2, 4, 8
12의 약수: 1, 2, 3, 4, 6, 12
최대공약수: 4

➡ 공약수 1, 2, 4는 최대공약수 4의 약수와 같다.

(4) **서로소**: 최대공약수가 1인 두 자연수

예 • 4와 9의 최대공약수는 1 ➡ 4와 9는 서로소이다.
• 15와 21의 최대공약수는 3 ➡ 15와 21은 서로소가 아니다.

(5) **소인수분해를 이용하여 최대공약수 구하기**

❶ 주어진 수를 각각 소인수분해 한다.

❷ 공통인 소인수를 모두 곱한다. 이때 소인수의 지수가 같으면 그대로, 다르면 지수가 작은 것을 택하여 곱한다.

$12=2^2\times3$
$36=2^2\times3^2$
$2^2\times3=12$

지수가 같으면 그대로 / 지수가 다르면 지수가 작은 것

1 어떤 두 자연수의 최대공약수가 다음과 같을 때, 이 두 자연수의 공약수를 모두 구하시오.

(1) 15 (2) 16

(3) 35 (4) 54

공통인 소인수 중 지수가 작거나 같은 것을 택하여 모두 곱하면 돼.

2 다음 수들의 최대공약수를 소인수의 곱으로 나타내시오.

(1) $2^2\times3$
2×3^3

(2) $2^2\times3\times5^2$
$2^2\times3\quad\times7$

(3) $3^2\times5,\ 3^4\times5^3$

(4) $2\times3^2\times7,\ 2^2\times3^2\times5$

(5) $3\times5^2\times7,\ 3^2\times5\times7,\ 3^3\times7^2$

(6) $2\times3^2\times5,\ 2^2\times3^3\times5,\ 3^2\times5^2\times7$

3 소인수분해를 이용하여 다음 수들의 최대공약수를 구하시오.

(1) 9, 12 (2) 24, 32

(3) 48, 72 (4) 70, 98

(5) 8, 10, 30 (6) 60, 84, 108

(7) 66, 110, $2^2\times3\times11$ (8) 180, 216, $2^4\times3^3$

4 다음 중 두 수가 서로소인 것은 ○표, 서로소가 아닌 것은 ×표를 ( ) 안에 쓰시오.

(1) 3, 5 ( ) (2) 9, 25 ( )

(3) 12, 51 ( ) (4) 15, 18 ( )

(5) 17, 21 ( ) (6) 20, 34 ( )

유형 7 공배수와 최소공배수

개념편 16~17쪽

(1) 공배수: 두 개 이상의 자연수의 공통인 배수
(2) 최소공배수: 공배수 중에서 가장 작은 수
(3) 최소공배수의 성질
① 공배수는 최소공배수의 배수이다.
② 서로소인 두 자연수의 최소공배수는 두 수의 곱과 같다.

2의 배수: 2, 4, 6, 8, …
4의 배수: 4, 8, …
최소공배수: 4
➡ 공배수 4, 8, …은 최소공배수 4의 배수와 같다.

(4) 소인수분해를 이용하여 최소공배수 구하기
❶ 주어진 수를 각각 소인수분해 한다.
❷ 공통인 소인수와 공통이 아닌 소인수를 모두 곱한다. 이때 소인수의 지수가 같으면 그대로, 다르면 지수가 큰 것을 택하여 곱한다.

$12=2^2\times3$
$30=2\times3\times5$
$2^2\times3\times5=60$

지수가 다르면 지수가 큰 것
지수가 같으면 그대로
공통이 아닌 것도

1 어떤 두 자연수의 최소공배수가 다음과 같을 때, 이 두 자연수의 공배수를 작은 수부터 차례로 3개만 구하시오.

(1) 7 (2) 16

(3) 20 (4) 35

2 어떤 두 자연수의 최소공배수가 다음과 같을 때, 이 두 자연수의 공배수 중에서 100 이하인 수는 모두 몇 개인지 구하시오.

(1) 15 (2) 25

공통인 소인수와 공통이 아닌 소인수를 모두 곱하고, 지수는 크거나 같은 것을 택하면 돼.

3 다음 수들의 최소공배수를 소인수의 곱으로 나타내시오.

(1)
2×3
$2^2\times3\times5$

(2)
$2\times3^2\times5$
$2\times3\times7$
$3\times5^2\times7$

(3) 2×3^2, $2^4\times3$

(4) $3^2\times5$, 3×7

(5) 2×3^2, 3×5, $2^2\times3\times5^2$

(6) $2\times3^3\times7$, $2^2\times7$, $2^3\times7$

4 소인수분해를 이용하여 다음 수들의 최소공배수를 구하시오.

(1) 10, 32 (2) 15, 75

(3) 42, 78 (4) 60, 72

(5) 18, 30, 45 (6) 20, 36, 42

(7) 5×7, 70, 84 (8) 66, 99, $2^2\times3\times5$

한 번 더 연습

유형 6~7

1 다음 수의 최대공약수를 구하고, 최대공약수를 이용하여 공약수를 모두 구하시오.

(1) $2^2 \times 3$, 3×5^2 최대공약수: ________ 공약수: ________

(2) $2 \times 3 \times 5^2$, $2^3 \times 5^2 \times 7$, $2 \times 5 \times 7^2$ 최대공약수: ________ 공약수: ________

(3) 78, 102 최대공약수: ________ 공약수: ________

(4) 96, 108, 144 최대공약수: ________ 공약수: ________

2 다음 수의 최소공배수를 구하고, 최소공배수를 이용하여 공배수를 작은 수부터 차례로 3개만 구하시오.

(1) 2×3, 3×5 최소공배수: ________ 공배수: ________

(2) $2^2 \times 3$, $2 \times 3 \times 5$, $2^2 \times 3^2 \times 5$ 최소공배수: ________ 공배수: ________

(3) 12, 28 최소공배수: ________ 공배수: ________

(4) 30, 40, 45 최소공배수: ________ 공배수: ________

3 주어진 두 수의 최대공약수가 다음과 같을 때, 자연수 a, b의 값을 각각 구하시오.

(1)
$$\begin{array}{r} 2^2 \times 3^a \times 5^4 \\ 3^3 \times 5^b \\ \hline (\text{최대공약수}) = 3^2 \times 5^3 \end{array}$$

(2)
$$\begin{array}{r} 2^2 \times 3^2 \times 5^3 \\ 2^a \times 3^3 \times 5^b \\ \hline (\text{최대공약수}) = 2 \times 3^2 \times 5^2 \end{array}$$

(3)
$$\begin{array}{r} 2^a \times 3^5 \quad \times 7 \\ 2^4 \times 3^b \times 5 \\ \hline (\text{최대공약수}) = 2 \times 3^3 \end{array}$$

4 주어진 두 수의 최소공배수가 다음과 같을 때, 자연수 a, b, c의 값을 각각 구하시오.

(1)
$$\begin{array}{r} 2^a \times 3 \\ 2^2 \times 3^b \times 5^c \\ \hline (\text{최소공배수}) = 2^4 \times 3^2 \times 5 \end{array}$$

(2)
$$\begin{array}{r} 2 \times 3^2 \times 5^c \\ 2^a \times 3^b \quad \times 7 \\ \hline (\text{최소공배수}) = 2^3 \times 3^4 \times 5^2 \times 7 \end{array}$$

(3)
$$\begin{array}{r} 2^a \quad \times 5 \times 7^c \\ 2^2 \times 3 \times 5^b \\ \hline (\text{최소공배수}) = 2^5 \times 3 \times 5^3 \times 7 \end{array}$$

• 정답과 해설 19쪽

학교 시험에 꼭 나오는 **기출문제** *BEST 08*

형광펜 들고 밑줄 쫙~

쌍둥이 01

1 두 자연수 A, B의 최대공약수가 10일 때, 다음 중 A, B의 공약수가 아닌 것은?

① 1　　② 2　　③ 5
④ 6　　⑤ 10

2 어떤 두 자연수의 최대공약수가 25일 때, 이 두 자연수의 공약수를 모두 구하시오.

쌍둥이 02

3 두 수 $2^3\times3^3$, $2\times3^2\times7^2$의 최대공약수를 소인수의 곱으로 나타내시오.

4 세 수 12, 40, 60의 최대공약수를 소인수분해를 이용하여 구하시오.

쌍둥이 03

5 다음 중 두 수 $2\times3^2\times5$, $2^2\times3^3\times7$의 공약수가 아닌 것은?

① 2　　② 6　　③ 9
④ 18　　⑤ 30

6 다음 중 세 수 45, 3×5^2, $2\times3^2\times5$의 공약수를 모두 고르면? (정답 2개)

① 3　　② 6　　③ 9
④ 12　　⑤ 15

쌍둥이 04

7 다음 중 서로소인 두 자연수로 짝 지어진 것은?

① 6, 21　　② 8, 9　　③ 9, 15
④ 12, 21　　⑤ 35, 63

8 다음 중 서로소인 두 자연수로 짝 지어진 것이 아닌 것은?

① 2, 3　　② 4, 9　　③ 6, 25
④ 13, 52　　⑤ 27, 70

• 정답과 해설 19쪽

쌍둥이 05

9 다음 중 최소공배수가 24인 두 자연수의 공배수가 아닌 것은?

① 48 ② 72 ③ 96
④ 124 ⑤ 144

10 어떤 두 자연수의 최소공배수가 30일 때, 이 두 자연수의 공배수 중 200에 가장 가까운 수를 구하시오.

쌍둥이 06

11 세 수 2×3^2, $2^2\times3^2\times5$, $2\times3\times5^2$의 최소공배수는?

① $2\times3^2\times5^2$ ② $2^2\times3^2\times5^2$
③ $2^2\times3^3\times5^2$ ④ $2^3\times3^2\times5$
⑤ $2^3\times3^3\times5^2$

12 두 수 $2^2\times3\times5$, 140의 최소공배수를 소인수의 곱으로 나타내시오.

쌍둥이 07

13 다음 중 두 수 $2\times3^2\times5^2$, $2^2\times3^3\times7$의 공배수가 아닌 것은?

① $2^2\times3^3\times5^2\times7$ ② $2^3\times3^3\times5^2\times7^2$
③ $2^4\times3^3\times5^4\times7$ ④ $2^2\times3^4\times5\times7^2$
⑤ $2^2\times3^3\times5^2\times7^3$

14 다음 중 세 수 $2^2\times3^3\times7$, $2\times3^2\times7^2$, 63의 공배수를 모두 고르면? (정답 2개)

① $2\times3^2\times7$ ② $2^2\times3^4\times7$
③ $2^3\times3^2\times7^2$ ④ $2^2\times3^4\times7^2$
⑤ $2^4\times3^5\times7^3$

쌍둥이 08

15 두 자연수 $2^2\times3^a\times5$, $2^4\times3^5\times5^b$의 최대공약수가 $2^2\times3^3\times5$이고 최소공배수가 $2^4\times3^5\times5^2$일 때, 자연수 a, b에 대하여 $a+b$의 값은?

① 5 ② 6 ③ 8
④ 10 ⑤ 12

16 세 자연수 $2^a\times3\times b\times11$, $2^4\times3^2\times5^2$, $2^4\times3^3\times5^2$의 최대공약수가 $2^3\times3\times5$이고 최소공배수가 $2^4\times3^c\times5^2\times11$일 때, 자연수 a, b, c에 대하여 $a+b+c$의 값을 구하시오.

• 정답과 해설 20쪽

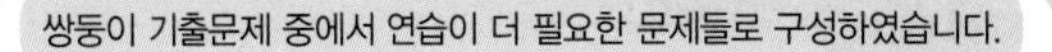

1 20 이하의 자연수 중 약수가 2개인 수는 모두 몇 개인지 구하시오.

소수와 합성수

2 다음 중 옳은 것을 모두 고르면? (정답 2개)

거듭제곱으로 나타내기

① $2^3=6$　　② $3\times3\times3\times3=4^3$　　③ $\frac{1}{7}\times\frac{1}{7}\times\frac{1}{7}=\left(\frac{1}{7}\right)^3$
④ $100000=10^6$　　⑤ $2\times2\times3\times3\times3=2^2\times3^3$

3 다음 중 소인수분해를 바르게 한 것을 모두 고르면? (정답 2개)

소인수분해 하기

① $24=2^2\times6$　　② $75=3\times5^2$　　③ $100=10^2$
④ $180=2\times6\times15$　　⑤ $204=2^2\times3\times17$

4 234의 모든 소인수의 합은?

소인수

① 5　　② 12　　③ 17
④ 18　　⑤ 24

5 120에 가능한 한 작은 자연수 x를 곱하여 어떤 자연수 y의 제곱이 되도록 할 때, $x+y$의 값을 구하시오.

소인수분해를 이용하여 제곱인 수 만들기

6 다음 보기 중 150의 약수가 아닌 것을 모두 고르시오.

🔗 소인수분해를 이용하여 약수 구하기

보기

ㄱ. 2×3　　ㄴ. 3^2　　ㄷ. $2\times3\times5$

ㄹ. 2×5^2　　ㅁ. $2^2\times3\times5^2$　　ㅂ. $2\times3\times5^2$

7 다음 중 약수의 개수가 나머지 넷과 다른 하나는?

🔗 약수의 개수 구하기

① $2^3\times3^2$　　② $3\times5^2\times7$　　③ $7^2\times11^3$

④ 84　　⑤ 112

8 세 수 $2^2\times3^3$, $2^3\times3^2\times7$, $2^4\times3^2\times5$의 최대공약수는?

🔗 최대공약수 구하기

① 2^2　　② 2×3　　③ $2^2\times3^2$

④ $2\times3\times7$　　⑤ $2^2\times3^2\times5$

서술형

9 세 수 80, 140, 200에 대하여 다음 물음에 답하시오.

🔗 최대공약수의 성질

(1) 소인수분해를 이용하여 세 수 80, 140, 200의 최대공약수를 구하시오.

(2) (1)을 이용하여 세 수 80, 140, 200의 공약수를 모두 구하시오.

풀이 과정

(1)

(2)

답 (1)　　(2)

10 다음 수 중 10과 서로소인 수의 개수는?

> 2, 5, 13, 15, 17, 24, 27

① 2 ② 3 ③ 4
④ 5 ⑤ 6

서로소

11 다음 중 두 수의 최소공배수가 $2^3\times3^2\times7$인 것은?

① $2^2\times3$, $2\times3^2\times7$ ② $2^3\times3\times7$, $2\times3\times7$ ③ $2^2\times3$, $2\times3\times7$
④ $2^3\times3$, $3^2\times7$ ⑤ $2^5\times3^2\times7$, $2^3\times3^4\times5\times7$

최소공배수 구하기

12 다음 중 세 수 12, 84, $2^3\times3^2\times7$의 공배수가 <u>아닌</u> 것은?

① $2^3\times3\times7$ ② $2^3\times3^2\times7$ ③ $2^3\times3^2\times7^2$
④ $2^4\times3^2\times7$ ⑤ $2^4\times3^2\times5\times7$

최소공배수의 성질

13 두 수 $2^a\times3^2$, $2^2\times3^b\times5$의 최대공약수는 $2^2\times3^2$이고 최소공배수는 $2^2\times3^3\times5$일 때, 자연수 a, b에 대하여 $a+b$의 값은?

① 3 ② 4 ③ 5
④ 6 ⑤ 7

최대공약수와 최소공배수가 주어질 때, 밑과 지수 구하기

2 정수와 유리수

01 정수와 유리수

● 정답과 해설 22쪽

유형 1 양수와 음수 / 정수와 유리수

개념편 30~32쪽

(1) 양수와 음수

• 2℃ 증가 ➡ +2℃ (양의 부호)
  3℃ 감소 ➡ −3℃ (음의 부호)

• 0보다 5만큼 큰 수 ➡ +5 ➡ 양수

• 0보다 $\frac{1}{3}$만큼 작은 수 ➡ $-\frac{1}{3}$ ➡ 음수

(2) 정수와 유리수

유리수
- 정수
  - 양의 정수(자연수): +1, +2, +3, ...
  - 0
  - 음의 정수: −1, −2, −3, ...
- 정수가 아닌 유리수: $-\frac{1}{2}$, $\frac{2}{3}$, −0.4, ...

양의 유리수, 0, 음의 유리수를 통틀어 유리수라 한다.

1 다음을 양의 부호 + 또는 음의 부호 −를 사용하여 나타내시오.

(1) 500원 수입: +500원
300원 지출: ______

(2) 지상 15층: +15층
지하 4층: ______

(3) 10 cm 하강: −10 cm
6 cm 상승: ______

2 다음 수를 양의 부호 + 또는 음의 부호 −를 사용하여 나타내시오.

(1) 0보다 8만큼 큰 수 ______

(2) 0보다 11만큼 작은 수 ______

(3) 0보다 $\frac{1}{7}$만큼 큰 수 ______

(4) 0보다 0.6만큼 작은 수 ______

3 다음 수를 보기에서 모두 고르시오.

보기
−1, −5, +3, +4, 0, −100

(1) 양수 ______

(2) 음수 ______

4 다음 수 중 정수의 개수를 구하시오. ______

+5, −2.5, $\frac{4}{2}$, $\frac{3}{4}$, −7, 0.4

5 다음 수를 보기에서 모두 고르시오.

보기
−3, 0, $+\frac{1}{2}$, $-\frac{3}{5}$, 3.14, 10, $-\frac{10}{5}$

(1) 정수 ______

(2) 정수가 아닌 유리수 ______

(3) 양의 유리수 ______

(4) 음의 유리수 ______

6 다음 중 정수와 유리수에 대한 설명으로 옳은 것은 ○표, 옳지 않은 것은 ×표를 ( ) 안에 쓰시오.

(1) 모든 자연수는 유리수이다. ( )

(2) 정수는 양의 정수와 음의 정수로 이루어져 있다. ( )

(3) 가장 작은 양의 유리수는 1이다. ( )

(4) 0은 음수도 아니고 양수도 아니다. ( )

● 정답과 해설 22쪽

유형 2 수직선 / 절댓값

개념편 34~36 쪽

(1) 수직선

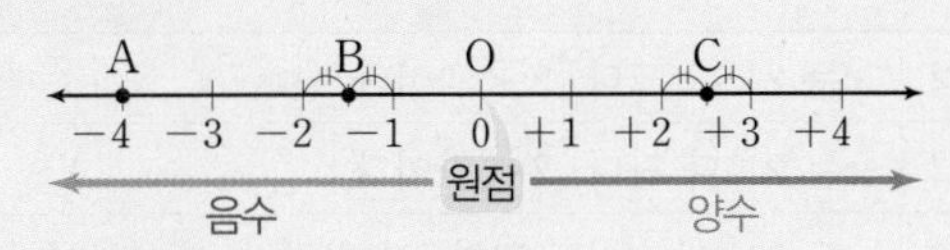

➡ A: -4, B: $-\frac{3}{2}$, C: $+\frac{5}{2}$

(2) 절댓값 → 수직선 위에서 원점과 어떤 수에 대응하는 점 사이의 거리

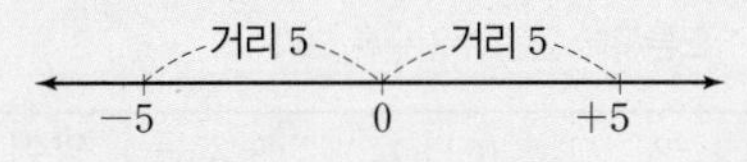

➡ -5의 절댓값: $|-5|=5$
$+5$의 절댓값: $|+5|=5$

참고 절댓값은 거리를 나타내므로 항상 0 또는 양수이다.

1 다음 수직선 위의 네 점 A, B, C, D에 대응하는 수를 각각 구하시오.

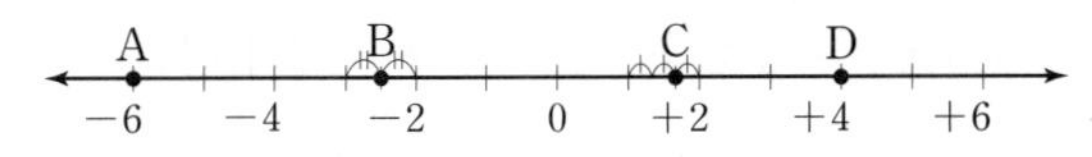

A: ________ B: ________
C: ________ D: ________

2 다음 수에 대응하는 점을 수직선 위에 나타내시오.

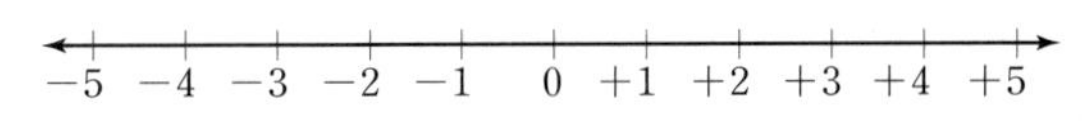

(1) $+2$ (2) -5

(3) $-\frac{1}{3}$ (4) $+\frac{7}{2}$

3 다음 수의 절댓값을 구하시오.

(1) $+7$ ________ (2) -2.6 ________

(3) 0 ________ (4) $-\frac{5}{6}$ ________

4 다음을 구하시오.

(1) $|-11|$ ________ (2) $|+14|$ ________

(3) $\left|-\frac{5}{4}\right|$ ________ (4) $\left|+\frac{13}{6}\right|$ ________

5 다음을 구하시오.

(1) 절댓값이 9인 수 ________

(2) 절댓값이 0.5인 양수 ________

(3) 절댓값이 $\frac{2}{3}$인 음수 ________

6 절댓값이 4인 수에 대응하는 점을 다음 수직선 위에 모두 나타내고, 두 점 사이의 거리를 구하시오.

−5 −4 −3 −2 −1 0 +1 +2 +3 +4 +5

7 다음 수를 절댓값이 큰 수부터 차례로 나열하시오.

(1) $-4,\ 0,\ +11,\ -27,\ +9$

____

(2) $+2,\ -\frac{1}{3},\ -3,\ \frac{5}{4},\ -1$

____

8 다음 중 절댓값에 대한 설명으로 옳은 것은 ○표, 옳지 않은 것은 ×표를 ( ) 안에 쓰시오.

(1) 절댓값이 가장 작은 수는 0이다. ( )

(2) 양수의 절댓값은 음수의 절댓값보다 항상 크다. ( )

(3) 절댓값이 같은 수는 항상 2개이다. ( )

(4) 절댓값이 클수록 수직선 위에서 원점으로부터 멀리 떨어진 점에 대응한다. ( )

유형 3 수의 대소 관계 / 부등호의 사용

개념편 37쪽

(1) 수의 대소 관계

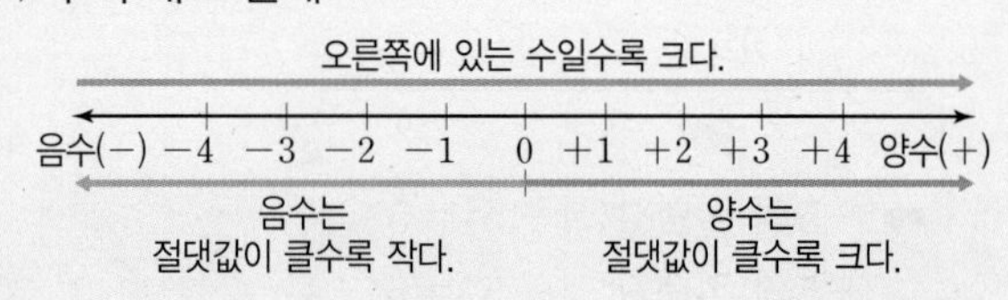

(2) 부등호의 사용

$x>2$	x는 2보다 크다, 2 초과이다.
$x<2$	x는 2보다 작다, 2 미만이다.
$x\geq 2$	x는 2보다 크거나 같다, 작지 않다, 2 이상이다.
$x\leq 2$	x는 2보다 작거나 같다, 크지 않다, 2 이하이다.

[1~2] 다음 □ 안에 부등호 <, > 중 알맞은 것을 쓰시오.

1 (1) $+7$ □ $+2$

(2) -6 □ -1

(3) $+3$ □ -7

(4) -5 □ 0

2 (1) $+\frac{11}{3}$ □ $+3$

(2) $-\frac{1}{2}$ □ $-\frac{1}{3}$

(3) $+\frac{7}{5}$ □ $+1.8$

(4) -2.7 □ -3.5

3 다음 수를 작은 수부터 차례로 나열하시오.

(1) $-8,\quad +2.5,\quad -\frac{16}{3},\quad 0,\quad 5$

(2) $+3,\quad -\frac{5}{4},\quad 0,\quad -2,\quad \frac{21}{4}$

4 다음을 부등호를 사용하여 나타내시오.

(1) x는 5보다 크지 않다.

(2) x는 -1보다 크고 6보다 작거나 같다.

(3) x는 3 이상이고 8 미만이다.

(4) x는 $-\frac{2}{3}$보다 작지 않다.

5 수직선을 이용하여 다음을 만족시키는 수를 모두 구하시오.

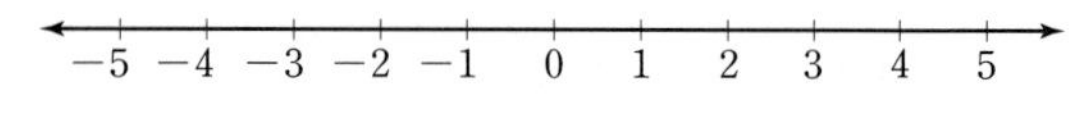

(1) $-\frac{5}{2}$보다 크고 4보다 작은 정수

(2) -1보다 크거나 같고 2 이하인 정수

(3) 절댓값이 2 이하인 정수

6 다음을 만족시키는 정수 a의 값을 모두 구하시오.

(1) $-3\leq a<1$

(2) $-\frac{9}{4}<a\leq\frac{7}{3}$

• 정답과 해설 24쪽

학교 시험에 꼭 나오는 **기출문제** *BEST 10*

형광펜 들고 밑줄 쫙~

쌍둥이 01

1 증가하거나 0보다 큰 값은 양의 부호 +를, 감소하거나 0보다 작은 값은 음의 부호 −를 사용하여 나타낼 때, 다음 중 옳은 것은?

① 600원 손해: +600원
② 해저 300 m: +300 m
③ 실점 15점: +15점
④ 출발 7일 전: −7일
⑤ 영상 9 ℃: −9 ℃

2 증가하거나 0보다 큰 값은 양의 부호 +를, 감소하거나 0보다 작은 값은 음의 부호 −를 사용하여 밑줄 친 부분을 나타낼 때, 다음 중 옳지 않은 것은?

① 작년보다 키가 5 cm 커졌다.: +5 cm
② 지혜의 생일은 8일 후이다.: +8일
③ 중간고사의 평균 점수가 3점 올랐다.: +3점
④ 책 값이 10 % 인하되었다.: −10 %
⑤ 1개월 전보다 몸무게가 1 kg 감소했다.: +1 kg

쌍둥이 02

3 다음 수에 대한 설명으로 옳지 않은 것을 모두 고르면? (정답 2개)

$-5.5,\quad 4,\quad +\frac{1}{3},\quad -\frac{5}{4},\quad 0,\quad -\frac{9}{3}$

① 정수는 3개이다.
② 유리수는 3개이다.
③ 양수는 2개이다.
④ 음수는 4개이다.
⑤ 자연수는 1개이다.

4 다음 중 정수가 아닌 유리수를 모두 고르면? (정답 2개)

① 3.9 ② 0 ③ $-\frac{16}{4}$
④ −5 ⑤ $\frac{7}{2}$

쌍둥이 03

5 다음 중 수직선 위의 다섯 개의 점 A, B, C, D, E에 대응하는 수로 옳지 않은 것은?

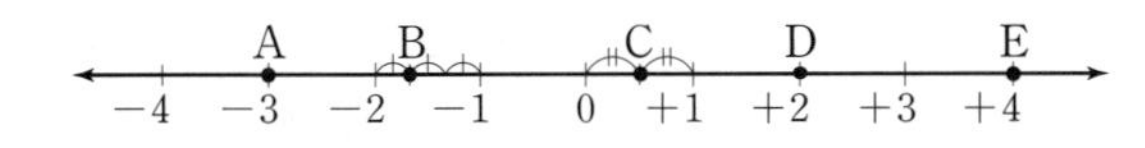

① A: −3 ② B: $-\frac{2}{3}$ ③ C: $+\frac{1}{2}$
④ D: +2 ⑤ E: +4

6 다음 중 수직선 위의 다섯 개의 점 A, B, C, D, E에 대응하는 수로 옳은 것을 모두 고르면? (정답 2개)

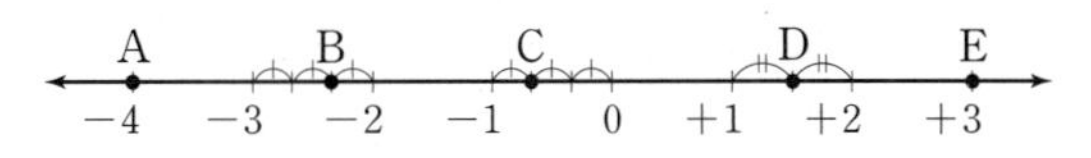

① A: +4 ② B: $-\frac{7}{3}$ ③ C: $-\frac{4}{3}$
④ D: $+\frac{5}{2}$ ⑤ E: +3

쌍둥이 04

7 다음 수를 수직선 위에 나타내었을 때, 가장 왼쪽에 있는 점에 대응하는 수는?

① -3　② 0　③ $+\frac{9}{2}$
④ -1.5　⑤ $+6$

8 다음 수를 수직선 위에 나타내었을 때, 가장 오른쪽에 있는 점에 대응하는 수는?

① $-\frac{1}{2}$　② -5　③ 4
④ $\frac{10}{3}$　⑤ 0

쌍둥이 05

9 수직선 위에서 $-\frac{3}{4}$에 가장 가까운 정수를 a, $\frac{10}{3}$에 가장 가까운 정수를 b라 할 때, 다음 물음에 답하시오.

(1) 다음 수직선 위에 $-\frac{3}{4}$과 $\frac{10}{3}$에 대응하는 점을 각각 나타내시오.

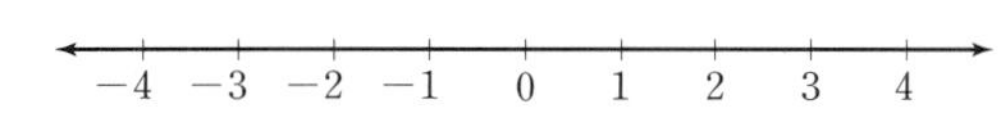

(2) a, b의 값을 각각 구하시오.

10 서술형 수직선 위에서 $-\frac{8}{3}$에 가장 가까운 정수를 a, $\frac{14}{5}$에 가장 가까운 정수를 b라 할 때, a, b의 값을 각각 구하시오. (단, 풀이 과정에서 수직선 위에 $-\frac{8}{3}$과 $\frac{14}{5}$에 대응하는 점을 각각 나타내시오.)

풀이 과정

답

쌍둥이 06

11 절댓값이 같고 부호가 반대인 어떤 두 수가 있다. 수직선 위에서 두 수에 대응하는 두 점 사이의 거리가 6일 때, 이 두 수를 구하시오.

12 절댓값이 같고 부호가 반대인 어떤 두 수가 있다. 수직선 위에서 두 수에 대응하는 두 점 사이의 거리가 22일 때, 이 두 수를 구하시오.

쌍둥이 07

13 다음 중 절댓값이 가장 큰 수는?

① $-\frac{2}{3}$　② -3　③ 2
④ 0　⑤ $\frac{1}{2}$

14 다음 수를 절댓값이 큰 수부터 차례로 나열할 때, 세 번째에 오는 수를 구하시오.

$-1.5,\ -\frac{4}{3},\ 1,\ 0,\ +\frac{1}{2},\ -0.8,\ +2$

쌍둥이 08

15 다음 중 두 수의 대소 관계가 옳은 것은?

① $-4>0$　② $-3>\frac{2}{3}$
③ $0>+5$　④ $-\frac{1}{4}<-\frac{1}{5}$
⑤ $+1<-7$

16 다음 중 두 수의 대소 관계가 옳지 않은 것을 모두 고르면? (정답 2개)

① $-7<3$　② $\frac{4}{5}>\frac{4}{7}$
③ $-\frac{3}{4}<-\frac{4}{3}$　④ $0<\frac{2}{3}$
⑤ $-4>|-4|$

쌍둥이 09

17 다음을 부등호를 사용하여 나타내시오.

x는 -2보다 크거나 같고 2보다 작다.

18 다음을 부등호를 사용하여 나타내시오.

(1) x는 -5보다 작지 않고 $\frac{3}{4}$보다 크지 않다.

(2) x는 -3 초과이고 $\frac{7}{2}$ 이하이다.

쌍둥이 10

19 -4보다 크거나 같고 $\frac{5}{2}$보다 작은 정수의 개수를 구하려고 한다. 다음 물음에 답하시오.

(1) 다음 수직선 위에 -4와 $\frac{5}{2}$에 대응하는 점을 각각 나타내시오.

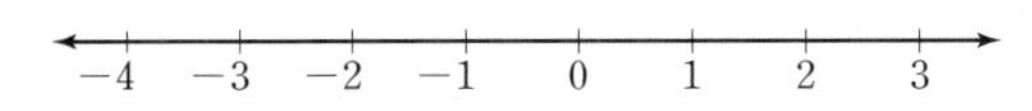

(2) -4보다 크거나 같고 $\frac{5}{2}$보다 작은 정수의 개수를 구하시오.

20 $-\frac{13}{4}$과 3 사이에 있는 정수의 개수는?

① 2　② 3　③ 4
④ 5　⑤ 6

02 정수와 유리수의 덧셈과 뺄셈

• 정답과 해설 26쪽

유형 4 수의 덧셈

개념편 40~41쪽

(1) 부호가 같은 두 수의 덧셈

$(+3)+(+5)=+8$ (3+5)

$(-3)+(-5)=-8$ (3+5)

절댓값의 합에 공통인 부호를 붙인다.

(2) 부호가 다른 두 수의 덧셈

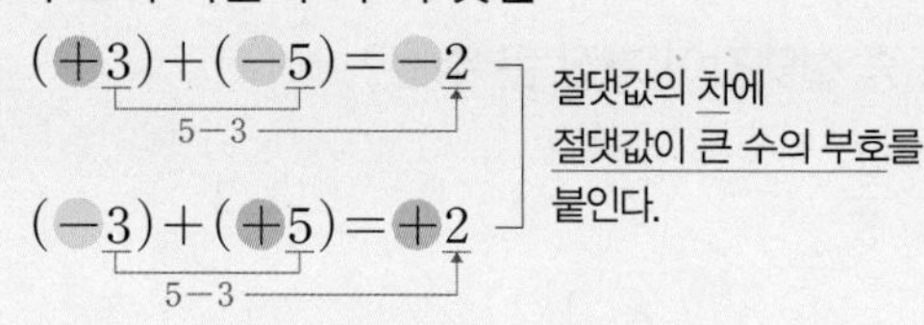

1 다음 수직선을 보고, 주어진 식을 계산하시오.

(1)

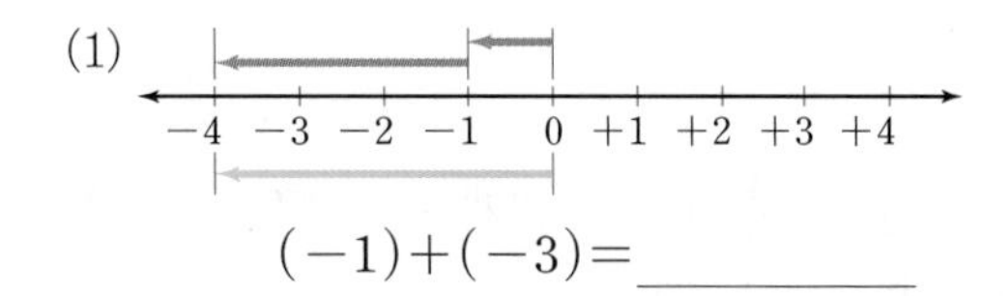

$(-1)+(-3)=$ ________

(2)

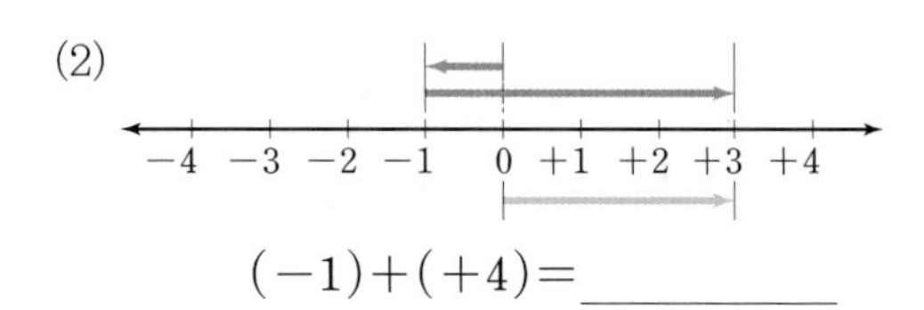

$(-1)+(+4)=$ ________

[2~4] 다음을 계산하시오.

2 (1) $(+1)+(+5)$ ________

(2) $(-5)+(-4)$ ________

3 (1) $(-2.3)+(-1.7)$ ________

(2) $\left(+\frac{2}{3}\right)+\left(+\frac{3}{4}\right)$ ________

4 (1) $(-7)+0$ ________

(2) $0+(+3)$ ________

[5~6] 다음을 계산하시오.

5 (1) $(-9)+(+3)$ ________

(2) $(+10)+(-6)$ ________

(3) $(+5)+(-13)$ ________

(4) $(-17)+(+20)$ ________

6 (1) $(-5.3)+(+3.7)$ ________

(2) $(+3)+(-0.5)$ ________

(3) $\left(-\frac{4}{9}\right)+\left(+\frac{7}{9}\right)$ ________

(4) $\left(-\frac{2}{5}\right)+\left(+\frac{1}{3}\right)$ ________

어떤 수보다 ■만큼 큰 수를 구할 때는 덧셈을 이용하자!

7 다음을 구하시오.

(1) -1보다 $+3$만큼 큰 수 ________

(2) $+2$보다 $-\frac{3}{5}$만큼 큰 수 ________

유형 5 덧셈의 계산 법칙

개념편 42쪽

$(+4)+(-6)+(+7)+(-5)$
$=(+4)+(+7)+(-6)+(-5)$ ← 덧셈의 교환법칙: $a+b=b+a$
$=\{(+4)+(+7)\}+\{(-6)+(-5)\}$ ← 덧셈의 결합법칙: $(a+b)+c=a+(b+c)$
$=(+11)+(-11)$
$=0$

1 다음 계산 과정에서 (가), (나)에 이용된 덧셈의 계산 법칙을 각각 쓰시오.

$(+13)+(+7)+(-13)+(-17)$
$=(+13)+(-13)+(+7)+(-17)$ ← (가)
$=\{(+13)+(-13)\}+\{(+7)+(-17)\}$ ← (나)
$=0+(-10)$
$=-10$

2 다음 □ 안에 알맞은 것을 쓰시오.

(1)
$(+6.2)+(-7)+(-1.2)$
$=(-7)+(+6.2)+(-1.2)$ ← 덧셈의 □법칙
$=(-7)+\{(+6.2)+(\square)\}$ ← 덧셈의 결합법칙
$=(-7)+(\square)$
$=\square$

(2)
$\left(+\frac{2}{3}\right)+\left(-\frac{1}{2}\right)+\left(+\frac{1}{3}\right)$
$=\left(+\frac{2}{3}\right)+\left(+\frac{1}{3}\right)+(\square)$ ← 덧셈의 교환법칙
$=\left\{\left(+\frac{2}{3}\right)+\left(+\frac{1}{3}\right)\right\}+(\square)$ ← 덧셈의 □법칙
$=(\square)+\left(-\frac{1}{2}\right)$
$=\square$

[3~4] 다음을 계산하시오.

3
(1) $(+4)+(-10)+(+10)$ ________

(2) $(-3)+(+17)+(+3)$ ________

(3) $(+6)+(+15)+(-16)$ ________

(4) $(-7)+(-13)+(+11)$ ________

(5) $(-22)+(+15)+(-8)+(+9)$ ________

분모가 다른 두 분수를 더할 때는 분모의 최소공배수로 통분하여 계산하면 편리해.

4
(1) $\left(+\frac{3}{5}\right)+(-2)+\left(+\frac{2}{5}\right)$ ________

(2) $\left(-\frac{3}{2}\right)+\left(+\frac{1}{3}\right)+\left(-\frac{5}{3}\right)$ ________

(3) $(-2.8)+(+5.5)+(-3.2)$ ________

(4) $\left(+\frac{4}{3}\right)+\left(-\frac{1}{2}\right)+\left(+\frac{3}{2}\right)+\left(-\frac{5}{3}\right)$ ________

(5) $(+2.7)+(+5)+(-0.7)+(-3)$ ________

유형 6 수의 뺄셈

개념편 43쪽

$(+3)-(+2)=(+3)+(-2)=+1$
$(+3)-(-2)=(+3)+(+2)=+5$
빼는 수의 부호를 바꾸어 덧셈으로 고쳐서 계산한다.

$-(+■)=+(-■)$, $-(-■)=+(+■)$

1 다음 □ 안에 알맞은 수를 쓰시오.

(1) $(+11)-(+4)=(+11)+(\square)=\square$

(2) $(-5)-(+2)=(-5)+(\square)=\square$

(3) $(+10)-(-3)=(+10)+(\square)=\square$

(4) $(-8)-(-2)=(-8)+(\square)=\square$

[2~3] 다음을 계산하시오.

2 (1) $(+1)-(+4)$

(2) $\left(+\frac{1}{5}\right)-\left(+\frac{3}{5}\right)$

(3) $\left(+\frac{3}{7}\right)-\left(+\frac{8}{21}\right)$

(4) $(+6.7)-(+3.2)$

3 (1) $(-12)-(+12)$

(2) $\left(-\frac{1}{9}\right)-\left(+\frac{4}{9}\right)$

(3) $\left(-\frac{3}{4}\right)-\left(+\frac{1}{3}\right)$

(4) $(-4.2)-(+3)$

[4~6] 다음을 계산하시오.

4 (1) $0-(+2)$

(2) $0-(-3)$

5 (1) $(+3)-(-8)$

(2) $\left(+\frac{4}{3}\right)-\left(-\frac{5}{3}\right)$

(3) $\left(+\frac{5}{6}\right)-\left(-\frac{2}{3}\right)$

(4) $(+0.9)-(-0.1)$

6 (1) $(-7)-(-7)$

(2) $\left(-\frac{1}{8}\right)-\left(-\frac{9}{8}\right)$

(3) $\left(-\frac{2}{3}\right)-\left(-\frac{1}{2}\right)$

(4) $(-2.3)-(-6.8)$

어떤 수보다 ■만큼 작은 수를 구할 때는 뺄셈을 이용하자!

7 다음을 구하시오.

(1) -1보다 $+3$만큼 작은 수

(2) $+2$보다 $-\frac{3}{5}$만큼 작은 수

유형 7 덧셈과 뺄셈의 혼합 계산 / 부호가 생략된 수의 혼합 계산

개념편 44쪽

(1) 덧셈과 뺄셈의 혼합 계산

$(+2)+(-3)-(-4)$
$=(+2)+(-3)+(+4)$
$=\{(+2)+(+4)\}+(-3)$
$=(+6)+(-3)=+3$

❶ 뺄셈을 덧셈으로 고치기
❷ 덧셈의 교환법칙, 결합법칙 이용하기

참고 분수가 있는 식은 분모가 같은 것끼리 모아서 계산하면 편리하다.

(2) 부호가 생략된 수의 혼합 계산

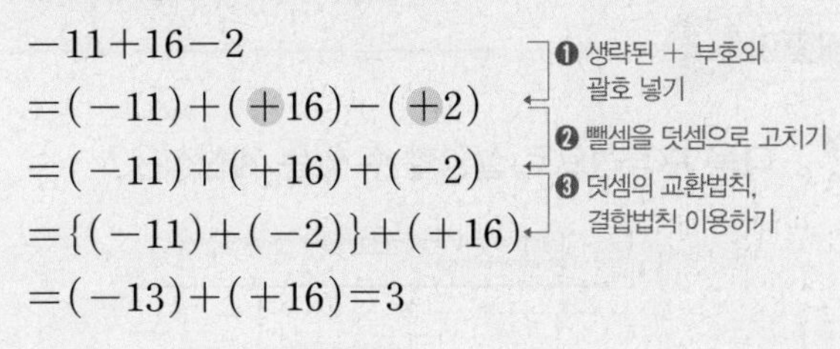

[1~2] 다음을 계산하시오.

1 (1) $(-2)-(+10)+(+3)$ ________

(2) $(-17)+(+12)-(-3)$ ________

(3) $(+3)-(-9)+(-5)-(+1)$ ________

2 (1) $\left(-\frac{2}{7}\right)-\left(-\frac{3}{7}\right)+\left(-\frac{4}{7}\right)$ ________

(2) $\left(+\frac{9}{4}\right)+\left(-\frac{3}{2}\right)-\left(+\frac{1}{4}\right)$ ________

(3) $\left(-\frac{3}{2}\right)+\left(-\frac{1}{5}\right)-\left(-\frac{1}{2}\right)-\left(+\frac{4}{5}\right)$ ________

3 다음을 계산하시오.

(1) $-2+5$ ________

(2) $-4-9$ ________

(3) $-10+15-2$ ________

(4) $-1-3-5$ ________

(5) $-7+4-10+6$ ________

[4~5] 다음을 계산하시오.

4 (1) $1-\frac{3}{2}$ ________

(2) $-\frac{1}{4}-\frac{11}{4}$ ________

(3) $-\frac{5}{7}+3+\frac{12}{7}$ ________

(4) $-\frac{5}{6}+\frac{1}{2}-\frac{2}{3}$ ________

(5) $\frac{1}{4}-\frac{7}{5}-\frac{5}{4}+\frac{22}{5}$ ________

5 (1) $-8.3+7.5$ ________

(2) $-2.5+6+1.2$ ________

(3) $6.2-2.3+5.1$ ________

(4) $2-6.7+11+1.7$ ________

(5) $1.8-1.2-3.8+2.2$ ________

쌍둥이 기출문제

학교 시험에 꼭 나오는 **기출문제** *BEST 09*

형광펜 들고 밑줄 쫙~

쌍둥이 01

1 다음 수직선으로 설명할 수 있는 계산식은?

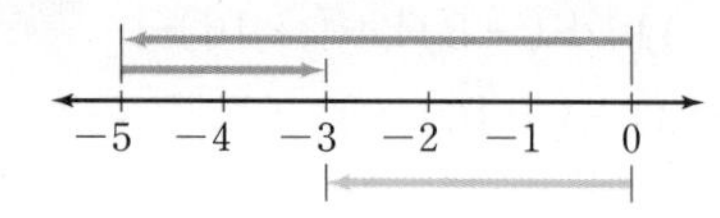

① $(-5)+(+2)=-3$
② $(-3)-(-2)=-1$
③ $(+2)+(-3)=-1$
④ $(+2)-(-3)=+5$
⑤ $(+5)+(-2)=+3$

2 다음 수직선으로 설명할 수 있는 계산식을 모두 고르면? (정답 2개)

① $(+3)+(-7)=-4$
② $(+3)-(-7)=+10$
③ $(+3)-(+7)=-4$
④ $(+4)+(-7)=-3$
⑤ $(+4)-(+7)=-3$

쌍둥이 02

3 다음 중 계산 결과가 옳지 <u>않은</u> 것은?

① $0+(-3)=-3$
② $(-7)+(+11)=+4$
③ $\left(+\frac{4}{3}\right)+(-5)=-\frac{11}{3}$
④ $\left(-\frac{1}{4}\right)-\left(-\frac{2}{3}\right)=-\frac{11}{12}$
⑤ $\left(-\frac{5}{6}\right)-\left(+\frac{1}{3}\right)=-\frac{7}{6}$

4 다음 중 계산 결과가 나머지 넷과 <u>다른</u> 하나는?

① $\left(-\frac{1}{2}\right)+\left(+\frac{5}{6}\right)$
② $\left(+\frac{1}{2}\right)+\left(-\frac{1}{6}\right)$
③ $\left(+\frac{2}{3}\right)-\left(+\frac{1}{3}\right)$
④ $\left(+\frac{3}{4}\right)-\left(+\frac{5}{12}\right)$
⑤ $\left(-\frac{4}{5}\right)-\left(-\frac{7}{15}\right)$

쌍둥이 03

5 다음 계산 과정에서 (가), (나)에 이용된 덧셈의 계산 법칙을 각각 쓰시오.

$$\begin{aligned}&(-18)+(-15)+(+18)\\&=(-15)+(-18)+(+18) \quad \text{(가)}\\&=(-15)+\{(-18)+(+18)\} \quad \text{(나)}\\&=(-15)+0=-15\end{aligned}$$

6 다음은 덧셈의 계산 법칙을 이용하여 계산하는 과정이다. ㉠~㉤에 알맞지 <u>않은</u> 것은?

$$\begin{aligned}&\left(-\frac{6}{5}\right)+(+7)+\left(-\frac{4}{5}\right)\\&=\left(-\frac{6}{5}\right)+(\boxed{㉡})+(+7) \quad \text{덧셈의 } \boxed{㉠} \text{ 법칙}\\&=\left\{\left(-\frac{6}{5}\right)+(\boxed{㉡})\right\}+(+7) \quad \text{덧셈의 } \boxed{㉢} \text{ 법칙}\\&=(\boxed{㉣})+(+7)=\boxed{㉤}\end{aligned}$$

① ㉠: 교환 ② ㉡: $-\frac{4}{5}$ ③ ㉢: 결합
④ ㉣: -2 ⑤ ㉤: -5

쌍둥이 04

7 다음 수 중 가장 큰 수와 가장 작은 수의 합을 구하시오.

$-\frac{5}{4}$, $+\frac{1}{3}$, $+2$, $-\frac{7}{8}$, 0

8 다음 수 중 가장 큰 수를 a, 가장 작은 수를 b라 할 때, $a-b$의 값을 구하시오.

$-\frac{5}{3}$, $+\frac{7}{3}$, $-\frac{9}{2}$, $-\frac{3}{4}$, $+\frac{2}{3}$

쌍둥이 05

9 $(+2)+(-5)-(+9)$를 계산하면?

① -12　② -2　③ $+6$　④ $+8$　⑤ $+16$

10 $\left(-\frac{8}{9}\right)-\left(-\frac{9}{8}\right)+\left(-\frac{1}{9}\right)$을 계산하시오.

쌍둥이 06

11 다음 중 계산 결과가 옳은 것은?

① $4+7-2=13$

② $4+\frac{2}{5}-5=\frac{3}{5}$

③ $-\frac{1}{2}-\frac{1}{4}+\frac{1}{8}=-\frac{7}{8}$

④ $-1.2+2.1+1.1=2$

⑤ $-\frac{3}{4}-1-\frac{1}{2}+3=-\frac{13}{4}$

12 다음 중 계산 결과가 가장 큰 것은?

① $-1-\frac{1}{2}+3$

② $4+\frac{1}{2}-1.5$

③ $2-1.6+4-3$

④ $-1+2-3+4$

⑤ $-0.5+0.75+1.5$

정답과 해설 32쪽

쌍둥이 07

13 3보다 5만큼 작은 수를 a, -6보다 -7만큼 큰 수를 b라 할 때, 다음 물음에 답하시오.

(1) a, b의 값을 각각 구하시오.

(2) $a+b$의 값을 구하시오.

14 4보다 -6만큼 큰 수를 a, -3보다 -7만큼 작은 수를 b라 할 때, $a-b$의 값을 구하시오.

쌍둥이 08

15 서술형

어떤 수에서 9를 빼야 할 것을 잘못하여 더했더니 -5가 되었다. 다음 물음에 답하시오.

(1) 어떤 수를 구하시오.

(2) 바르게 계산한 답을 구하시오.

풀이 과정

(1)

(2)

답 (1) (2)

16 어떤 수에 $-\frac{2}{5}$를 더해야 할 것을 잘못하여 뺐더니 $\frac{7}{4}$이 되었다. 이때 바르게 계산한 답을 구하시오.

쌍둥이 09

17 오른쪽 그림에서 삼각형의 한 변에 놓인 세 수의 합이 모두 같을 때, ㉠, ㉡에 알맞은 수를 각각 구하시오.

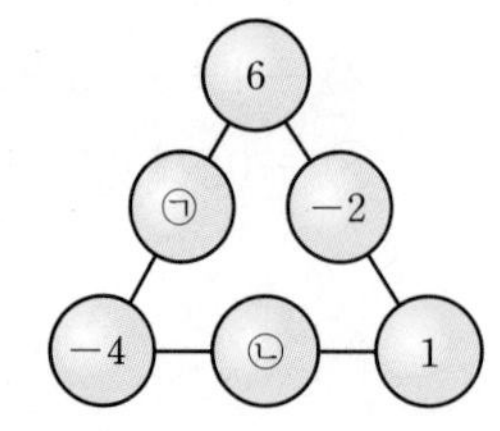

18 오른쪽 그림에서 삼각형의 한 변에 놓인 세 수의 합이 모두 같을 때, ㉠$-$㉡의 값을 구하시오.

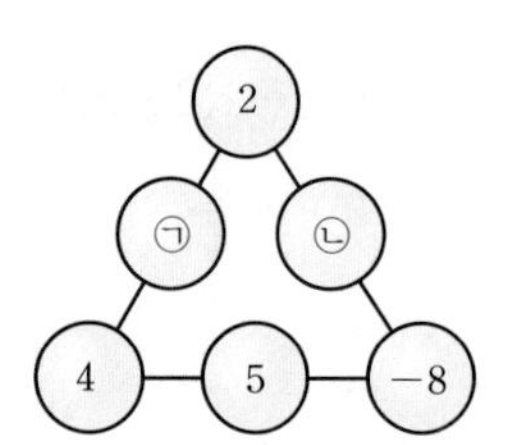

03 정수와 유리수의 곱셈과 나눗셈

• 정답과 해설 32쪽

유형 8 수의 곱셈

개념편 47쪽

(1) 부호가 같은 두 수의 곱셈

$(+2)\times(+3)=+6$ (2×3)

$(-2)\times(-3)=+6$ (2×3)

부호가 같은 두 수의 곱셈 ➡ +(절댓값의 곱)

(2) 부호가 다른 두 수의 곱셈

$(+2)\times(-3)=-6$ (2×3)

$(-2)\times(+3)=-6$ (2×3)

부호가 다른 두 수의 곱셈 ➡ −(절댓값의 곱)

분수와 소수가 혼합된 계산식일 때는 소수를 분수로 바꿔서 계산하면 편리해.

1 다음을 계산하시오.

(1) $(+2)\times(+5)$ ______

(2) $(-3)\times(-7)$ ______

(3) $(-1)\times(-1)$ ______

(4) $(+1.5)\times(+2)$ ______

(5) $(-9)\times(-0.7)$ ______

(6) $\left(-\frac{1}{3}\right)\times(-6)$ ______

(7) $(+16)\times\left(+\frac{7}{4}\right)$ ______

(8) $\left(+\frac{3}{4}\right)\times\left(+\frac{8}{9}\right)$ ______

(9) $\left(-\frac{7}{15}\right)\times\left(-\frac{5}{14}\right)$ ______

(10) $\left(+\frac{5}{6}\right)\times(+0.3)$ ______

2 다음을 계산하시오.

(1) $(+4)\times(-3)$ ______

(2) $(-6)\times(+8)$ ______

(3) $(-1)\times(+1)$ ______

(4) $(+2.5)\times(-4)$ ______

(5) $(+5)\times(-1.2)$ ______

(6) $(-8)\times\left(+\frac{5}{2}\right)$ ______

(7) $\left(-\frac{4}{3}\right)\times(+27)$ ______

(8) $\left(+\frac{3}{2}\right)\times\left(-\frac{5}{6}\right)$ ______

(9) $\left(-\frac{9}{4}\right)\times\left(+\frac{8}{21}\right)$ ______

(10) $(-0.7)\times\left(+\frac{2}{7}\right)$ ______

• 정답과 해설 32쪽

유형 9 곱셈의 계산 법칙 / 세 수 이상의 곱셈

개념편 48쪽

(1) 곱셈의 계산 법칙

$(+5)\times(-7)\times(-2)$
$=(-7)\times(+5)\times(-2)$ ← 곱셈의 교환법칙 : $a\times b=b\times a$
$=(-7)\times\{(+5)\times(-2)\}$ ← 곱셈의 결합법칙 : $(a\times b)\times c=a\times(b\times c)$
$=(-7)\times(-10)=+70$

(2) 세 수 이상의 곱셈

• $(-2)\times(+4)\times(-3)=+(2\times4\times3)=+24$ (음수가 짝수 개, 절댓값의 곱)

• $(-2)\times(-4)\times(-3)=-(2\times4\times3)=-24$ (음수가 홀수 개, 절댓값의 곱)

1 다음 계산 과정에서 (가), (나)에 이용된 곱셈의 계산 법칙을 각각 쓰시오.

$(-8)\times(+12)\times(-5)$
$=(-8)\times(-5)\times(+12)$ ← (가)
$=\{(-8)\times(-5)\}\times(+12)$ ← (나)
$=(+40)\times(+12)$
$=+480$

2 다음 □ 안에 알맞은 것을 쓰시오.

(1)
$(-5)\times(+1.1)\times(-1.4)$
$=(+1.1)\times(\square)\times(-1.4)$ ← 곱셈의 □법칙
$=(+1.1)\times\{(\square)\times(-1.4)\}$ ← 곱셈의 결합법칙
$=(+1.1)\times(\square)$
$=\square$

(2)
$\left(-\frac{6}{5}\right)\times(+3.8)\times\left(-\frac{5}{6}\right)$
$=\left(-\frac{6}{5}\right)\times\left(\square\right)\times(+3.8)$ ← 곱셈의 교환법칙
$=\left\{\left(-\frac{6}{5}\right)\times\left(\square\right)\right\}\times(+3.8)$ ← 곱셈의 □법칙
$=(\square)\times(+3.8)$
$=\square$

[3~4] 다음을 계산하시오.

3
(1) $(-2)\times(-3)\times(+5)$ ________

(2) $(-4)\times(-9)\times(-5)$ ________

(3) $(+4)\times(-8)\times(+3)$ ________

(4) $(-2)\times(+6)\times(-5)\times(-4)$ ________

(5) $(-3)\times(-5)\times(-1)\times(-3)$ ________

4
(1) $(-4)\times\left(-\frac{4}{5}\right)\times\left(-\frac{15}{2}\right)$ ________

(2) $\left(+\frac{1}{4}\right)\times\left(-\frac{3}{2}\right)\times\left(+\frac{4}{7}\right)$ ________

(3) $\left(-\frac{5}{6}\right)\times\left(-\frac{3}{8}\right)\times\left(+\frac{3}{10}\right)$ ________

(4) $\left(+\frac{3}{5}\right)\times(-4)\times\left(-\frac{13}{24}\right)\times(+5)$ ________

(5) $\left(-\frac{9}{2}\right)\times\left(+\frac{5}{4}\right)\times\left(-\frac{2}{3}\right)\times\left(-\frac{8}{5}\right)$ ________

• 정답과 해설 33쪽

유형 10 거듭제곱의 계산

개념편 49쪽

(1) 양수의 거듭제곱의 부호 ➡ $+$

(2) 음수의 거듭제곱의 부호 ➡ 지수가 짝수이면 $+$, 홀수이면 $-$

(양수)$^{(홀수)}$ ➡ $+$ 부호
(양수)$^{(짝수)}$ ➡ $+$ 부호
(음수)$^{(홀수)}$ ➡ $-$ 부호
(음수)$^{(짝수)}$ ➡ $+$ 부호

[1~2] 다음을 계산하시오.

1 (1) $(-3)^2=(-3)\times(-3)=$ ______

(2) $-3^2=-(3\times3)=$ ______

(3) $(-2)^3$ ______

(4) -2^3 ______

2 (1) $(-1)^{50}$ ______

(2) $(-1)^{101}$ ______

3 다음을 계산하시오.

(1) $(-4)^2\times\left(-\frac{1}{2}\right)$ ______

(2) $(-2)^3\times\left(-\frac{3}{4}\right)^2$ ______

(3) $(-1)^5\times(-5)^2$ ______

(4) $(-3)^2\times(-5)\times(-1)^6$ ______

(5) $(-6)^2\times\left(-\frac{5}{9}\right)\times\left(-\frac{1}{2}\right)^3$ ______

• 정답과 해설 34쪽

유형 11 분배법칙

개념편 49쪽

• $11\times(100+2)$ $\xrightarrow{\text{괄호 풀기}}$ $\underset{①}{11\times100}+\underset{②}{11\times2}=1100+22=1122$

• $(-9)\times98+(-9)\times2$ $\xrightarrow{\text{괄호 묶기}}$ $(-9)\times(98+2)=(-9)\times100=-900$

$a\times(b+c)=a\times b+a\times c$
$(a+b)\times c=a\times c+b\times c$

1 분배법칙을 이용하여 다음을 계산하시오.

(1) $15\times(100+4)$ ______

(2) $20\times\left(\frac{7}{4}-\frac{3}{5}\right)$ ______

(3) $\left\{3+\left(-\frac{11}{7}\right)\right\}\times(-14)$ ______

2 분배법칙을 이용하여 다음을 계산하시오.

(1) $(-7)\times9.8+(-7)\times0.2$ ______

(2) $\frac{9}{7}\times13-\frac{2}{7}\times13$ ______

(3) $6.8\times12.3+3.2\times12.3$ ______

● 정답과 해설 34쪽

유형 12 수의 나눗셈 / 역수를 이용한 수의 나눗셈

개념편 50 쪽

(1) 부호가 같은 두 수의 나눗셈

$(+6)\div(+3)=+2$
$(-6)\div(-3)=+2$
부호가 같은 두 수의 나눗셈 ➡ $+$(절댓값의 나눗셈의 몫)

(2) 부호가 다른 두 수의 나눗셈

$(+6)\div(-3)=-2$
$(-6)\div(+3)=-2$
부호가 다른 두 수의 나눗셈 ➡ $-$(절댓값의 나눗셈의 몫)

참고 수의 나눗셈에서 0으로 나누는 경우는 생각하지 않는다.

(3) 역수를 이용한 수의 나눗셈 ← △×□=1 ⇨ △와 □는 서로 역수

나눗셈은 곱셈으로

$(+6)\div\left(-\frac{2}{3}\right)=(+6)\times\left(-\frac{3}{2}\right)=-9$

역수

참고 역수를 구할 때 부호는 바뀌지 않는다.

1 다음을 계산하시오.

(1) $(+10)\div(+5)$ ______

(2) $(-21)\div(-3)$ ______

(3) $(-12)\div(+2)$ ______

(4) $(+35)\div(-7)$ ______

(5) $0\div(+6)$ ______

2 다음 □ 안에 알맞은 수를 쓰시오.

(1) $7\times\square=1$

(2) $(-4)\times(\square)=1$

(3) $\frac{1}{5}\times\square=1$

(4) $\left(-\frac{4}{3}\right)\times(\square)=1$

3 다음 수의 역수를 구하시오.

(1) 3 ______

(2) -2 ______

(3) $\frac{5}{6}$ ______

(4) $-\frac{7}{5}$ ______

(5) $1\frac{2}{3}$ ______

(6) -0.6 ______

[4~5] 다음을 계산하시오.

4 (1) $\left(-\frac{3}{8}\right)\div\left(-\frac{6}{7}\right)=\left(-\frac{3}{8}\right)\times(\square)=$ ______

(2) $\left(+\frac{2}{5}\right)\div\left(-\frac{1}{20}\right)$ ______

(3) $(-3)\div\left(+\frac{9}{5}\right)$ ______

(4) $(+1.25)\div\left(+\frac{15}{2}\right)$ ______

(5) $(-0.7)\div(-10.5)$ ______

5 (1) $(+4)\div\left(-\frac{10}{3}\right)\div\left(+\frac{2}{15}\right)$ ______

(2) $(-20)\div\left(+\frac{5}{6}\right)\div\left(-\frac{3}{2}\right)$ ______

(3) $\left(-\frac{9}{4}\right)\div(-5)\div\left(+\frac{3}{16}\right)$ ______

(4) $\left(+\frac{3}{7}\right)\div\left(-\frac{5}{14}\right)\div\left(+\frac{3}{10}\right)$ ______

● 정답과 해설 35쪽

유형 13 곱셈과 나눗셈의 혼합 계산 / 덧셈, 뺄셈, 곱셈, 나눗셈의 혼합 계산

개념편 51쪽

(1) 곱셈과 나눗셈의 혼합 계산
❶ 거듭제곱이 있으면 거듭제곱을 먼저 계산한다.
❷ 나눗셈은 역수를 이용하여 곱셈으로 바꾼다.
❸ 부호를 결정하고 각 수의 절댓값의 곱에 결정된 부호를 붙인다.

(2) 덧셈, 뺄셈, 곱셈, 나눗셈의 혼합 계산
❶ 거듭제곱이 있으면 거듭제곱을 먼저 계산한다.
❷ 괄호가 있으면 괄호 안을 먼저 계산한다.
➡ (소괄호) → {중괄호} → [대괄호]의 순서로
❸ 곱셈과 나눗셈을 한다.
❹ 덧셈과 뺄셈을 한다.

[1~2] 다음을 계산하시오.

1 (1) $(-5)\times\frac{3}{4}\div\left(-\frac{1}{8}\right)$ ______

(2) $\frac{5}{6}\div\left(-\frac{7}{12}\right)\times 14$ ______

(3) $\frac{3}{2}\times\left(-\frac{2}{3}\right)^2\div\left(-\frac{1}{6}\right)$ ______

(4) $(-2)^3\times(-1)^5\div\frac{8}{5}$ ______

(5) $(-3^2)\div\left(-\frac{4}{5}\right)\times\frac{36}{5}$ ______

2 (1) $(-3)\times 8-24\div(-2)$ ______

(2) $(-12)\div(-3)+(-5)\times(+4)$ ______

(3) $3+12\div 4-3\times 7$ ______

(4) $6\div\left(-\frac{3}{5}\right)-2+9\times\frac{8}{3}$ ______

(5) $(-2)^2\div\frac{1}{10}+(-5)^2\div\left(-\frac{1}{2}\right)$ ______

3 다음 식의 계산 순서 ①~⑤를 □ 안에 쓰시오.

(1) $7 - \{8 \div (4 - 2) + 3\} \times 5$
(각 연산 기호 −, ÷, −, +, × 아래에 □)

(2) $\frac{1}{6} \div \left\{1 - \frac{1}{3} \times \left(-\frac{5}{2}\right)^2\right\} - 7$
(각 ÷, −, ×, 거듭제곱, − 아래에 □)

(3) $2 + \left[3 + \frac{5}{4} \times \left\{\frac{3}{10} - \left(-\frac{2}{10}\right)\right\}\right] \div 6$
(각 +, +, ×, −, ÷ 아래에 □)

4 다음을 계산하시오.

(1) $9-\{25\div(-5)+7\}$ ______

(2) $13-4\times\{2-(-1)^3\}$ ______

(3) $\frac{3}{4}\times\left\{(-2)^2-\frac{2}{5}\right\}\div\left(-\frac{6}{5}\right)$ ______

(4) $\left[-7+\left\{1-\frac{1}{3}\times\left(-\frac{3}{2}\right)^2\right\}\div\frac{1}{12}\right]\times\frac{11}{2}$ ______

쌍둥이 기출문제

학교 시험에 꼭 나오는 **기출문제** *BEST 09*

형광펜 들고 밑줄 쫙~

쌍둥이 01

1 다음 중 계산 결과가 가장 작은 것은?

① $(+2)\times(+4)$ ② $(+6)\times(-2)$
③ $(-10)\div(+5)$ ④ $(+1.6)\div(-0.4)$
⑤ $\left(-\frac{3}{2}\right)\div\left(-\frac{3}{8}\right)$

2 다음 중 계산 결과가 나머지 넷과 다른 하나는?

① $(+4)\times\left(-\frac{3}{4}\right)$ ② $(-9)\div(+3)$
③ $(+1.2)\times(-3)$ ④ $\left(+\frac{2}{3}\right)\div\left(-\frac{2}{9}\right)$
⑤ $\left(-\frac{5}{3}\right)\times\left(+\frac{9}{5}\right)$

쌍둥이 02

3 다음 계산 과정에서 (가), (나)에 이용된 곱셈의 계산 법칙을 차례로 나열한 것은?

$$\begin{aligned}&(+2)\times(-19)\times(+5)\\&=(-19)\times(+2)\times(+5) \quad (가)\\&=(-19)\times\{(+2)\times(+5)\} \quad (나)\\&=(-19)\times(+10)=-190\end{aligned}$$

① 분배법칙, 곱셈의 교환법칙
② 분배법칙, 곱셈의 결합법칙
③ 곱셈의 교환법칙, 곱셈의 결합법칙
④ 곱셈의 교환법칙, 분배법칙
⑤ 곱셈의 결합법칙, 곱셈의 교환법칙

4 다음 계산 과정에서 (가), (나)에 이용된 곱셈의 계산 법칙을 각각 쓰시오.

$$\begin{aligned}&\left(+\frac{9}{16}\right)\times\left(-\frac{5}{7}\right)\times\left(+\frac{8}{3}\right)\times\left(-\frac{7}{5}\right)\\&=\left(+\frac{9}{16}\right)\times\left(+\frac{8}{3}\right)\times\left(-\frac{5}{7}\right)\times\left(-\frac{7}{5}\right) \quad (가)\\&=\left\{\left(+\frac{9}{16}\right)\times\left(+\frac{8}{3}\right)\right\}\times\left\{\left(-\frac{5}{7}\right)\times\left(-\frac{7}{5}\right)\right\} \quad (나)\\&=\left(+\frac{3}{2}\right)\times(+1)\\&=+\frac{3}{2}\end{aligned}$$

쌍둥이 03

5 다음 중 계산 결과가 가장 큰 것은?

① -4^2 ② $(-4)^3$ ③ $-(-4^3)$
④ $(-4)^2$ ⑤ $-4\times(-4)^2$

6 다음 중 계산 결과가 가장 작은 것은?

① $\left(-\frac{1}{2}\right)^2$ ② $-\left(\frac{1}{2}\right)^2$ ③ $\left(-\frac{1}{2}\right)^3$
④ $-\left(-\frac{1}{2}\right)^3$ ⑤ $\frac{1}{(-2)^3}$

쌍둥이 04

7 $(-1)^{1001} \div (-1)^{1003} \times (-1)^{1004}$을 계산하면?

① -2 ② -1 ③ 0
④ 1 ⑤ 2

8 다음을 계산하시오.

$$(-1)^{2024} - (-1)^{2025} - 1^{2026}$$

풀이 과정

답

쌍둥이 05

9 다음은 분배법칙을 이용하여 14×95를 계산하는 과정이다. 두 수 a, b의 값을 각각 구하시오.

$$14 \times 95 = 14 \times (a-5) = 14 \times a - 14 \times 5 = b$$

10 분배법칙을 이용하여 $(-2.75) \times 15 + 0.75 \times 15$를 계산하시오.

쌍둥이 06

11 세 수 a, b, c에 대하여 $a \times b = 12$, $a \times c = 16$일 때, $a \times (b+c)$의 값을 구하려고 한다. 다음 물음에 답하시오.

(1) $a \times (b+c)$를 분배법칙을 이용하여 나타내시오.

(2) $a \times b = 12$, $a \times c = 16$과 (1)의 답을 이용하여 $a \times (b+c)$의 값을 구하시오.

12 세 유리수 a, b, c에 대하여 $a \times b = 32$, $a \times c = 24$일 때, $a \times (b-c)$의 값을 구하시오.

쌍둥이 07

13 $\frac{5}{9}$의 역수를 a, -3의 역수를 b라 할 때, $a\times b$의 값은?

① $-\frac{9}{5}$ ② $-\frac{5}{3}$ ③ $-\frac{2}{3}$
④ $-\frac{3}{5}$ ⑤ $\frac{5}{3}$

14 0.28의 역수를 a, $-1\frac{2}{5}$의 역수를 b라 할 때, $a+b$의 값을 구하시오.

쌍둥이 08

15 다음을 계산하시오.

$$\left(-\frac{9}{10}\right)\times\left(\frac{2}{3}\right)^2\div\left(-\frac{12}{5}\right)$$

16 다음 중 계산 결과가 옳지 않은 것은?

① $4\times(-5)\div(-2)=10$
② $(-60)\div12\div(-3)^2=-\frac{5}{9}$
③ $16\times\frac{3}{4}\div\left(-\frac{6}{5}\right)=-10$
④ $\frac{1}{4}\times(-10)\div(-2)^2=-\frac{5}{8}$
⑤ $\left(-\frac{2}{3}\right)\div\frac{4}{9}\times\frac{3}{4}=-2$

쌍둥이 09

17 다음 식에 대하여 물음에 답하시오.

$$-\frac{3}{5}\underset{㉠}{-}\frac{3}{4}\underset{㉡}{\div}\left\{\left(\frac{2}{3}\underset{㉢}{-}\frac{1}{2}\right)\underset{㉣}{\times}\frac{5}{6}\right\}$$

(1) 계산 순서를 차례로 나열하시오.
(2) 계산 결과를 구하시오.

풀이 과정
(1)

(2)

답 (1) (2)

18 다음 식을 계산하시오.

$$3-\left[2\times\left\{(-3)^2-6\div\left(-\frac{3}{2}\right)\right\}+1\right]$$

● 정답과 해설 37쪽

쌍둥이 기출문제 중에서 연습이 더 필요한 문제들로 구성하였습니다.

1 다음 수 중 양의 유리수의 개수를 a, 음의 유리수의 개수를 b, 정수가 아닌 유리수의 개수를 c라 할 때, $a+b+c$의 값을 구하시오.

$+3.5,\quad -1,\quad +8,\quad -\frac{2}{3},\quad 0,\quad -2.9,\quad -\frac{40}{8}$

정수와 유리수

2 수직선 위에서 $-\frac{4}{3}$에 가장 가까운 정수를 a, $\frac{13}{4}$에 가장 가까운 정수를 b라 할 때, a, b의 값을 각각 구하시오.

수직선 위에서 가장 가까운 정수 찾기

3 다음 중 절댓값이 가장 큰 수는?

① $\frac{5}{4}$ ② -0.1 ③ $\frac{9}{2}$ ④ -4.6 ⑤ 0

절댓값

4 다음 중 □ 안에 부등호 < 또는 >를 쓸 때, 그 방향이 나머지 넷과 다른 하나는?

① $\frac{1}{3}\ \square\ \frac{1}{2}$ ② $-3\ \square\ -\frac{3}{5}$ ③ $-3.2\ \square\ -\frac{11}{4}$

④ $-1\ \square\ 0$ ⑤ $|-6|\ \square\ |-5.2|$

수의 대소 관계

5 -2 이상이고 $\frac{13}{5}$보다 작은 정수는 모두 몇 개인지 구하시오.

두 수 사이에 있는 정수 찾기

6 다음 계산 과정에서 (가), (나)에 이용된 계산 법칙을 차례로 나열한 것은?

$$\left(+\frac{9}{4}\right)+\left(-\frac{2}{3}\right)+\left(-\frac{1}{4}\right)$$
$$=\left(-\frac{2}{3}\right)+\left(+\frac{9}{4}\right)+\left(-\frac{1}{4}\right) \quad \text{(가)}$$
$$=\left(-\frac{2}{3}\right)+\left\{\left(+\frac{9}{4}\right)+\left(-\frac{1}{4}\right)\right\} \quad \text{(나)}$$
$$=\left(-\frac{2}{3}\right)+(+2)=+\frac{4}{3}$$

① 덧셈의 교환법칙, 덧셈의 결합법칙　② 덧셈의 교환법칙, 분배법칙
③ 덧셈의 결합법칙, 덧셈의 교환법칙　④ 덧셈의 결합법칙, 곱셈의 교환법칙
⑤ 곱셈의 교환법칙, 곱셈의 결합법칙

덧셈의 계산 법칙

7 다음을 계산 결과가 작은 것부터 차례로 나열하시오.

ㄱ. $(+11)+(-6)$　ㄴ. $(-2)+\left(+\frac{24}{7}\right)$
ㄷ. $\left(+\frac{3}{8}\right)-\left(-\frac{13}{8}\right)$　ㄹ. $\left(-\frac{2}{9}\right)-\left(+\frac{1}{3}\right)$

덧셈과 뺄셈의 혼합 계산

8 다음 중 계산 결과가 옳지 않은 것은?

① $-3+4=1$　② $-\frac{4}{3}-\frac{2}{3}=-2$
③ $-7+5-3=-5$　④ $-1.1-5-(+0.9)=-5.2$
⑤ $-12-3-(-6)=-9$

9 5보다 $-\frac{1}{3}$만큼 큰 수를 a, 2보다 $-\frac{1}{2}$만큼 작은 수를 b라 할 때, $a-b$의 값을 구하시오.

■만큼 큰(작은) 수

10 어떤 수에 $-\frac{3}{4}$을 더해야 할 것을 잘못하여 뺐더니 $\frac{2}{3}$가 되었다. 이때 바르게 계산한 답을 구하시오.

바르게 계산한 답 구하기

11 다음 중 계산 결과가 가장 작은 것은?

① $-(-2)^2$ ② $(-2)^3$ ③ -2^2

④ $\left(-\frac{1}{2}\right)^2$ ⑤ $-\left(\frac{1}{2}\right)^4$

거듭제곱의 계산

12 분배법칙을 이용하여 다음을 계산하시오.

$$13.2\times(-0.12)+86.8\times(-0.12)$$

분배법칙

13 서술형

1.5의 역수를 a, $-\frac{3}{4}$의 역수를 b라 할 때, $a+b$의 값을 구하시오.

풀이 과정

답

역수

14 다음 중 계산 결과가 가장 큰 것은?

① $(-2)\times(-8)$ ② $(+7)\times(-3)$

③ $(+24)\div(+8)$ ④ $(-56)\div(-7)\times(+4)$

⑤ $(-3)^2\times(+2)\div(+6)$

곱셈과 나눗셈의 혼합 계산

15 다음을 계산하시오.

$$-1-\left[20\times\left\{\left(-\frac{1}{2}\right)^3\div\left(-\frac{5}{2}\right)+1\right\}-2\right]$$

덧셈, 뺄셈, 곱셈, 나눗셈의 혼합 계산

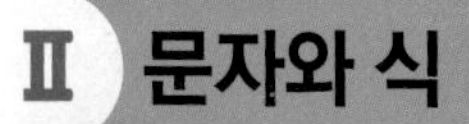

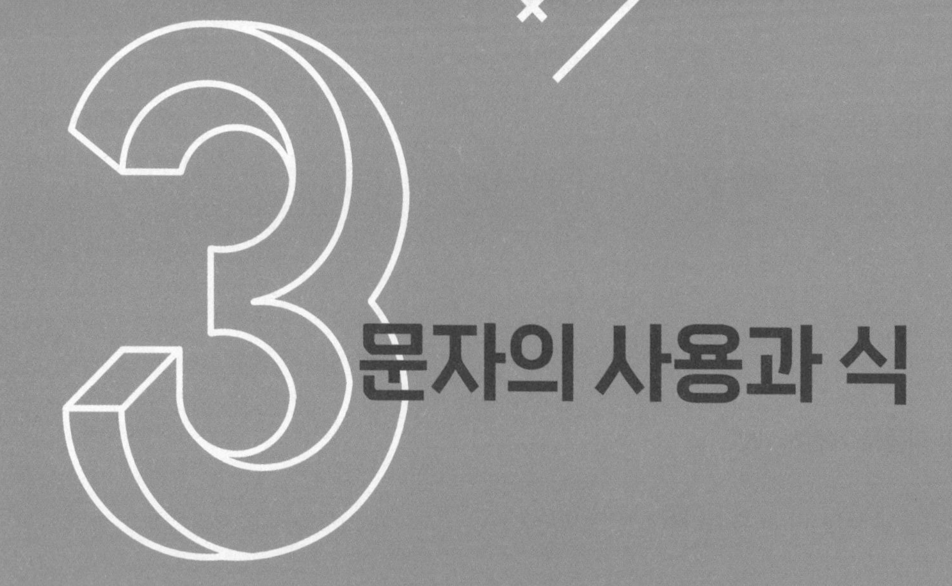

3 문자의 사용과 식

유형 1 곱셈 기호와 나눗셈 기호의 생략

유형 2 대입과 식의 값

유형 3 다항식과 일차식 / 일차식과 수의 곱셈, 나눗셈

유형 4 동류항의 계산

유형 5 일차식의 덧셈과 뺄셈

01 문자의 사용

정답과 해설 39쪽

유형 1 곱셈 기호와 나눗셈 기호의 생략

개념편 64~65쪽

(1) 곱셈 기호의 생략

- $3\times a=3a$ ← 수는 문자 앞에 쓴다.
- $1\times a=a$, $b\times(-1)=-b$ ← 1은 생략한다.
- $a\times x\times b=abx$ ← 문자는 알파벳 순서로 쓴다.
- $\underline{a\times a}\times\underline{b\times b\times b}=\underline{a^2b^3}$ ← 같은 문자의 곱은 거듭제곱으로 나타낸다.
- $(a+1)\times 2=2(a+1)$ ← 괄호가 있으면 수를 괄호 앞에 쓴다.

주의 $0.1\times a$는 $0.a$로 쓰지 않고 $0.1a$로 쓴다.

(2) 나눗셈 기호의 생략

$a\div 5=\frac{a}{5}$ ← 분수 꼴로 바꾼다.

참고 나눗셈 기호는 역수의 곱셈으로 바꾸어 생략할 수도 있다.

주의 곱셈 기호와 나눗셈 기호가 섞여 있는 경우에는 앞에서부터 차례로 기호를 생략한다.

- $3\div a\times b=3\div ab=\frac{3}{ab}$ (×)
- $3\div a\times b=\frac{3}{a}\times b=\frac{3b}{a}$ (○)

[1~3] 다음을 기호 ×, ÷를 생략한 식으로 나타내시오.

1 (1) $y\times(-1)$ ______

(2) $y\times 0.1\times x\times y$ ______

(3) $(a+b)\times(-6)$ ______

(4) $(-3)\times a+b\times 10$ ______

2 (1) $x\div(-y)$ ______

(2) $a\div(a+b)$ ______

(3) $(x-y)\div 5$ ______

(4) $a\div 2-b\div\frac{3}{4}c$ ______

3 (1) $a\div b\div c$ ______

(2) $3-2\div x\times y$ ______

(3) $(a+b)\times 7\div c$ ______

4 다음을 곱셈 기호 ×를 사용한 식으로 나타내시오.

(1) $3ab$ ______

(2) $-xy^2$ ______

(3) $2(a+b)h$ ______

(4) $5a^2bx$ ______

(5) $-1.7xy^3$ ______

5 다음을 나눗셈 기호 ÷를 사용한 식으로 나타내시오.

(1) $\frac{1}{a}$ ______

(2) $\frac{a-b}{3}$ ______

(3) $\frac{8}{a+b}$ ______

(4) $\frac{1}{2}(x+y)$ ______

(5) $-\frac{1}{5}(x-y)$ ______

[6~10] 다음을 기호 ×, ÷를 생략한 식으로 나타내시오.

금액

6 (1) 한 개에 a원인 사과 5개의 가격

⇨ $a \times 5$ = ____________

(2) 100원짜리 동전 a개와 500원짜리 동전 b개를 합한 금액

⇨ ____________ = ____________

(3) 한 자루에 200원인 연필 x자루를 사고 y원을 냈을 때의 거스름돈

⇨ ____________ = ____________

(4) 사탕 10개의 가격이 x원일 때, 사탕 1개의 가격

⇨ ____________ = ____________

- (물건 전체의 가격)=(물건 1개의 가격)×(물건의 개수)
- (거스름돈)=(지불한 금액)−(물건의 가격)

수

7 (1) a를 2배 한 것에서 b를 5배 한 것을 뺀 수

⇨ ____________ = ____________

(2) 십의 자리의 숫자가 a, 일의 자리의 숫자가 b인 두 자리의 자연수

⇨ ____________ = ____________

(3) 백의 자리의 숫자가 a, 십의 자리의 숫자가 b, 일의 자리의 숫자가 7인 세 자리의 자연수

⇨ ____________ = ____________

- (두 자리의 자연수)=10×□+1×△ (□: 십의 자리의 숫자, △: 일의 자리의 숫자)
- (세 자리의 자연수)=100×○+10×□+1×△ (○: 백의 자리의 숫자, □: 십의 자리의 숫자, △: 일의 자리의 숫자)

예
- $\underline{23}=10\times\underline{2}+1\times\underline{3}$
- $\underline{456}=100\times\underline{4}+10\times\underline{5}+1\times\underline{6}$

도형

8 (1) 한 변의 길이가 $x$cm인 정삼각형의 둘레의 길이

⇨ ____________ = ____________

(2) 가로의 길이가 $x$cm, 세로의 길이가 $y$cm인 직사각형의 둘레의 길이

⇨ ____________ = ____________

(3) 밑변의 길이가 $a$cm, 높이가 $b$cm인 삼각형의 넓이

⇨ ____________ = ____________

- (정삼각형의 둘레의 길이)=3×(한 변의 길이)
- (직사각형의 둘레의 길이)
  =2×{(가로의 길이)+(세로의 길이)}
- (삼각형의 넓이)=$\frac{1}{2}$×(밑변의 길이)×(높이)

거리, 속력, 시간

9 (1) 자동차가 시속 80km로 t시간 동안 달린 거리

⇨ ____________ = ____________

(2) $x$km의 거리를 시속 5km로 걷는 데 걸리는 시간

⇨ ____________ = ____________

- (거리)=(속력)×(시간), (속력)=$\frac{(\text{거리})}{(\text{시간})}$, (시간)=$\frac{(\text{거리})}{(\text{속력})}$

비율, 정가, 농도

10 (1) x명의 3 % ⇨ $x\times\frac{3}{100}$ = ____________

(2) 원가가 a원인 물건에 b%의 이익을 붙여서 정한 정가

⇨ ____________ = ____________

(3) 농도가 17%인 소금물 yg에 들어 있는 소금의 양

⇨ ____________ = ____________

- a % ⇨ $a\times\frac{1}{100}=\frac{a}{100}$ 　예 x의 a % ⇨ $x\times\frac{a}{100}$
- (정가)=(원가)+(이익)
- (소금의 양)=$\frac{(\text{소금물의 농도})}{100}$×(소금물의 양)

02 식의 값

• 정답과 해설 40쪽

유형 2 대입과 식의 값

개념편 67쪽

(1) 곱셈 기호를 다시 쓰는 경우

$x=-2$ ➡ $3x+1=3\times x+1$ ← 생략된 곱셈 기호를 다시 쓴다.
$=3\times(-2)+1$ ← $x=-2$를 대입한다.
$=-5$ ← 식의 값을 구한다.

주의 문자에 음수를 대입할 때는 반드시 괄호를 사용한다.

(2) 나눗셈 기호를 다시 쓰는 경우

$x=\frac{1}{2}$ ➡ $\frac{3}{x}=3\div x$ ← 생략된 나눗셈 기호를 다시 쓴다.
$=3\div\frac{1}{2}$ ← $x=\frac{1}{2}$을 대입한다.
$=3\times 2$ ← 곱셈으로 고친다.
$=6$ ← 식의 값을 구한다.

1 a의 값이 다음과 같을 때, $2a+5$의 값을 구하시오.

(1) $a=3$ ⇨ $2\times$□$+5=$□

(2) $a=0$ ________

(3) $a=-2$ ________

2 $x=-3$, $y=5$일 때, 다음 식의 값을 구하시오.

(1) $2x+y=2\times($□$)+$□$=$□

(2) $-x+3y$ ________

(3) $x-\frac{1}{5}y$ ________

분모에 분수를 대입할 때는 생략된 나눗셈 기호를 다시 쓰자!

3 $a=\frac{1}{3}$일 때, 다음 식의 값을 구하시오.

(1) $\frac{4}{a}=4\div a=4\div$□$=4\times$□$=$□

(2) $\frac{2}{a}-2$ ________

(3) $6-\frac{3}{a}$ ________

거듭제곱이 포함된 식의 값을 구할 때는 특히 부호에 주의하자!

4 $a=-3$일 때, 다음 식의 값을 구하시오.

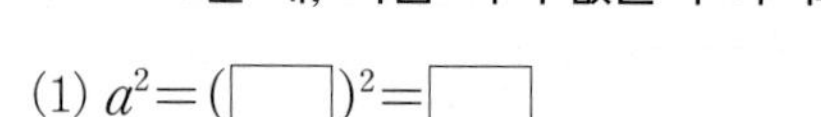

(1) $a^2=($□$)^2=$□

(2) $-a^2$ ________

(3) $(-a)^2$ ________

(4) a^3 ________

5 $b=-2$일 때, 다음 식의 값을 구하시오.

(1) $b^2+1=($□$)^2+1=$□

(2) $7-b^2$ ________

(3) $b^3+\frac{4}{b}$ ________

6 $a=\frac{1}{2}$, $b=-1$일 때, 다음 식의 값을 구하시오.

(1) $4a^2+b^2$ ________

(2) a^2-6ab ________

(3) $\frac{10}{a}-3b^2$ ________

기출문제

형광펜 들고 밑줄 쫙~

쌍둥이 01

1 다음 중 기호 ×, ÷를 생략하여 나타낸 식으로 옳지 않은 것은?

① $y\times0.1=0.1y$

② $x\times(-1)\times y=-xy$

③ $(x+y)\div3=\dfrac{x+y}{3}$

④ $x\times4+y\div2=4x+\dfrac{y}{2}$

⑤ $2\times x\div y\div z=\dfrac{2xz}{y}$

2 다음 보기 중 기호 ×, ÷를 생략하여 나타낸 식으로 옳은 것을 모두 고른 것은?

보기

ㄱ. $a\times b\div c=\dfrac{a}{bc}$　　ㄴ. $a\div b\times c=\dfrac{ac}{b}$

ㄷ. $a\times\left(\dfrac{1}{b}\div c\right)=\dfrac{a}{bc}$　　ㄹ. $a\div(b\div c)=\dfrac{ab}{c}$

① ㄱ, ㄴ　② ㄱ, ㄷ　③ ㄱ, ㄹ　④ ㄴ, ㄷ　⑤ ㄴ, ㄹ

쌍둥이 02

3 다음 중 문자를 사용하여 나타낸 식으로 옳지 않은 것은?

① 한 자루에 900원인 연필 x자루의 가격 ⇨ $900x$원

② 펜 50자루를 학생 6명에게 a자루씩 나누어 줄 때, 남은 펜의 수 ⇨ $50-6a$

③ 사탕을 3명에게 x개씩 나누어 주고 2개 남았을 때, 처음 사탕의 개수 ⇨ $3x+2$

④ 자동차가 시속 60 km로 a시간 동안 달린 거리 ⇨ $60a$ km

⑤ 정가가 2000원인 음료수를 a% 할인하여 판매한 가격 ⇨ $20a$원

4 다음 중 옳은 것을 모두 고르면? (정답 2개)

① 한 권에 3500원인 공책 a권과 한 자루에 1800원인 펜 b자루의 가격은 $(3500a+1800b)$원이다.

② 원가가 800원인 물건에 a%의 이익을 붙여서 정한 정가는 $(800+a)$원이다.

③ 농도가 a%인 소금물 400 g에 들어 있는 소금의 양은 $400a$ g이다.

④ 두 수 a, b의 평균은 $\dfrac{a+b}{2}$이다.

⑤ 십의 자리의 숫자가 a, 일의 자리의 숫자가 b인 두 자리의 자연수는 ab이다.

쌍둥이 03

5 오른쪽 그림과 같은 평행사변형의 넓이를 x, y를 사용한 식으로 나타내시오.

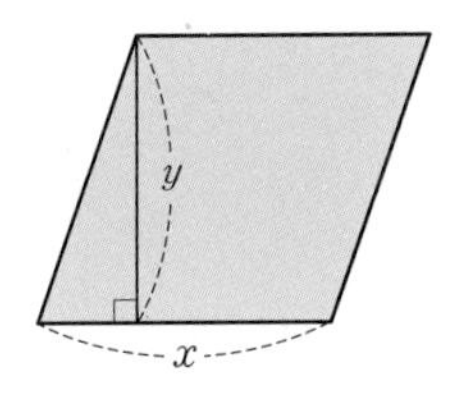

6 오른쪽 그림과 같은 사다리꼴의 넓이를 a, b, h를 사용한 식으로 나타내시오.

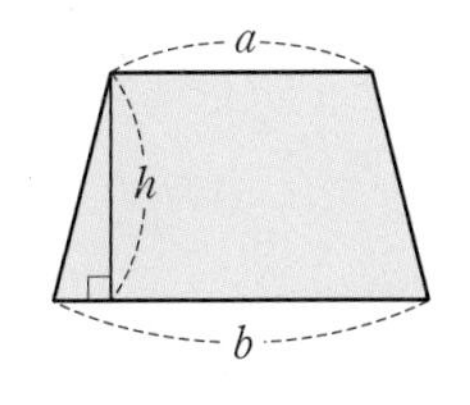

쌍둥이 04

7 $a=-1$일 때, $-a^2+2a$의 값을 구하시오.

8 $x=-5$일 때, 다음 중 식의 값이 가장 작은 것은?

① $-x$　② x^2　③ $-(-x)^2$
④ $\frac{25}{x}$　⑤ $-x^2+x$

쌍둥이 05

9 $a=2$, $b=-3$일 때, $4a^2-2b$의 값은?

① 22　② 23　③ 24
④ 25　⑤ 26

10 $x=1$, $y=-\frac{1}{2}$일 때, $2xy-4y^2$의 값은?

① -10　② -2　③ 0
④ 1　⑤ 2

쌍둥이 06

11 기온이 x°C일 때, 공기 중에서 소리의 속력은 초속 $(0.6x+331)$ m라 한다. 기온이 15°C일 때, 소리의 속력은?

① 초속 330 m　② 초속 340 m
③ 초속 350 m　④ 초속 360 m
⑤ 초속 370 m

12 지면의 기온이 20°C일 때, 지면에서 높이가 h km인 곳의 기온은 $(20-6h)$°C라 한다. 이때 지면에서 높이가 5 km인 곳의 기온을 구하시오.

03 일차식과 그 계산

• 정답과 해설 42쪽

유형 3 다항식과 일차식 / 일차식과 수의 곱셈, 나눗셈

개념편 69~70쪽

(1) **다항식**: 한 개 또는 두 개 이상의 항의 합으로 이루어진 식

x의 계수 y의 계수 상수항

예 $5x+-2y+3 \leftarrow 5x+(-2y)+3$

항

(2) **단항식**: 다항식 중에서 항이 한 개뿐인 식

예 $-x$, $6y$, 4

(3) **일차식**: 차수가 1인 다항식

예 $3x+2$, $\frac{a}{2}-1\left(=\frac{1}{2}a-1\right)$

주의 $\frac{1}{x+1}$과 같이 분모에 문자가 있는 식은 다항식이 아니다.

(4) (수)×(일차식): 분배법칙을 이용하여 일차식의 각 항에 수를 곱한다.

예 $-2(3x+1)=-6x-2$

(5) (일차식)÷(수): 분배법칙을 이용하여 나누는 수의 역수를 일차식의 각 항에 곱한다.

예 $(5x-3)\div3=(5x-3)\times\frac{1}{3}=\frac{5}{3}x-1$

나눗셈은 곱셈으로 고친다. 3의 역수

[다른 풀이] $(5x-3)\div3=\frac{5x-3}{3}=\frac{5}{3}x-1$

[1~2] 다음 표의 빈칸에 알맞은 것을 쓰시오.

1

다항식	항	상수항
(1) $-3x+7y+1$		
(2) $a+2b-3$		
(3) x^2-6x+3		
(4) $\frac{y}{4}-\frac{1}{2}$		

2

다항식	계수	
(1) $5x-y$	x의 계수:	y의 계수:
(2) $\frac{a}{8}-4b+1$	a의 계수:	b의 계수:
(3) $-x^2+9x+4$	x^2의 계수:	x의 계수:

3 다음 중 일차식인 것은 ○표, 일차식이 아닌 것은 × 표를 ( ) 안에 쓰시오.

(1) $x-1$ ( ) (2) $3x$ ( )

(3) a^2-5a-1 ( ) (4) $0\times x+5$ ( )

(5) $\frac{1}{b}+1$ ( ) (6) $\frac{2}{3}y-\frac{1}{2}$ ( )

[4~6] 다음 식을 계산하시오.

4

(1) $2x\times4$ ______

(2) $5\times(-3x)$ ______

(3) $8x\div4$ ______

(4) $(-3x)\div\left(-\frac{6}{5}\right)$ ______

5

(1) $2(3a+2)$ ______

(2) $3(-2a-5)$ ______

(3) $-(a+1)$ ______

(4) $(4-a)\times(-3)$ ______

6

(1) $(-2x+6)\div2$ ______

(2) $(-12x-8)\div(-4)$ ______

(3) $\left(9x+\frac{6}{5}\right)\div\frac{1}{3}$ ______

(4) $\left(\frac{3}{2}x-2\right)\div\left(-\frac{3}{2}\right)$ ______

• 정답과 해설 42쪽

유형 4 동류항의 계산

개념편 72쪽

(1) 동류항: 문자가 같고, 차수도 같은 항 예 $3x$와 $\frac{1}{5}x$, $-2y^2$과 $3y^2$, 2와 3
→ 상수항은 모두 동류항이다.

(2) 동류항의 덧셈과 뺄셈: 분배법칙을 이용하여 동류항의 계수끼리 더하거나 뺀 후 문자 앞에 쓴다.

예 $3x+1-2x-3=3x-2x+1-3$
$=(3-2)x+1-3$ ← 분배법칙(괄호 묶기)
$=x-2$

1 다항식 $2a-3b+3+3a+b-4$에서 다음을 구하시오.

(1) $2a$의 동류항 ______

(2) b의 동류항 ______

(3) 3의 동류항 ______

2 다음 식에서 동류항을 모두 말하시오.

(1) $2x-3-3x+5$ ______

(2) $\frac{1}{3}+6y-y-\frac{3}{5}$ ______

(3) $x^2-2x+4+3x^2+7x$ ______

$ax+bx=(a+b)x$, $ax-bx=(a-b)x$

3 다음 식을 계산하시오.

(1) $-2x+5x$ ______

(2) $-7y-y$ ______

(3) $-\frac{1}{2}a+a$ ______

(4) $\frac{1}{2}b-\frac{5}{3}b$ ______

[4~5] 다음 식을 계산하시오.

4 (1) $-2x+3x-10x$ ______

(2) $7a-11a+15a$ ______

(3) $2.8x-1.3x-x$ ______

(4) $\frac{5}{2}y-3y+\frac{3}{2}y$ ______

(5) $-\frac{1}{4}b+2b-\frac{2}{3}b$ ______

5 (1) $7x-1-3x+4$ ______

(2) $-2x+9+4x-13$ ______

(3) $5.4a+1.7-4.3a-0.8$ ______

(4) $-\frac{1}{2}+6y-\frac{5}{2}-7y$ ______

(5) $\frac{1}{3}a-1+\frac{3}{2}a-5$ ______

(6) $\frac{2}{3}-\frac{7}{5}b+\frac{4}{9}+\frac{1}{2}b$ ______

• 정답과 해설 43쪽

유형 5 일차식의 덧셈과 뺄셈

개념편 73쪽

(1) 일차식의 덧셈

$2(3x-7)+(x-4)$
$=6x-14+x-4$
$=6x+x-14-4$
$=7x-18$

❶ 분배법칙을 이용하여 괄호를 푼다.
❷ 동류항끼리 모은다.
❸ 동류항끼리 계산한다.

(2) 일차식의 뺄셈

$(5x-3)-(-x+2)$
$=5x-3+x-2$
$=5x+x-3-2$
$=6x-5$

❶ 빼는 식의 각 항의 부호를 바꾸어 괄호를 푼다.
❷ 동류항끼리 모은다.
❸ 동류항끼리 계산한다.

[1~2] 다음 식을 계산하시오.

1

(1) $(3x+4)+(5x-2)$

(2) $(2x-5)+(-4x+9)$

(3) $(-6y-2)+(5y+7)$

(4) $\left(\frac{3}{2}x-3\right)+\left(\frac{1}{2}x+5\right)$

(5) $\left(\frac{1}{3}-\frac{3}{4}b\right)+\left(-\frac{2}{3}+\frac{5}{4}b\right)$

(6) $(0.5x-1)+(-3.5x+4)$

2

(1) $4(3a-2)+(-7a-6)$

(2) $(5x+7)+3(2x-6)$

(3) $2(a-8)+5(2a+4)$

(4) $5(-x+3)+8\left(\frac{1}{2}x-3\right)$

(5) $4(x-2)+\frac{1}{3}(6x-9)$

(6) $\frac{1}{2}(4a-2)+\frac{1}{6}(6a-12)$

괄호 앞에 −가 있으면 괄호 안의 부호를 모두 반대로!

[3~4] 다음 식을 계산하시오.

3

(1) $(2x-3)-(5x-7)$

(2) $(7y+4)-(-2y+9)$

(3) $(-2a+4)-(-3a-5)$

(4) $\left(\frac{1}{5}-6b\right)-\left(\frac{6}{5}-b\right)$

(5) $\left(\frac{2}{3}y+1\right)-\left(-\frac{1}{3}y-6\right)$

(6) $(3.7a-3)-(-0.3a+5)$

4

(1) $(-3x+7)-2(x-5)$

(2) $4(-2x+1)-3(x-3)$

(3) $-(-4x-3)+3(2x+8)$

(4) $-6\left(\frac{2}{3}+x\right)+8\left(\frac{1}{4}-x\right)$

(5) $-\left(\frac{3}{2}x+6\right)-4\left(\frac{5}{8}x-3\right)$

(6) $-\frac{1}{3}(6x+9)-\frac{2}{5}(-10x+5)$

5 다음 식을 계산하시오.

(1) $4x-\{6-2(x+4)\}$ ________

(2) $9a+6b-\{a-(5a-b)\}$ ________

(3) $3x-5y-\{6(x-y)-3y\}$ ________

분모가 서로 다를 때는 분모의 최소공배수로 통분하자!

6 다음 식을 계산하시오.

(1) $\frac{x}{2}+\frac{x-1}{3}$ ________

(2) $\frac{a-2}{3}+\frac{3a+1}{4}$ ________

(3) $\frac{3y+1}{4}-\frac{y+3}{2}$ ________

(4) $\frac{2b-1}{6}-\frac{b-2}{9}$ ________

7 다음 다항식을 계산하였을 때, x의 계수와 상수항을 각각 구하시오.

(1) $-\frac{1}{2}(12x+16)+\frac{1}{3}(9x-6)$

x의 계수: ________, 상수항: ________

(2) $\frac{8x-1}{5}-\frac{2x+2}{3}$

x의 계수: ________, 상수항: ________

8 다음 □ 안에 알맞은 식을 쓰시오.

(1) $(\square)-(3x-1)=5x+7$

(2) $(5x-2)+(\square)=-2x+1$

(3) $(\square)+(4b+1)=3b-2$

9 어떤 다항식에 $3x-4$를 더해야 할 것을 잘못하여 뺐더니 $2x-6$이 되었다. 다음 물음에 답하시오.

(1) 다음 ○ 안에 기호 + 또는 −를 쓰시오.

(어떤 다항식) ○ $(3x-4)=2x-6$

(2) (1)의 식을 이용하여 어떤 다항식을 구하시오. ________

(3) 바르게 계산한 식을 구하시오. ________

10 어떤 다항식에서 $2x-5$를 빼야 할 것을 잘못하여 더했더니 $x-3$이 되었다. 다음 물음에 답하시오.

(1) 어떤 다항식을 구하시오. ________

(2) 바르게 계산한 식을 구하시오. ________

정답과 해설 45쪽

학교 시험에 꼭 나오는 **기출문제** *BEST 09*

형광펜 들고 밑줄 쫙~

쌍둥이 01

1 다음 설명 중 옳은 것은?

① a^2+a는 단항식이다.
② x^2-2x+3에서 x의 계수는 2이다.
③ $-3y$는 다항식이다.
④ $3a^2+4a-3$에서 상수항은 3이다.
⑤ x^3+2x의 다항식의 차수는 2이다.

2 다항식 $-\frac{3}{4}x^2+7x+2$에서 항의 개수를 a, x^2의 계수를 b, 상수항을 c라 할 때, $2abc$의 값을 구하시오.

쌍둥이 02

3 다음 중 일차식을 모두 고르면? (정답 2개)

① -10 ② $3x$ ③ $2+y$
④ x^2-x ⑤ $\frac{1}{x}$

4 다음 보기 중 일차식의 개수는?

보기

ㄱ. $2x-4$	ㄴ. $0.5x$	ㄷ. $3x^3-x$
ㄹ. $\frac{5}{x-1}$	ㅁ. $3-\frac{x}{7}$	ㅂ. $0\times x+6$

① 1 ② 2 ③ 3
④ 4 ⑤ 5

쌍둥이 03

5 $5(2x-3)$을 계산하면 $ax+b$일 때, 상수 a, b에 대하여 $a+b$의 값을 구하시오.

6 $(12x+6)\div(-3)$을 계산하면 $ax+b$일 때, 상수 a, b에 대하여 $a-b$의 값을 구하시오.

쌍둥이 04

7 다음 중 동류항끼리 짝 지어진 것은?

① $2x$, $2x^2$　② $-3x$, $-3y$
③ $\frac{4}{x}$, $-4x$　④ $5x$, $-\frac{1}{5}x$
⑤ 3, $3a$

8 다음 보기 중 동류항끼리 짝 지어진 것을 모두 고르시오.

보기
ㄱ. x^2, $-\frac{1}{3}x^2$　ㄴ. $2y^2$, $\frac{1}{2}y$
ㄷ. $6x$, x　ㄹ. $3y$, y^3
ㅁ. $-9x$, $\frac{9}{x}$　ㅂ. 2, $\frac{1}{4}$

쌍둥이 05

9 다음 식을 계산하면?

$$(-2a+4)+(-3a+2)$$

① $-5a-20$　② $-5a-4$
③ $-5a+4$　④ $-5a+6$
⑤ $5a+20$

10 다음 중 식을 계산하였을 때, x의 계수가 가장 큰 것은?

① $(2x+11)+(x-4)$
② $(-8x+1)+(-x-7)$
③ $(9x+13)-(7x-5)$
④ $(4x-3)-(2x-6)$
⑤ $(-4x-10)-(-12x+10)$

쌍둥이 06

11 다항식 $4(2x+1)-3(x-2)$를 계산하였을 때, x의 계수와 상수항의 곱은?

① 50　② 52　③ 54
④ 55　⑤ 60

12 다항식 $\frac{1}{3}(9x-6)+\frac{1}{2}(-2x+10)$을 계산하였을 때, x의 계수와 상수항의 합은?

① -6　② -5　③ -3
④ 1　⑤ 5

• 정답과 해설 46쪽

쌍둥이 07

13 다항식 $\frac{x}{3}+\frac{x+2}{6}$를 계산하면?

① $2x+3$ ② $3x+2$ ③ $3x+6$
④ $\frac{1}{2}x+\frac{1}{3}$ ⑤ $\frac{1}{2}x+3$

14 다음 다항식을 계산하시오.

$$\frac{x+3}{4}-\frac{2x-1}{6}$$

쌍둥이 08

15 $A=2x+1$, $B=-x+2$일 때, $A-3B$를 계산하시오.

16 $A=-3x+5$, $B=x-4$일 때, $B+2(A-B)$를 계산하면?

① $-7x+6$ ② $-7x+14$ ③ $-2x+1$
④ $-x+1$ ⑤ $-x+6$

쌍둥이 09

17 서술형 어떤 다항식에서 $6x-3$을 빼야 할 것을 잘못하여 더했더니 $3x-5$가 되었다. 다음 물음에 답하시오.

(1) 어떤 다항식을 구하시오.
(2) 바르게 계산한 식을 구하시오.

풀이 과정

(1)

(2)

답 (1) (2)

18 어떤 다항식에 $4x-6$을 더해야 할 것을 잘못하여 뺐더니 $-7x-1$이 되었다. 이때 바르게 계산한 식은?

① $-11x-5$ ② $-11x+3$ ③ $-3x-7$
④ $x-13$ ⑤ $x+13$

쌍둥이 기출문제 중에서 연습이 더 필요한 문제들로 구성하였습니다.

1 다음 중 기호 ×, ÷를 생략하여 나타낸 식으로 옳은 것은?

🔗 곱셈 기호와 나눗셈 기호의 생략

① $0.1\times x=0.x$
② $3\times\frac{1}{2}\times x=3\frac{1}{2}x$
③ $3\div a+b=\frac{3}{a+b}$
④ $(-1)\times(x+y)=-x+y$
⑤ $x\div(y\div 4)=\frac{4x}{y}$

2 한 개에 750원인 라면 x개를 사고 10000원을 냈을 때의 거스름돈을 x를 사용한 식으로 나타내면?

🔗 문자를 사용한 식으로 나타내기

① $\left(10000-\frac{750}{x}\right)$원
② $\left(10000-\frac{x}{750}\right)$원
③ $(10000x-750)$원
④ $(10000-750x)$원
⑤ $(750x-10000)$원

3 $x=-\frac{1}{3}$, $y=2$일 때, 다음 중 식의 값이 가장 작은 것은?

🔗 식의 값 구하기

① $-6x+y$
② $3x-4y$
③ $9x^2-y$
④ $\frac{5}{x}+5y$
⑤ $4xy-\frac{y^2}{3}$

4 귀뚜라미가 우는 횟수는 기온에 따라 달라지는데 기온이 x°C일 때, 귀뚜라미가 1분 동안 $\left(\frac{36}{5}x-32\right)$회 운다고 한다. 기온이 25°C일 때, 귀뚜라미는 1분 동안 몇 회를 우는지 구하시오.

🔗 식의 값의 활용

5 다항식 $-6x^2+x-3$에서 다항식의 차수를 a, x의 계수를 b, 상수항을 c라 할 때, $a+b-c$의 값은?

🔗 다항식

① -4
② -2
③ 0
④ 4
⑤ 6

6 다음 중 x에 대한 일차식을 고르면?

① $0.1x+3$ ② $\frac{1}{x}-2$ ③ $x-x^2$
④ $0\times x+7$ ⑤ x^3

🔗 일차식

7 다음 중 옳은 것은?

① $2(1-3x)=2-3x$ ② $\frac{1}{5}(5x-3)=x-3$
③ $-\frac{1}{4}(8x-24)=-2x-6$ ④ $(4x-6)\div\frac{2}{3}=6x-9$
⑤ $(5x-10)\div\left(-\frac{1}{5}\right)=-x+2$

🔗 일차식과 수의 곱셈, 나눗셈

8 다음 중 동류항끼리 짝 지어지지 않은 것은?

① $2x$, $-7x$ ② $-x$, $2x^2$ ③ $-x^2$, $3x^2$
④ $3y$, $-2y$ ⑤ $-\frac{3}{2}$, 5

🔗 동류항

9 $\frac{x-3}{7}-\frac{2x-1}{3}$을 계산하면 $ax+b$이다. 이때 상수 a, b에 대하여 $a-b$의 값을 구하시오.

🔗 일차식의 덧셈과 뺄셈

서술형
10 어떤 다항식에 $2x+7$을 더해야 할 것을 잘못하여 뺐더니 $-5x-8$이 되었다. 이때 바르게 계산한 식을 구하시오.

풀이 과정

답

🔗 바르게 계산한 식 구하기

4 일차방정식

유형 1 등식 / 방정식과 항등식

유형 2 등식의 성질

유형 3 이항 / 일차방정식 / 일차방정식의 풀이

유형 4 여러 가지 일차방정식의 풀이

유형 5 일차방정식의 활용 (1) – 수, 개수, 나이

유형 6 일차방정식의 활용 (2) – 거리, 속력, 시간

01 방정식과 그 해

• 정답과 해설 48쪽

유형 1 등식 / 방정식과 항등식

개념편 84~85쪽

(1) **등식**: 등호(=)를 사용하여 나타낸 식

예 $2x+1=5$ (좌변: $2x+1$, 우변: 5, 양변)

참고 등호를 사용하지 않거나 등호 대신 부등호를 사용한 식은 등식이 아니다.

(2) **방정식**: 미지수의 값에 따라 참이 되기도 하고, 거짓이 되기도 하는 등식
(미지수 → 방정식에 있는 문자)

예 $2x+1=3x$ ➡ $x=1$일 때만 참
➡ $x=1$은 방정식 $2x+1=3x$의 해(근)

(3) **항등식**: 미지수에 어떠한 값을 대입하여도 항상 참이 되는 등식

예 $2x+x=3x$ ➡ x에 어떠한 값을 대입해도 참

[1~2] 다음을 등식으로 나타내시오.

1 (1) x에서 10을 빼면 6과 같다. ______

(2) x에 1을 더한 것의 2배는 14와 같다. ______

(3) 6에 x의 3배를 더한 것은 x에서 2를 뺀 것과 같다. ______

2 (1) 박물관의 학생 1명당 입장료가 a원일 때, 학생 5명의 입장료는 6000원이다. ______

(2) 귤 35개를 x명의 학생에게 2개씩 나누어 주었더니 7개가 남았다. ______

3 x의 값이 0, 1, 2, 3일 때, 방정식 $2x-5=1$에 대하여 다음 표를 완성하고, 그 해를 구하시오.

x의 값	좌변	우변	참/거짓
0	$2\times0-5=-5$	1	거짓
1		1	
2		1	
3		1	

해: ______

4 다음 [ ] 안의 수가 주어진 방정식의 해이면 ○표, 해가 아니면 ×표를 ( ) 안에 쓰시오.

(1) $x+4=3$ [-1] ( )

(2) $4x-10=-8$ [2] ( )

(3) $2(x+1)=0$ [0] ( )

(4) $1-\frac{1}{2}x=-2$ [6] ( )

5 다음 보기의 방정식 중 해가 $x=2$인 것을 모두 고르시오.

보기
ㄱ. $4x-x=6$　ㄴ. $2+x=0$
ㄷ. $3=x-1$　ㄹ. $0.6x+1.8=2$
ㅁ. $-5x+7=-3$　ㅂ. $\frac{x}{4}+1=\frac{3}{2}$

항등식을 찾을 때는 좌변과 우변을 각각 간단히 하여 (좌변)=(우변)인지 확인하자!

6 다음 보기 중 항등식을 모두 고르시오.

보기
ㄱ. $3x-1=2$　ㄴ. $2x-x=x$
ㄷ. $x+2>7$　ㄹ. $3(x+1)-6=3(x-1)$
ㅁ. $x=-4$　ㅂ. $-(x-1)=1-x$

• 정답과 해설 48쪽

유형 2 등식의 성질

개념편 86쪽

① 등식의 양변에 같은 수를 더하여도 등식은 성립한다.
② 등식의 양변에서 같은 수를 빼어도 등식은 성립한다.
③ 등식의 양변에 같은 수를 곱하여도 등식은 성립한다.
④ 등식의 양변을 0이 아닌 같은 수로 나누어도 등식은 성립한다.

① $a=b$이면 $a+c=b+c$
② $a=b$이면 $a-c=b-c$
③ $a=b$이면 $ac=bc$
④ $a=b$이면 $\frac{a}{c}=\frac{b}{c}$ (단, $c\neq0$)

1 다음 중 옳은 것은 ○표, 옳지 않은 것은 ×표를 ( ) 안에 쓰시오.

(1) $a=b$이면 $a+1=b+1$ ( )

(2) $a=b$이면 $a-3=3-b$ ( )

(3) $a=b$이면 $-4a=-4b$ ( )

(4) $a=b$이면 $\frac{a}{2}=\frac{b}{2}$ ( )

(5) $a+3=b-3$이면 $a=b$ ( )

(6) $2a+5=2b+5$이면 $a=b$ ( )

(7) $\frac{a}{3}=\frac{b}{2}$이면 $3a=2b$ ( )

(8) $20a=12b$이면 $5a=3b$ ( )

2 다음은 등식의 성질을 이용하여 방정식을 푸는 과정이다. (가), (나)에 이용된 등식의 성질을 보기에서 찾아 차례로 쓰시오.

보기

$a=b$이고, c가 자연수일 때

ㄱ. $a+c=b+c$ ㄴ. $a-c=b-c$

ㄷ. $ac=bc$ ㄹ. $\frac{a}{c}=\frac{b}{c}$

(1) $3x-2=10 \xrightarrow{(가)} 3x=12 \xrightarrow{(나)} x=4$

______

(2) $\frac{1}{3}x+7=4 \xrightarrow{(가)} \frac{1}{3}x=-3 \xrightarrow{(나)} x=-9$

______

3 다음은 등식의 성질을 이용하여 방정식을 푸는 과정이다. □ 안에 알맞은 수를 쓰시오.

(1)

$4x-1=7$ ⇨ $4x-1+\square=7+\square$

$4x=\square$

$\frac{4x}{\square}=\frac{\square}{4}$

$\therefore x=\square$

(2)

$-\frac{1}{2}x+5=2$

⇨ $-\frac{1}{2}x+5-\square=2-\square$

$-\frac{1}{2}x=\square$

$-\frac{1}{2}x\times(\square)=\square\times(-2)$

$\therefore x=\square$

4 등식의 성질을 이용하여 다음 방정식을 푸시오.

(1) $2x+9=-7$ ______

(2) $5x-2=8$ ______

(3) $\frac{1}{4}x-3=2$ ______

(4) $\frac{2}{3}x+1=-1$ ______

쌍둥이 기출문제

학교 시험에 꼭 나오는 **기출문제** *BEST 07*

형광펜 들고 밑줄 쫙~

쌍둥이 01

1 다음 중 등식이 아닌 것을 모두 고르면? (정답 2개)

① $2x+1$　② $x-3=6$
③ $0>-1$　④ $4-5=-1$
⑤ $3(x-1)=3x-3$

2 다음 보기 중 등식을 모두 고르시오.

보기
ㄱ. $3x-2=10$　ㄴ. $9-2y=y$
ㄷ. $2\times 40\geq 50$　ㄹ. $2x^2+2$
ㅁ. $y+42=10$　ㅂ. $2(x-3)=2x-6$

쌍둥이 02

3 다음 문장을 등식으로 바르게 나타낸 것은?

어떤 수 x의 3배에서 5를 뺀 것은 어떤 수 x에 1을 더한 것과 같다.

① $3x+5=x-1$　② $3(x-5)=x+1$
③ $3x-5=x+1$　④ $x^2-5=x+1$
⑤ $3x-5=x-1$

4 다음 문장을 등식으로 나타내시오.

7000원을 내고 한 자루에 900원인 볼펜 x자루를 샀더니 거스름돈이 700원이었다.

쌍둥이 03

5 다음 방정식 중 해가 $x=7$인 것은?

① $x+4=7$　② $2x-9=3$
③ $5x-25=x+1$　④ $3(x-1)=x+1$
⑤ $\frac{1}{5}(x+3)=2$

6 다음 중 [　] 안의 수가 주어진 방정식의 해인 것은?

① $x-2=10$ $[3]$　② $\frac{1}{3}x-2=-1$ $[-3]$
③ $-5x=x+6$ $[1]$　④ $2(1-x)=-2$ $[2]$
⑤ $5x+10=10x$ $\left[-\frac{1}{5}\right]$

쌍둥이 04

7 다음 중 항등식인 것은?

① $5x=5$　② $x+1=2x$
③ $2x+3x=6x$　④ $3x=4x-x$
⑤ $8(x+2)=x+6$

8 다음 중 x의 값에 관계없이 항상 참이 되는 등식을 모두 고르면? (정답 2개)

① $x-3=1$　② $3x+1=-2$
③ $x+1=2x+1-x$　④ $5x-5=3(x-1)$
⑤ $4x-6=2(2x-3)$

쌍둥이 05

9 등식 $ax+4=-2x+b$가 x에 대한 항등식일 때, 상수 a, b의 값을 각각 구하시오.

10 등식 $3(x-a)=bx+12$가 x의 값에 관계없이 항상 성립할 때, 상수 a, b에 대하여 $b-a$의 값을 구하시오.

쌍둥이 06

11 다음 중 옳지 않은 것은?

① $a=b$이면 $a+c=b+c$이다.
② $a=b$이면 $a-5=b-5$이다.
③ $a+7=b+7$이면 $a=b$이다.
④ $ac=bc$이면 $a=b$이다.
⑤ $\frac{a}{5}=\frac{b}{2}$이면 $2a=5b$이다.

12 다음 보기 중 옳은 것을 모두 고르시오.

보기
ㄱ. $a=b$이면 $-5a=-5b$이다.
ㄴ. $-9a=-9b$이면 $a=b$이다.
ㄷ. $\frac{a}{8}=\frac{b}{6}$이면 $2a=3b$이다.
ㄹ. $a=b$이면 $\frac{a}{2}-1=\frac{b}{2}-1$이다.

쌍둥이 07

13 오른쪽은 등식의 성질을 이용하여 방정식 $4x+13=25$를 푸는 과정이다. (가)에 이용된 등식의 성질은? (단, c는 자연수)

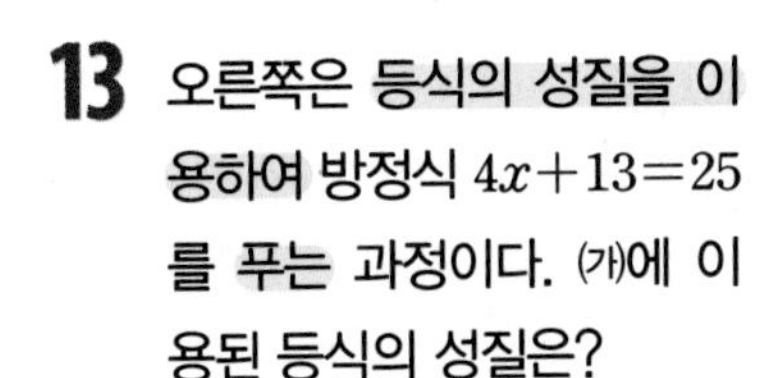

① $a=b$이면 $a+c=b+c$이다.
② $a=b$이면 $a-c=b-c$이다.
③ $a=b$이면 $ac=bc$이다.
④ $a=b$이면 $\frac{a}{c}=\frac{b}{c}$이다.
⑤ $a=b$이면 $b=a$이다.

14 오른쪽은 등식의 성질을 이용하여 방정식 $\frac{1}{2}x-3=-1$을 푸는 과정이다. (가), (나)에 이용된 등식의 성질을 다음 보기에서 찾아 차례로 쓰시오.

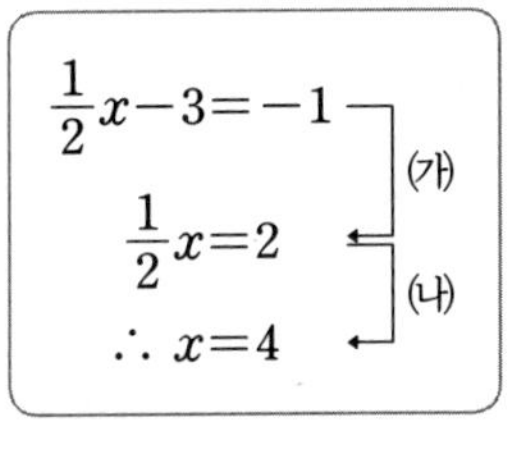

보기
$a=b$이고, c가 자연수일 때
ㄱ. $a+c=b+c$　　ㄴ. $a-c=b-c$
ㄷ. $ac=bc$　　ㄹ. $\frac{a}{c}=\frac{b}{c}$

4. 일차방정식

02 일차방정식의 풀이

• 정답과 해설 51쪽

유형 3 이항 / 일차방정식 / 일차방정식의 풀이

개념편 88~89쪽

(1) **이항**: 항의 부호를 바꾸어 다른 변으로 옮기는 것

예 $x\underline{-2}=7 \Rightarrow x=7\underline{+2}$ (이항)

(2) **일차방정식**: 등식의 모든 항을 좌변으로 이항하여 정리한 식이 (일차식)$=0$ 꼴로 나타나는 방정식

예 $x=1-2x$ $\xrightarrow{\text{모든 항을 좌변으로 이항}}$ $3x-1=0$ (일차식)$=0$ 꼴 ➡ 일차방정식

(3) **일차방정식의 풀이**

$4(x+3)=x-6$
→ 분배법칙을 이용하여 괄호 풀기

$4x+12=x-6$
→ 일차항은 좌변으로, 상수항은 우변으로 이항하기

$4x-x=-6-12$
→ 동류항끼리 정리하기

$3x=-18$
→ 양변을 x의 계수로 나누어 $x=$(수) 꼴로 나타내기

$\therefore x=-6$

1 다음 방정식에서 밑줄 친 항을 이항하시오.

(1) $x\underline{+8}=5$　　(2) $3x=\underline{x}+4$

(3) $2x\underline{-4}=6$　　(4) $x=\underline{-2x}-3$

2 다음 보기 중 일차방정식을 모두 고르시오.

(보기)

ㄱ. $x=2$　　ㄴ. $-(x-1)=x-1$

ㄷ. $4x-x=4$　　ㄹ. $x+3=x^2+1$

ㅁ. $5x-2>0$　　ㅂ. $2x+5=x+(x+5)$

ㅅ. $3x-x^2=4-x^2$　　ㅇ. $4x-8$

3 다음은 일차방정식 $8x-7=6x-1$을 푸는 과정이다. □ 안에 알맞은 것을 쓰시오.

$8x-7=6x-1$
→ -7, □을(를) 각각 이항하면

$8x-$□$=-1+$□

□$x=$□

$\therefore x=$□

4 다음 일차방정식을 푸시오.

(1) $5-2x=-5$

(2) $5x+\frac{1}{2}=\frac{11}{2}$

(3) $-3x=-x+8$

(4) $x+1=-2x+7$

(5) $10-4x=x-5$

괄호가 있으면 분배법칙을 이용하자!

5 다음 일차방정식을 푸시오.

(1) $x+10=3(x+2)$

(2) $8x-5(x-1)=-4$

(3) $x+4(x+1)=-3-2x$

(4) $6\left(x-\frac{1}{2}\right)=2-4x$

(5) $8\left(\frac{x}{2}+\frac{1}{4}\right)-3=-9\left(x-\frac{1}{3}\right)$

• 정답과 해설 52쪽

유형 4 여러 가지 일차방정식의 풀이

개념편 90쪽

(1) 계수가 소수인 경우
양변에 10, 100, 1000, ... 중 적당한 수를 곱하여 계수를 정수로 고쳐서 푼다. (→ 10의 거듭제곱)

예 $0.2x-1.5=0.3 \xrightarrow{(양변)\times 10} 2x-15=3$

(2) 계수가 분수인 경우
양변에 분모의 최소공배수를 곱하여 계수를 정수로 고쳐서 푼다.

예 $\frac{x-2}{3}=\frac{x}{4} \xrightarrow{(양변)\times 12} 4(x-2)=3x$

계수가 소수인 경우는 양변에 10, 100, 1000, ...을 곱해 보자!

1 다음 □ 안에 알맞은 것을 쓰시오.

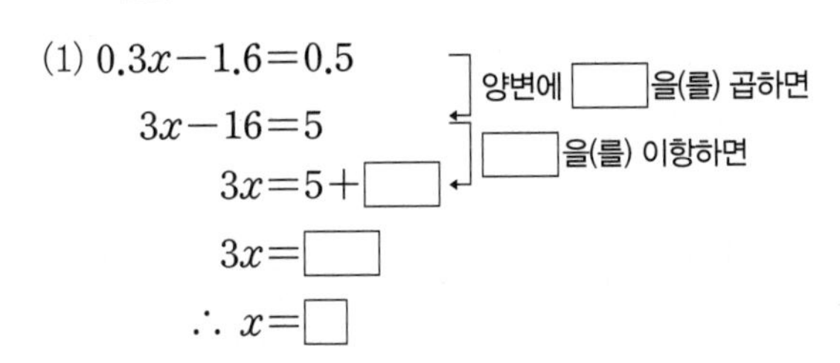

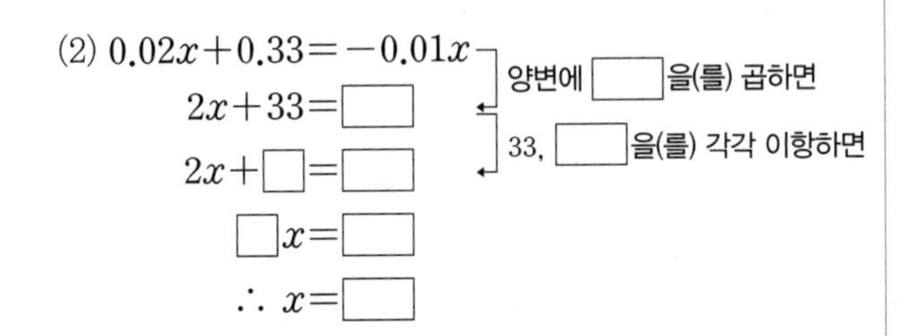

[2~3] 다음 일차방정식을 푸시오.

2 (1) $1.4x-2.8=0.5x+2.6$ ______

(2) $0.88x-0.24=0.36-0.12x$ ______

(3) $0.18x+0.4=0.2x-0.32$ ______

3 (1) $1.6x+5=0.4(x+2)$ ______

(2) $0.15(x-1)=0.2x-0.9$ ______

(3) $0.3(2x-1)=0.46(x+3)$ ______

계수가 분수인 경우는 양변에 분모의 최소공배수를 곱해 보자!

4 다음 □ 안에 알맞은 것을 쓰시오.

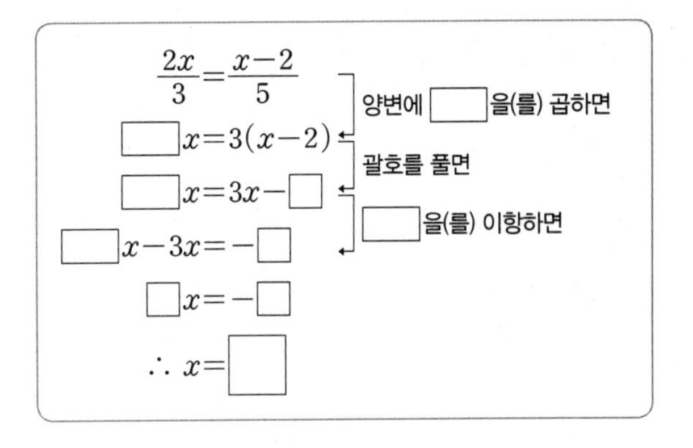

5 다음 일차방정식을 푸시오.

(1) $\frac{2}{3}x-5=\frac{1}{3}x-1$ ______

(2) $\frac{1}{4}x-\frac{3}{2}=x+3$ ______

(3) $\frac{1}{3}x-\frac{3}{4}=-\frac{1}{4}x-\frac{2}{3}$ ______

(4) $\frac{4}{9}x+\frac{4}{3}=\frac{1}{6}x+\frac{2}{9}$ ______

(5) $\frac{5}{2}x+\frac{1}{6}=\frac{2}{3}x+2$ ______

(6) $-\frac{3}{4}x+\frac{7}{10}=\frac{2}{5}x+3$ ______

[6~7] 다음 일차방정식을 푸시오.

6 (1) $\frac{x-3}{4}=\frac{x+3}{2}$ ______

(2) $\frac{3(x+2)}{5}-\frac{x+1}{2}=1$ ______

(3) $\frac{2x}{3}-\frac{2-x}{5}=x-1$ ______

(4) $\frac{1+3x}{2}-\frac{x-1}{6}=\frac{1}{3}+x$ ______

계수에 소수와 분수가 모두 있으면 먼저 소수를 분수로 고쳐 보자!

7 (1) $\frac{4x+1}{5}=0.6(x-3)$ ______

(2) $\frac{3x-5}{2}-3=0.4x$ ______

(3) $0.2x-3=\frac{1}{2}(x-1)+0.8$ ______

(4) $\frac{2x+1}{3}-0.25(3x-7)=\frac{5}{6}$ ______

8 다음은 x에 대한 일차방정식 $4x+a=6x+7$의 해가 $x=-2$일 때, 상수 a의 값을 구하는 과정이다. □ 안에 알맞은 수를 쓰시오.

> $4x+a=6x+7$에 $x=-2$를 대입하면
> $4\times(\square)+a=6\times(\square)+7$
> $\therefore\ a=\square$

9 x에 대한 일차방정식 $3(x+4)=x-a$의 해가 $x=-3$일 때, 상수 a의 값을 구하시오. ______

해를 구할 수 있는 일차방정식을 먼저 풀자!

10 다음 x에 대한 두 일차방정식의 해가 서로 같을 때, 상수 a의 값을 구하려고 한다. 물음에 답하시오.

> $2x-1=-x+8,\qquad 2x+a=1$

(1) 일차방정식 $2x-1=-x+8$의 해를 구하시오. ______

(2) (1)에서 구한 해를 이용하여 상수 a의 값을 구하시오. ______

11 다음 x에 대한 두 일차방정식의 해가 서로 같을 때, 상수 a의 값을 구하시오. ______

> $7-5x=-x+15,\qquad 5x+a=-3$

03 일차방정식의 활용

• 정답과 해설 53쪽

유형 5 일차방정식의 활용 (1) - 수, 개수, 나이

개념편 93~95쪽

• 어떤 수의 3배에 2를 더한 수는 / 어떤 수의 7배보다 6만큼 작을 때, / 어떤 수 구하기

❶ 미지수 정하기	어떤 수를 x라 하자.
❷ 방정식 세우기	어떤 수의 3배에 2를 더한 수는 $3x+2$ 어떤 수의 7배보다 6만큼 작은 수는 $7x-6$ 방정식을 세우면 $3x+2=7x-6$
❸ 방정식 풀기	$3x+2=7x-6$에서 $-4x=-8$ $\therefore x=2$ 따라서 어떤 수는 2이다.
❹ 확인하기	어떤 수가 2이면 $2\times3+2=2\times7-6$이므로 문제의 뜻에 맞는다.

[1~3] 다음 □ 안에 알맞은 것을 쓰시오.

▸ 수에 대한 문제
• 연속하는 두 자연수
⇨ x, $x+1$
• 연속하는 두 짝수(홀수)
⇨ x, $x+2$

1 연속하는 두 짝수의 합이 38일 때, 두 짝수를 구하시오.

❶ 연속하는 두 짝수를 x, $x+2$라 하자.
❷ 방정식을 세우면 $x+($□$)=38$
❸ 방정식을 풀면 $x=$□
따라서 연속하는 두 짝수는 □, □이다.
확인 구한 연속하는 두 짝수를 합하면 □이므로 문제의 뜻에 맞는다.

▸ 개수에 대한 문제
A, B의 개수의 합이 a
⇨ A의 개수를 x라 하면
B의 개수는 $a-x$

2 1개에 300원 하는 사탕과 1개에 1500원 하는 과자를 합하여 10개를 사고 7800원을 지불하였다. 이때 사탕과 과자는 각각 몇 개씩 샀는지 구하시오.

❶ 사탕을 x개 샀다고 하면 과자는 (□)개를 샀다.
❷ 방정식을 세우면 $300x+1500($□$)=7800$
❸ 방정식을 풀면 $x=$□
따라서 사탕은 □개, 과자는 □개를 샀다.
확인 $300\times$□$+1500\times$□$=7800$(원)이므로 문제의 뜻에 맞는다.

▸ 나이에 대한 문제
현재 어머니의 나이가 a세,
딸의 나이가 b세이면
⇨ x년 후에
• 어머니의 나이: $(a+x)$세
• 딸의 나이: $(b+x)$세

3 현재 어머니의 나이는 45세, 딸의 나이는 13세이다. 어머니의 나이가 딸의 나이의 2배가 되는 것은 몇 년 후인지 구하시오.

❶ x년 후에 어머니의 나이가 딸의 나이의 2배가 된다고 하자.
x년 후의 어머니의 나이는 (□)세, 딸의 나이는 (□)세이다.
❷ 방정식을 세우면 □$=2($□$)$
❸ 방정식을 풀면 $x=$□
따라서 □년 후에 어머니의 나이는 딸의 나이의 2배가 된다.
확인 □년 후의 어머니의 나이는 □세, 딸의 나이는 □세이므로 문제의 뜻에 맞는다.

• 정답과 해설 54쪽

유형 6 일차방정식의 활용 (2) - 거리, 속력, 시간

개념편 97~98 쪽

• (거리)=(속력)×(시간) • (속력)$=\frac{(거리)}{(시간)}$ • (시간)$=\frac{(거리)}{(속력)}$

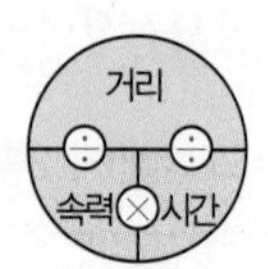

주의 주어진 단위가 다를 경우, 방정식을 세우기 전에 먼저 단위를 통일한다.

예 집과 학교 사이를 왕복하는데 갈 때는 시속 3 km로 걸어가고,(상황 A) 올 때는 같은 길을 시속 6 km로 걸어왔더니(상황 B) / 총 2시간이 걸렸다. 이때 집과 학교 사이의 거리를 구하시오.

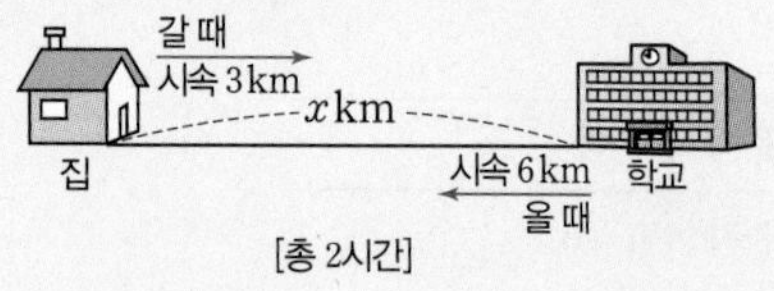

풀이 ❶ 미지수 정하기: 집과 학교 사이의 거리를 x km라 하면

	갈 때(상황 A)	올 때(상황 B)
속력	시속 3 km	시속 6 km
거리	x km	x km
시간	$\frac{x}{3}$시간	$\frac{x}{6}$시간

❷ 방정식 세우기: (갈 때 걸린 시간)+(올 때 걸린 시간)=2(시간)

➡ $\frac{x}{3}+\frac{x}{6}=2$

❸ 방정식 풀기: $x=4$이므로 집과 학교 사이의 거리는 4 km이다.

▸ 전체 걸린 시간이 주어진 경우
$\begin{pmatrix}갈\ 때\\걸린\\시간\end{pmatrix}+\begin{pmatrix}올\ 때\\걸린\\시간\end{pmatrix}=\begin{pmatrix}전체\\걸린\\시간\end{pmatrix}$

1 두 지점 A, B 사이를 왕복하는데 갈 때는 시속 6 km로 걸어가고, 올 때는 같은 길을 시속 4 km로 걸어왔더니 / 총 2시간 30분이 걸렸다. 이때 두 지점 A, B 사이의 거리를 구하시오.

❶ 미지수 정하기: 두 지점 A, B 사이의 거리를 x km라 하면

	갈 때	올 때
속력	시속 6 km	시속 4 km
거리		
시간		

❷ 방정식 세우기: (갈 때 걸린 시간)+(올 때 걸린 시간)=☐(시간)

⇨ ______________________

❸ 방정식 풀기: $x=$☐이므로 두 지점 A, B 사이의 거리는 ☐km이다.

▸ 시간 차를 두고 출발하는 경우
A가 출발하고 몇 분 후 B가 따라갈 때, A, B 두 사람이 만나려면
$\begin{pmatrix}A가\\이동한\\거리\end{pmatrix}=\begin{pmatrix}B가\\이동한\\거리\end{pmatrix}$

2 동생이 집을 출발한 지 5분 후에 형이 동생을 따라나섰다. 동생은 분속 60 m로 걷고, 형은 분속 80 m로 따라갈 때, 형이 출발한 지 몇 분 후에 동생을 만나는지 구하시오.

❶ 미지수 정하기: 형이 출발한 지 x분 후에 동생을 만난다고 하면

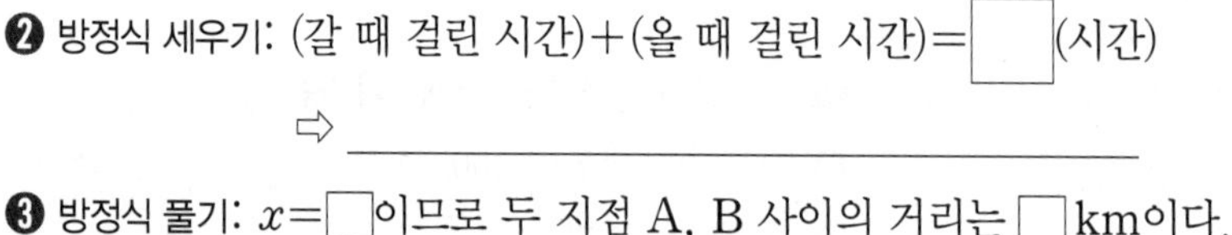

	동생	형
속력	분속 60 m	분속 80 m
시간		
거리		

❷ 방정식 세우기: (동생이 이동한 거리)=(형이 이동한 거리)이므로

⇨ ______________________

❸ 방정식 풀기: $x=$☐이므로 형이 출발한 지 ☐분 후에 동생을 만난다.

● 정답과 해설 54쪽

한 걸음 더 연습 유형 5~6

[1~4] 다음 □ 안에 알맞은 것을 쓰시오.

1 십의 자리의 숫자가 3인 두 자리의 자연수가 있다. 이 자연수의 십의 자리의 숫자와 일의 자리의 숫자를 바꾼 수는 처음 수의 2배보다 7만큼 크다고 할 때, 처음 자연수를 구하시오.

> ❶ 처음 자연수의 일의 자리의 숫자를 x라 하자.
> ❷ 십의 자리의 숫자는 3이므로
> 처음 자연수는 □
> 십의 자리의 숫자와 일의 자리의 숫자를
> 바꾼 수는 □
> 바꾼 수는 처음 수의 2배보다 7만큼 크므로
> 방정식을 세우면
> □$=2\times($□$)+7$
> ❸ 방정식을 풀면 $x=$□
> 따라서 처음 자연수는 □이다.

2 어떤 정사각형의 가로의 길이를 4 cm만큼 줄이고, 세로의 길이를 3배로 늘여서 직사각형을 만들었더니 둘레의 길이가 처음 정사각형의 둘레의 길이보다 12 cm만큼 더 길어졌다. 이때 처음 정사각형의 한 변의 길이를 구하시오.

> ❶ 처음 정사각형의 한 변의 길이를 x cm라 하자.
> ❷ 가로의 길이는 4 cm만큼 줄였으므로
> (□) cm
> 세로의 길이는 3배로 늘였으므로
> □cm
> 새로 만든 직사각형의 둘레의 길이가
> 처음 정사각형의 둘레의 길이보다 12 cm만큼
> 더 길어졌으므로 방정식을 세우면
> $2\times\{($□$)+$□$\}=4x+12$
> ❸ 방정식을 풀면 $x=$□
> 따라서 처음 정사각형의 한 변의 길이는
> □cm이다.

3 학생들에게 사탕을 나누어 주는데 한 학생에게 5개씩 나누어 주면 4개가 남고, 8개씩 나누어 주면 14개가 부족하다고 한다. 이때 학생 수를 구하시오.

> ❶ 학생 수를 x라 하자.
> ❷ 한 학생에게 사탕을 5개씩 나누어 주면 4개가 남으므로
> (사탕의 개수)=□
> 한 학생에게 사탕을 8개씩 나누어 주면 14개가 부족하므로
> (사탕의 개수)=□
> 사탕의 개수는 일정하므로 방정식을 세우면
> □
> ❸ 방정식을 풀면 $x=$□
> 따라서 학생 수는 □이다.

먼저 시간과 거리의 단위를 각각 통일하자!

4 민희와 할머니는 3 km 떨어진 거리에 있는 상대방의 집을 향하여 각자의 집에서 동시에 출발했다. 민희는 분속 250 m로 뛰어가고, 할머니는 분속 50 m로 걸어간다고 할 때, 두 사람은 출발한 지 몇 분 후에 만나는지 구하시오.

> ❶ 두 사람이 출발한 지 x분 후에 만난다고 하자.
> ❷ 3 km=□m이므로
> (민희가 이동한 거리)+(할머니가 이동한 거리)=□(m)
> 방정식을 세우면 □
> ❸ 방정식을 풀면 $x=$□
> 따라서 두 사람은 출발한 지 □분 후에 만난다.

쌍둥이 기출문제

학교 시험에 꼭 나오는 **기출문제** *BEST 11*

형광펜 들고 밑줄 쫙~

쌍둥이 01

1 다음 중 일차방정식인 것은?

① $3x+4$ ② $x^2-5x=x^2+1$
③ $7x+14=7(2+x)$ ④ $2x+3-x=x+3$
⑤ $x^2-x=x+2$

2 다음 중 일차방정식이 아닌 것은?

① $2x+3=x-5$ ② $6-x=3x+5$
③ $x^2+2=x^2-x+3$ ④ $3x=2$
⑤ $4(x+5)-x=3x+20$

쌍둥이 02

3 일차방정식 $x+5=-2x-4$의 해는?

① $x=-4$ ② $x=-3$ ③ $x=0$
④ $x=3$ ⑤ $x=4$

4 다음 중 일차방정식의 해가 나머지 넷과 다른 하나는?

① $x+2=3$
② $2x+5=7$
③ $-x+4=3x$
④ $3x+7=-2(x-1)$
⑤ $6\left(\frac{x}{3}-\frac{1}{2}\right)=4\left(x-\frac{5}{4}\right)$

쌍둥이 03

5 일차방정식 $0.2x-3=0.5x$를 풀면?

① $x=-10$ ② $x=-1$ ③ $x=0$
④ $x=1$ ⑤ $x=10$

6 다음 일차방정식을 푸시오.

$$0.7x=0.05(x-4)+0.85$$

쌍둥이 04

7 일차방정식 $\frac{1}{2}x+\frac{1}{4}=\frac{2}{3}x$를 풀면?

① $x=-\frac{3}{2}$ ② $x=-\frac{1}{2}$ ③ $x=\frac{1}{2}$
④ $x=\frac{3}{2}$ ⑤ $x=\frac{5}{2}$

8 일차방정식 $\frac{x}{3}-\frac{5x+6}{7}=1-x$를 풀면?

① $x=-3$ ② $x=-1$ ③ $x=1$
④ $x=3$ ⑤ $x=5$

쌍둥이 05

9 x에 대한 일차방정식 $x+6=3x+a$의 해가 $x=5$일 때, 상수 a의 값은?

① -4 ② -3 ③ -2
④ 2 ⑤ 3

10 x에 대한 일차방정식 $\frac{1}{5}(x-6)=2ax+4$의 해가 $x=-4$일 때, 상수 a의 값을 구하시오.

쌍둥이 06

11 x에 대한 두 일차방정식 $2x+3=5x+9$와 $ax-6=4x$의 해가 서로 같을 때, 상수 a의 값은?

① -2 ② -1 ③ 1
④ 2 ⑤ 3

12 다음 x에 대한 두 일차방정식의 해가 서로 같을 때, 상수 a의 값은?

$$3x-2=2x+3, \qquad ax+3=x-7$$

① -3 ② -1 ③ 2
④ 3 ⑤ 5

쌍둥이 07

13 연속하는 세 자연수의 합이 99일 때, 세 자연수 중 가장 작은 수는?

① 30 ② 31 ③ 32
④ 33 ⑤ 34

14 연속하는 세 자연수의 합이 126일 때, 세 자연수 중 가장 큰 수는?

① 40 ② 41 ③ 42
④ 43 ⑤ 44

쌍둥이 08

15 나이 차가 7세인 형과 동생의 나이의 합이 37세일 때, 동생의 나이를 구하시오.

16 현재 어머니의 나이는 아들의 나이보다 25세가 많고, 9년 후에 어머니의 나이가 아들의 나이의 2배가 된다고 한다. 현재 아들의 나이는?

① 12세 ② 13세 ③ 14세
④ 15세 ⑤ 16세

쌍둥이 09

17 가로의 길이가 세로의 길이보다 4 cm 더 긴 직사각형의 둘레의 길이가 28 cm일 때, 이 직사각형의 세로의 길이를 구하시오.

18 아랫변의 길이가 윗변의 길이의 2배이고 높이가 12 cm인 사다리꼴의 넓이가 162 cm^2일 때, 이 사다리꼴의 윗변의 길이를 구하시오.

쌍둥이 10

19 학생들에게 연필을 나누어 주는데 한 학생에게 4자루씩 나누어 주면 1자루가 남고, 5자루씩 나누어 주면 6자루가 부족하다고 한다. 이때 학생 수는?

① 7　② 8　③ 9
④ 10　⑤ 11

20 서술형 학생들에게 공책을 나누어 주는데 한 학생에게 5권씩 나누어 주면 7권이 부족하고, 4권씩 나누어 주면 6권이 남는다고 할 때, 다음을 구하시오.

(1) 학생 수
(2) 공책의 수

풀이 과정

(1)

(2)

답 (1)　(2)

쌍둥이 11

21 보경이가 등산을 하는데 올라갈 때는 시속 3 km로 걷고, 내려올 때는 같은 등산로를 시속 4 km로 걸어서 총 3시간 30분이 걸렸다고 한다. 이 등산로의 길이를 구하시오.

22 등산을 하는데 올라갈 때는 시속 4 km로 걷고, 내려올 때는 올라갈 때보다 2 km가 더 먼 다른 등산로를 시속 3 km로 걸었더니 총 3시간이 걸렸다고 한다. 이때 올라간 거리는?

① 3 km　② 4 km　③ 5 km
④ 6 km　⑤ 7 km

• 정답과 해설 57쪽

쌍둥이 기출문제 중에서 연습이 더 필요한 문제들로 구성하였습니다.

1 다음 중 문장을 등식으로 나타낸 것으로 옳지 않은 것은?

① x를 3배 한 수보다 2만큼 큰 수는 x의 4배와 같다. ⇨ $3x+2=4x$
② 한 변의 길이가 x cm인 정삼각형의 둘레의 길이는 27 cm이다. ⇨ $3x=27$
③ 700원짜리 아이스크림 3개와 1000원짜리 과자 x봉지의 가격은 4100원이다.
⇨ $2100+1000x=4100$
④ 한 상자에 x kg인 바나나 다섯 상자의 무게는 65 kg이다. ⇨ $5x=65$
⑤ 사탕 15개를 x명의 학생에게 2개씩 나누어 주었더니 1개가 남았다. ⇨ $2x-15=1$

문장을 등식으로 나타내기

2 등식 $ax+12=3b-6x$가 모든 x에 대하여 항상 참일 때, 상수 a, b에 대하여 $a+b$의 값을 구하시오.

항등식

3 다음 중 옳지 않은 것은?

① $a=-b$이면 $a+3=3-b$
② $a=2b$이면 $ac=2bc$
③ $\frac{a}{8}=\frac{b}{4}$이면 $a=2b$
④ $a=3b$이면 $a-3=3(b-3)$
⑤ $a=b$이면 $ac-d=bc-d$

등식의 성질

4 오른쪽은 등식의 성질을 이용하여 방정식 $\frac{3x-1}{4}=5$를 푸는 과정이다. (가), (나), (다)에 이용된 등식의 성질을 다음 보기에서 찾아 차례로 나열한 것은?

$\frac{3x-1}{4}=5$
(가)
$3x-1=20$
(나)
$3x=21$
(다)
$\therefore x=7$

보기
$a=b$이고, c는 자연수일 때
ㄱ. $a+c=b+c$
ㄴ. $a-c=b-c$
ㄷ. $ac=bc$
ㄹ. $\frac{a}{c}=\frac{b}{c}$

① ㄱ, ㄴ, ㄷ
② ㄴ, ㄱ, ㄹ
③ ㄷ, ㄱ, ㄴ
④ ㄷ, ㄱ, ㄹ
⑤ ㄹ, ㄱ, ㄴ

등식의 성질을 이용한 방정식의 풀이

5 다음 보기 중 일차방정식을 모두 고른 것은?

> 보기
> ㄱ. $2x-3=x+7$　　ㄴ. $x^2+2x=x^2-3x+7$
> ㄷ. $x^2-1=x+1$　　ㄹ. $6x+4=3\left(2x+\frac{4}{3}\right)$

① ㄱ　② ㄱ, ㄴ　③ ㄱ, ㄴ, ㄹ
④ ㄴ, ㄷ　⑤ ㄴ, ㄷ, ㄹ

일차방정식

6 일차방정식 $\frac{7x-3}{8}-\frac{3(x-1)}{4}=\frac{5}{12}$를 푸시오.

여러 가지 일차방정식의 풀이

7 x에 대한 일차방정식 $3-2x=2(ax+2)-5$의 해가 $x=-2$일 때, 상수 a의 값은?

① -2　② $-\frac{1}{2}$　③ 0
④ $\frac{1}{2}$　⑤ 2

일차방정식의 해가 주어질 때, 상수의 값 구하기

서술형

8 다음 x에 대한 두 일차방정식의 해가 서로 같을 때, 상수 a의 값을 구하시오.

> $0.4x-0.7=0.3(x-4)$,　$ax+4=3x+9$

풀이 과정

답

두 일차방정식의 해가 서로 같을 때, 상수의 값 구하기

● 정답과 해설 57쪽

9 연속하는 세 짝수의 합이 144일 때, 세 짝수 중 가장 작은 수를 구하시오.

일차방정식의 활용 - 수

10 재민이가 문구점에서 1개에 300원 하는 샤프심과 1자루에 1100원 하는 샤프를 합하여 9개를 사고 7500원을 지불하였다. 이때 구매한 샤프의 개수는?

① 3　② 4　③ 5
④ 6　⑤ 7

일차방정식의 활용 - 개수

11 밑변의 길이가 12 cm, 높이가 8 cm인 삼각형이 있다. 이 삼각형의 밑변의 길이를 x cm만큼 줄이고, 높이를 4 cm만큼 늘였더니 넓이가 처음 삼각형의 넓이보다 6 cm^2 만큼 늘어났다. 이때 x의 값을 구하시오.

일차방정식의 활용 - 도형

서술형

12 세호가 학교를 출발한 지 8분 후에 재석이가 세호를 따라나섰다. 세호는 분속 70 m로 걷고, 재석이는 분속 110 m로 따라갈 때, 재석이가 출발한 지 몇 분 후에 세호를 만나는지 구하시오.

풀이 과정

답

일차방정식의 활용 - 거리, 속력, 시간

5 좌표와 그래프

유형 1 수직선 위의 점의 좌표 / 좌표평면 위의 점의 좌표

유형 2 사분면

유형 3 그래프 / 그래프의 이해

순서쌍과 좌표

• 정답과 해설 59쪽

유형 1 수직선 위의 점의 좌표 / 좌표평면 위의 점의 좌표

개념편 110~111쪽

(1) 수직선 위의 점의 좌표

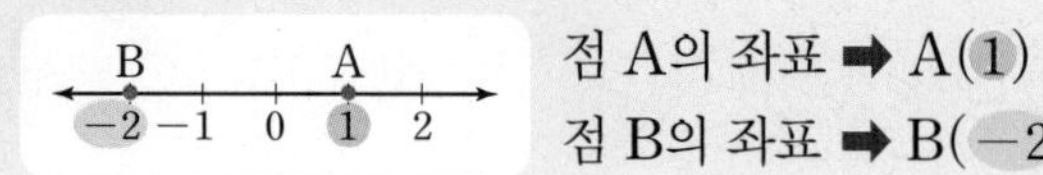

점 A의 좌표 ➡ A(1)
점 B의 좌표 ➡ B(−2)

(2) 좌표평면 위의 점의 좌표

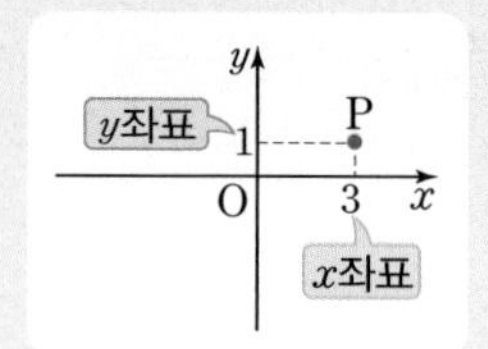

점 P의 좌표 ➡ P(3, 1)

1 다음 수직선 위의 다섯 개의 점 A, B, C, D, E의 좌표를 각각 기호로 나타내시오.

A B C D E
−5 −4 −3 −2 −1 0 1 2 3 4 5

⇨ ______

2 다음 점들을 수직선 위에 각각 나타내시오.

A(−4), B(3.5), C(1), D$\left(-\frac{3}{2}\right)$, E(5)

−5 −4 −3 −2 −1 0 1 2 3 4 5

3 다음 좌표평면 위의 여섯 개의 점 A, B, C, D, E, F의 좌표를 각각 기호로 나타내시오.

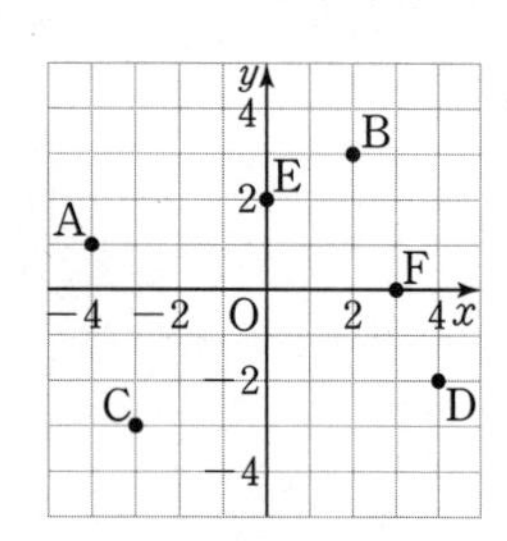

⇨ ______

4 다음 점들을 오른쪽 좌표평면 위에 나타내시오.

A(4, 3), B(3, −1),
C(−3, 4),
D(−1, −3),
E(−2, 0), F(0, 3)

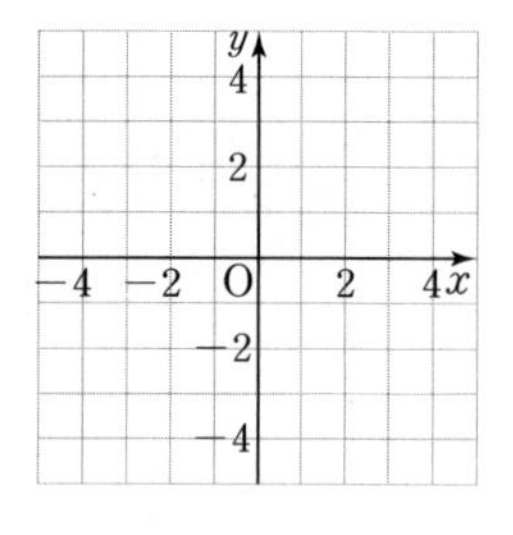

x축 위의 점은 y좌표가 0이고 y축 위의 점은 x좌표가 0이야.

5 다음 좌표평면 위의 점의 좌표를 기호로 나타내시오.

(1) 원점 O ______

(2) x축 위에 있고, x좌표가 −4인 점 P ______

(3) y축 위에 있고, y좌표가 5인 점 Q ______

6 네 점 A(−2, 2), B(−2, −3), C(2, −3), D(2, 2)에 대하여 다음 물음에 답하시오.

(1) 오른쪽 좌표평면 위에 네 점 A, B, C, D를 각각 나타내고, 사각형 ABCD를 그리시오.

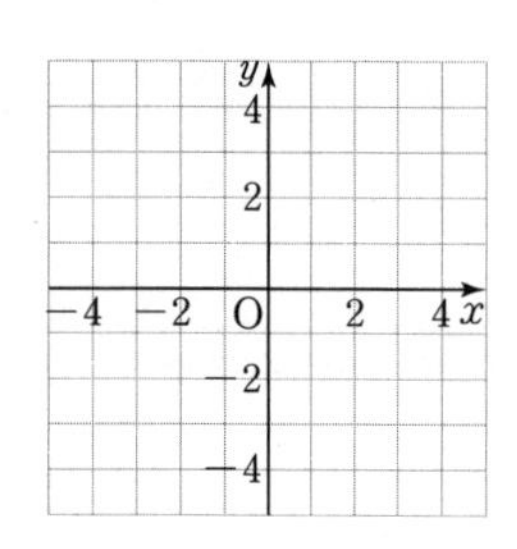

(2) 사각형 ABCD의 넓이를 구하시오. ______

유형 2 사분면

개념편 112쪽

• 사분면 위의 점의 x좌표와 y좌표의 부호

	x좌표의 부호	y좌표의 부호
제1사분면	$+$	$+$
제2사분면	$-$	$+$
제3사분면	$-$	$-$
제4사분면	$+$	$-$

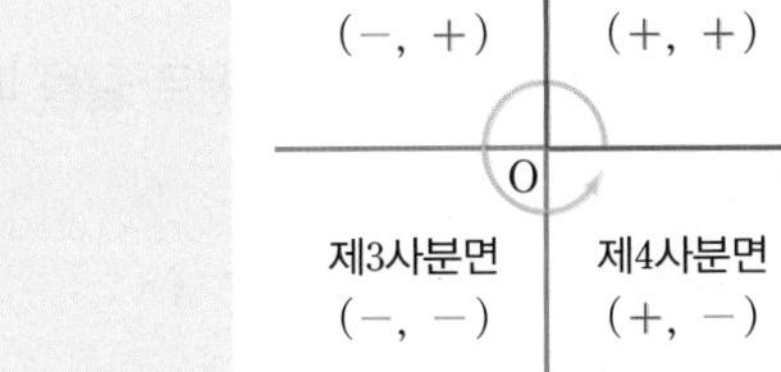

주의 좌표축 위의 점은 어느 사분면에도 속하지 않는다.
↳ 원점, x축 위의 점, y축 위의 점

1 다음 점을 오른쪽 좌표평면 위에 나타내고, 제몇 사분면 위의 점인지 구하시오.

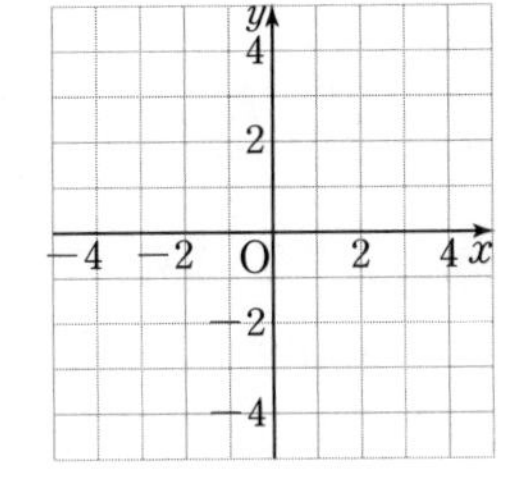

(1) A$(4,\ 2)$ ____________

(2) B$(-3,\ -4)$ ____________

(3) C$(-2,\ 3)$ ____________

(4) D$(1,\ -2)$ ____________

(5) E$(0,\ 0)$ ____________

(6) F$(-3,\ 0)$ ____________

점의 x좌표의 부호와 y좌표의 부호를 각각 확인해 봐.

2 다음 점은 제몇 사분면 위의 점인지 구하시오.

(1) A$(-5,\ 2)$ ____________

(2) B$(7,\ -4)$ ____________

(3) C$(3,\ 6)$ ____________

(4) D$(-1,\ -8)$ ____________

(5) E$(0,\ 9)$ ____________

3 $a>0$, $b<0$일 때, 다음 □ 안에 부호 $+$, $-$ 중 알맞은 것을 쓰고, 주어진 점은 제몇 사분면 위의 점인지 구하시오.

(1) $(a,\ b)$ ⇨ $(+,\ -)$ ____________

(2) $(b,\ a)$ ⇨ (□, □) ____________

(3) $(a,\ -b)$ ⇨ (□, □) ____________

(4) $(-a,\ b)$ ⇨ (□, □) ____________

(5) $(-a,\ -b)$ ⇨ (□, □) ____________

4 좌표평면 위의 점 $(a,\ b)$가 제2사분면 위의 점일 때, 다음 □ 안에 부호 $+$, $-$ 중 알맞은 것을 쓰고, 주어진 점은 제몇 사분면 위의 점인지 구하시오.

(1) $(a,\ b)$ ⇨ (□, □)

(2) $(b,\ a)$ ⇨ (□, □) ____________

(3) $(a,\ -b)$ ⇨ (□, □) ____________

(4) $(-a,\ b)$ ⇨ (□, □) ____________

(5) $(-b,\ -a)$ ⇨ (□, □) ____________

쌍둥이 기출문제

학교 시험에 꼭 나오는 **기출문제** *BEST 07*

형광펜 들고 밑줄 쫙~

쌍둥이 01

1 두 순서쌍 $(a, -2)$, $(-5, b+3)$이 서로 같을 때, $a+b$의 값은?

① -10 ② -8 ③ -4
④ -2 ⑤ 0

2 두 순서쌍 $\left(\frac{1}{3}a, 1\right)$, $(-4, 2b-3)$이 서로 같을 때, a, b의 값을 각각 구하시오.

쌍둥이 02

3 다음 중 오른쪽 좌표평면 위의 점 A, B, C, D, E의 좌표를 나타낸 것으로 옳은 것은?

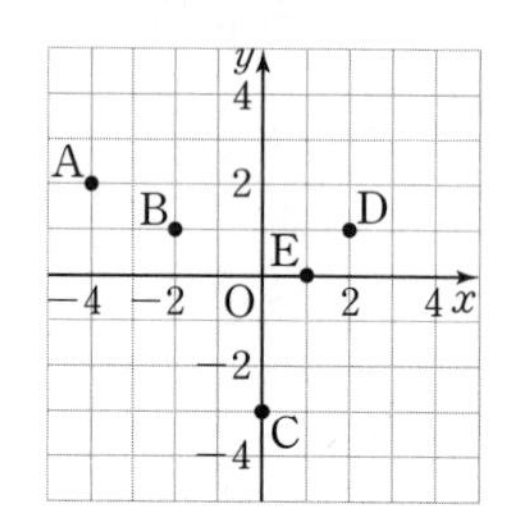

① A$(2, -4)$
② B$(2, 1)$
③ C$(0, -3)$
④ D$(2, -1)$
⑤ E$(0, 1)$

4 오른쪽 좌표평면에서 '재미있는 수학'이라는 문구가 되도록 점의 좌표를 찾아 순서대로 나열하시오.

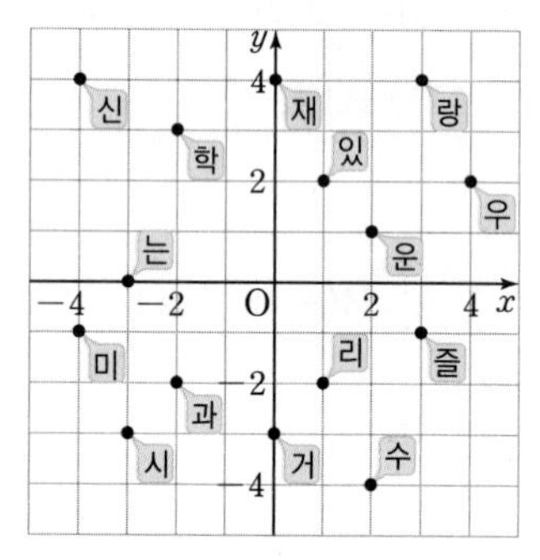

쌍둥이 03

5 다음 중 x축 위에 있고, x좌표가 3인 점의 좌표는?

① $(-3, 0)$ ② $(0, -3)$ ③ $(0, 3)$
④ $(3, 0)$ ⑤ $(3, -3)$

6 다음 중 y축 위에 있고, y좌표가 -2인 점의 좌표는?

① $(-2, 0)$ ② $(0, -2)$ ③ $(0, 2)$
④ $(2, 0)$ ⑤ $(2, -2)$

쌍둥이 04

7 점 A$(-2a, 3a+3)$은 x축 위의 점이고, 점 B$(2b-4, 5b-7)$은 y축 위의 점일 때, $a+b$의 값을 구하시오.

8 점 P$\left(a-3, \frac{1}{3}a-5\right)$는 x축 위의 점이고, 점 Q$(10-5b, b+6)$은 y축 위의 점일 때, $a-b$의 값을 구하시오.

쌍둥이 05

9 서술형

세 점 $\mathrm{A}(-3,\ 4)$, $\mathrm{B}(-3,\ 1)$, $\mathrm{C}(1,\ 1)$을 꼭짓점으로 하는 삼각형 ABC의 넓이를 구하려고 한다. 다음 물음에 답하시오.

(1) 오른쪽 좌표평면 위에 세 점 A, B, C를 각각 나타내고, 삼각형 ABC를 그리시오.

(2) 삼각형 ABC의 넓이를 구하시오.

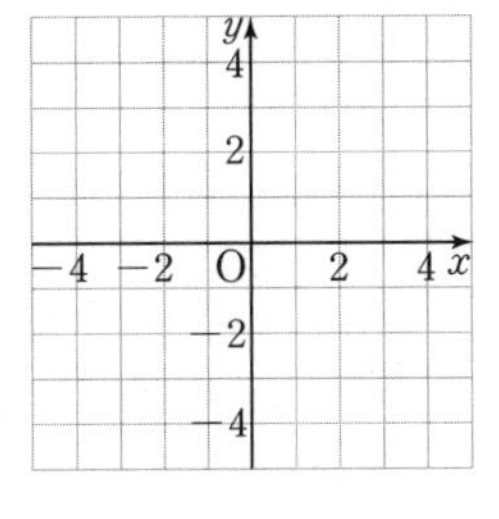

(1)

(2)

답 (1) (2)

10 다음 좌표평면 위에 네 점 $\mathrm{A}(-1,\ 1)$, $\mathrm{B}(0,\ -2)$, $\mathrm{C}(3,\ -2)$, $\mathrm{D}(2,\ 1)$을 각각 나타내고, 네 점 A, B, C, D를 꼭짓점으로 하는 사각형 ABCD의 넓이를 구하시오.

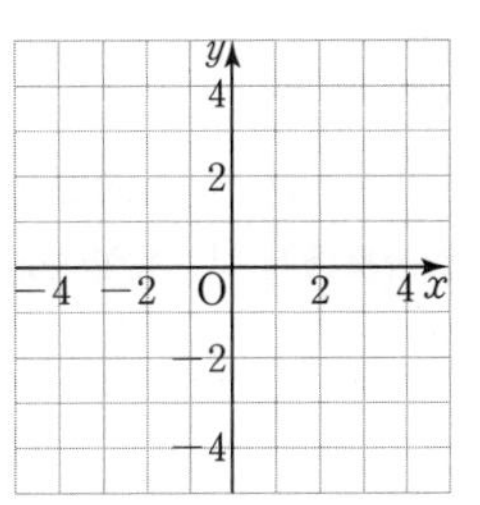

쌍둥이 06

11 다음 중 제2사분면 위의 점은?

① $\mathrm{A}(2,\ 4)$ ② $\mathrm{B}(-2,\ 5)$ ③ $\mathrm{C}(0,\ 7)$
④ $\mathrm{D}(5,\ -2)$ ⑤ $\mathrm{E}(-3,\ -9)$

12 다음 중 옳은 것은?

① 점 $(0,\ -5)$는 x축 위의 점이다.
② 점 $(2,\ 0)$은 제1사분면 위의 점이다.
③ 점 $(-2,\ 3)$은 제3사분면 위의 점이다.
④ 점 $(1,\ -1)$은 제4사분면 위의 점이다.
⑤ 점 $(2,\ 4)$와 점 $(4,\ 2)$는 서로 같은 점이다.

쌍둥이 07

13 점 $(a,\ b)$가 제4사분면 위의 점일 때, 점 $(-a,\ -b)$는 제몇 사분면 위의 점인지 구하시오.

14 점 $\mathrm{P}(a,\ -b)$가 제3사분면 위의 점일 때, 점 $\mathrm{Q}(b,\ -a)$는 제몇 사분면 위의 점인지 구하시오.

02 그래프와 그 해석

● 정답과 해설 61쪽

유형 3 그래프 / 그래프의 이해

개념편 114~116쪽

(1) **그래프**: 두 변수 x, y의 순서쌍 (x, y)를 좌표로 하는 점 전체를 좌표평면 위에 나타낸 것

(2) **그래프의 이해**

예 • 드론의 높이를 시간에 따라 나타낸 그래프의 해석

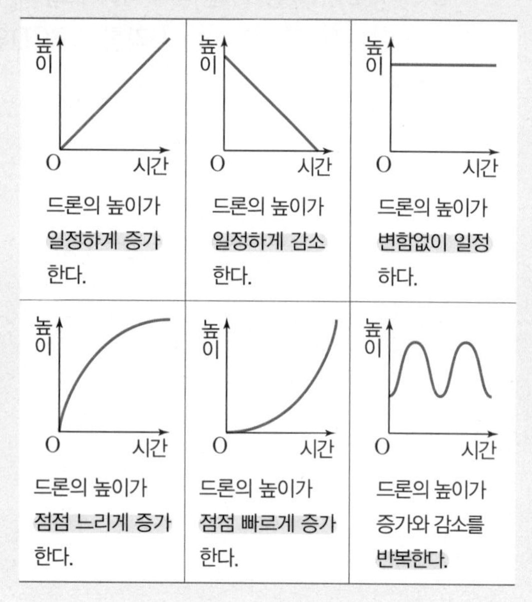

• 용기에 일정한 속력으로 물을 채울 때, 물의 높이를 시간에 따라 나타낸 그래프

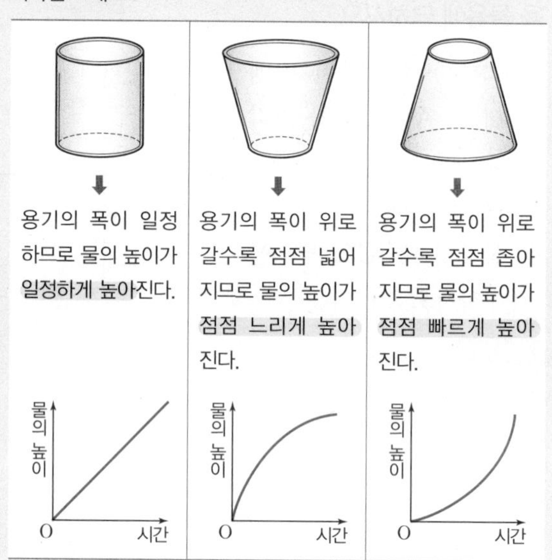

1 다음 상황에 가장 알맞은 그래프를 보기에서 고르시오.

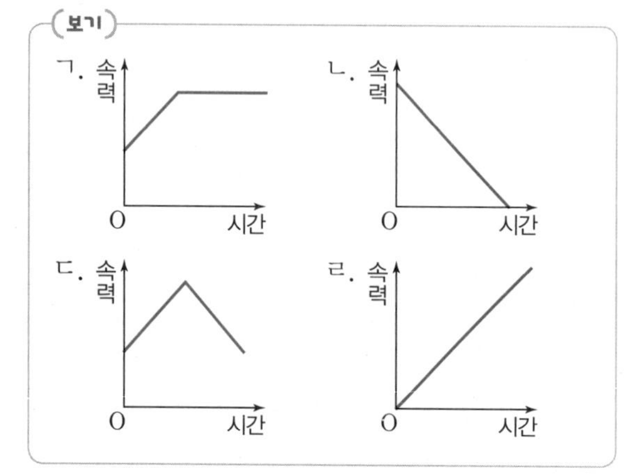

(1) 민지는 일정하게 속력을 줄이며 걷다가 멈추었다. ________

(2) 성민이는 일정하게 속력을 올리며 뛰다가 속력을 유지하며 뛰고 있다. ________

(3) 지수는 일정하게 속력을 올리며 뛰다가 다시 일정하게 속력을 줄이며 걷고 있다. ________

2 오른쪽 그래프는 진수가 학교에서 집으로 걸어갈 때, 집에서 떨어진 거리를 시간에 따라 나타낸 것이다. 다음 보기 중 이 그래프로 알 수 있는 상황으로 가장 알맞은 것을 고르시오.

(단, 집에서 학교까지 길은 직선이다.)

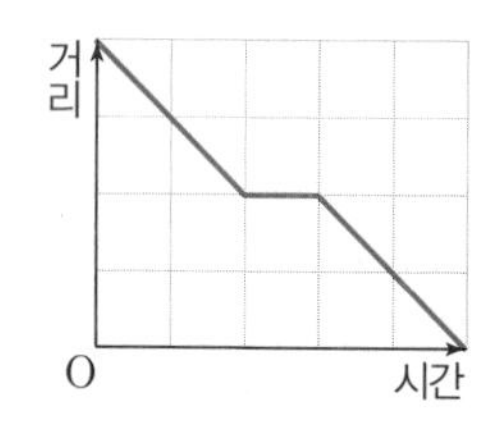

보기

ㄱ. 진수는 일정한 속력으로 걸어서 집에 갔다.

ㄴ. 진수는 집으로 가던 중 잠시 멈춰서 친구와 이야기를 나눈 후 다시 걸어서 집에 갔다.

ㄷ. 진수는 집으로 가던 중 교실에 두고 온 것이 생각나서 학교로 돌아갔다가 다시 집에 갔다.

3 다음 그래프는 수연, 영재, 현지, 민서가 각자의 양초에 불을 붙였을 때, 남아 있는 양초의 길이를 시간에 따라 각각 나타낸 것이다. 물음에 답하시오.

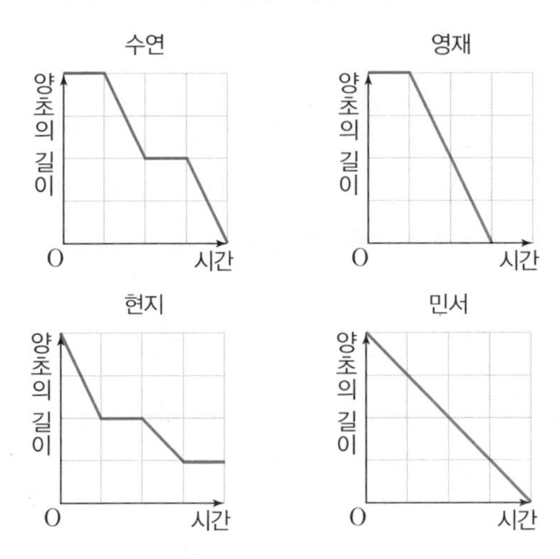

(1) 양초를 다 태운 학생을 모두 구하시오.

(2) 양초를 태우는 도중에 불을 끈 적이 있는 학생을 모두 구하시오.

4 다음 그래프는 어느 자동차가 주행하는 동안 자동차의 속력을 시간에 따라 나타낸 것이다. 물음에 답하시오.

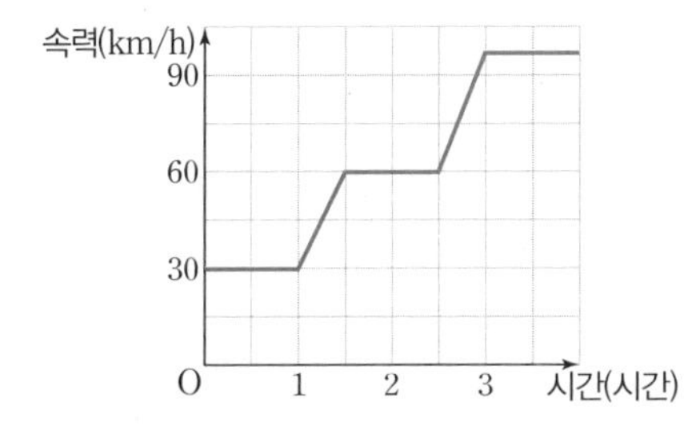

(1) 처음 1시간 동안 자동차의 속력은 시속 몇 km인지 구하시오.

(2) 자동차가 시속 60 km로 달린 것은 몇 분 동안인지 구하시오.

(3) 자동차의 속력이 일정하다가 증가로 바뀌는 것은 모두 몇 번인지 구하시오.

5 다음 그래프는 재승이가 대관람차에 탑승한 지 x분 후의 지면으로부터 탑승한 칸의 높이를 y m라 할 때, x와 y 사이의 관계를 나타낸 것이다. 물음에 답하시오.

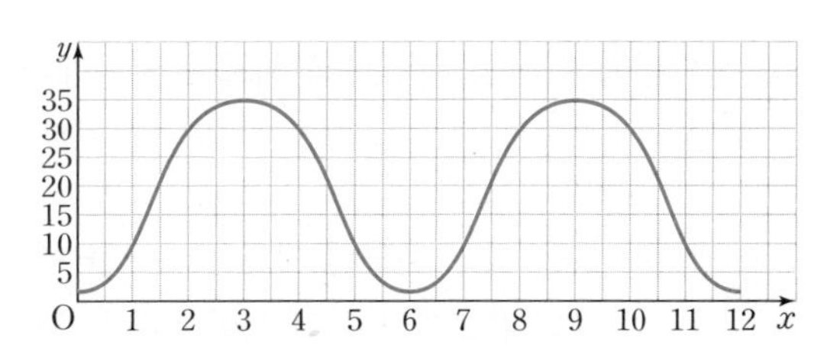

(1) 재승이가 탑승한 칸이 지면으로부터 가장 높은 곳에 있을 때의 높이를 구하시오.

(2) 지면으로부터 재승이가 탑승한 칸의 높이가 처음으로 30 m가 되는 때는 탑승한 지 몇 분 후인지 구하시오.

(3) 재승이가 탑승한 칸이 한 바퀴 돌아 처음 위치에 돌아오는 때는 탑승한 지 몇 분 후인지 구하시오.

6 다음 그래프는 경호가 집에서 4 km 떨어진 도서관까지 자전거로 갈 때와 걸어서 갈 때의 이동 거리를 시간에 따라 각각 나타낸 것이다. 물음에 답하시오. (단, 집에서 도서관까지의 길은 하나이고, 직선이다.)

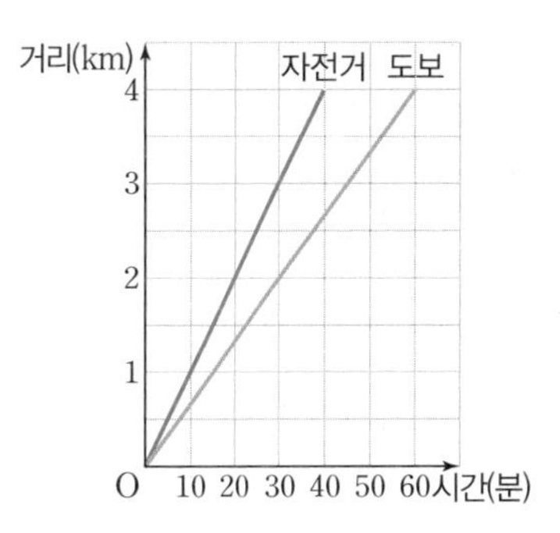

(1) 집에서 도서관까지 자전거로 갈 때와 걸어서 갈 때 걸리는 시간은 각각 몇 분인지 구하시오.

자전거로 갈 때:

걸어서 갈 때:

(2) 집에서 도서관까지 걸어서 갈 때는 자전거로 갈 때보다 몇 분 더 걸리는지 구하시오.

쌍둥이 01

1 다음 상황에 가장 알맞은 그래프를 보기에서 고르시오.

> 냄비에 물을 넣고 물을 끓이면서 온도를 측정하였더니 물의 온도가 서서히 높아지다가 어느 순간부터는 변화가 없었다.

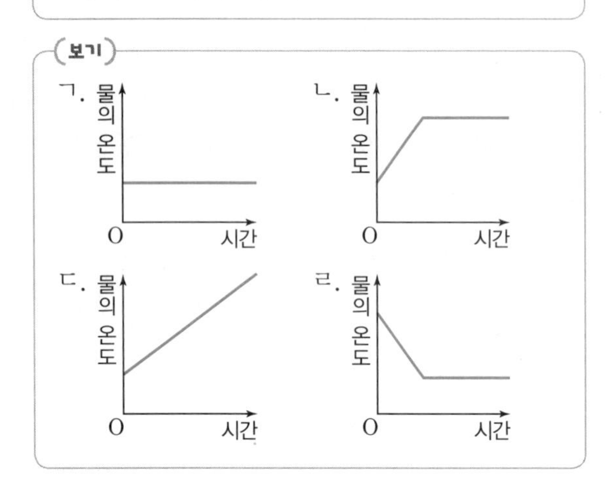

2 다음 상황에 가장 알맞은 그래프는?

> 잉크통이 빌 때까지 잉크젯 프린터를 계속 사용하다가 잉크통이 비면 다시 채워 사용한다.

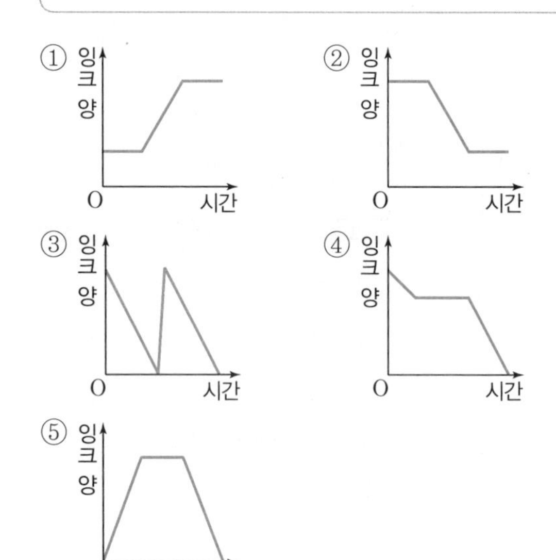

쌍둥이 02

3 오른쪽 그림과 같은 종이컵에 일정한 속력으로 물을 채울 때, 물의 높이를 시간에 따라 나타낸 그래프로 가장 알맞은 것을 다음 보기에서 찾으시오.

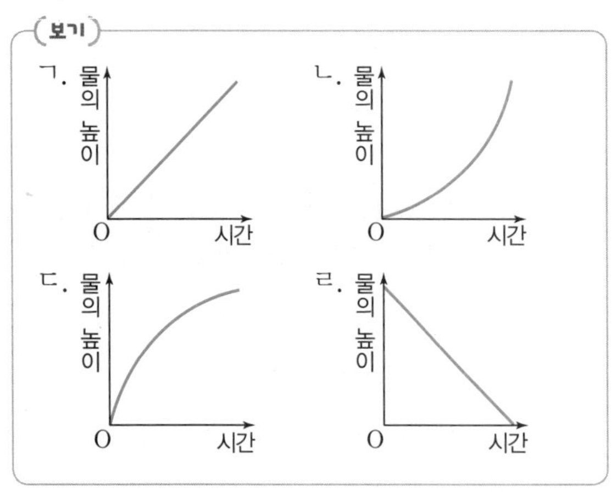

4 오른쪽 그림과 같은 컵에 일정한 속력으로 물을 채울 때, 다음 중 물의 높이를 시간에 따라 나타낸 그래프로 가장 알맞은 것은?

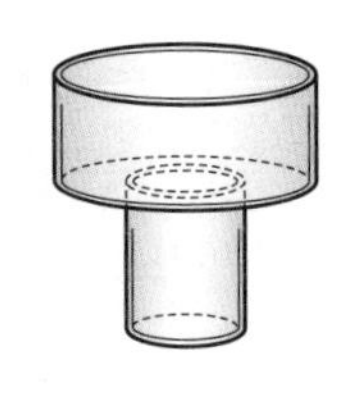

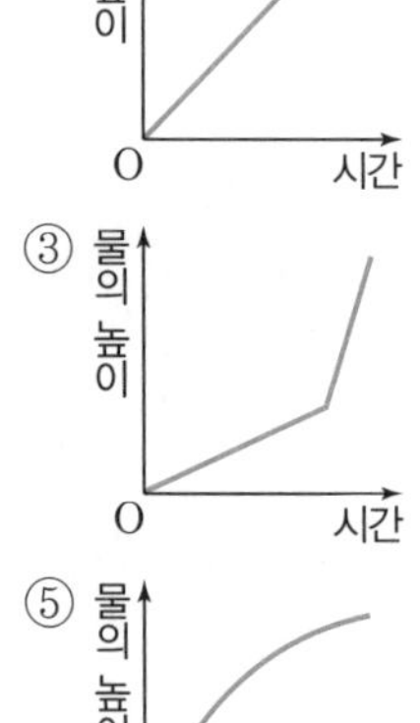

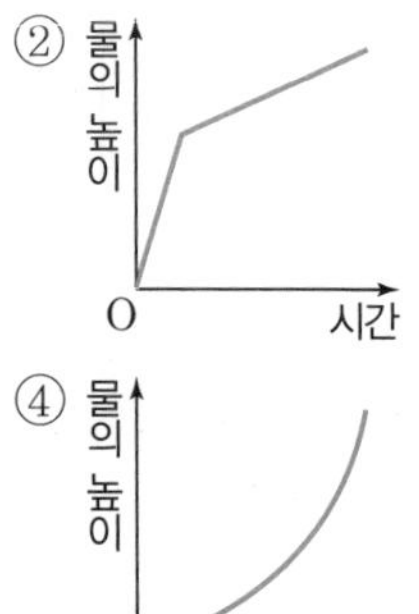

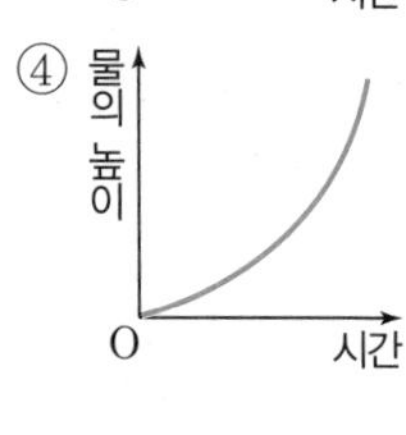

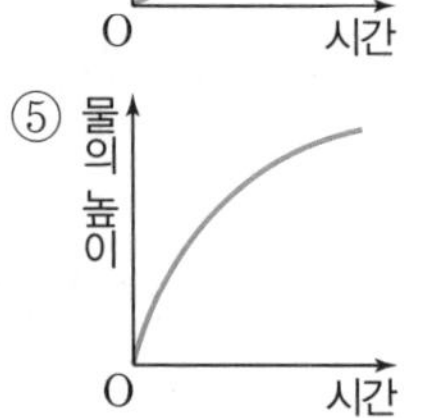

쌍둥이 03

5 다음 그래프는 소율이가 달린 거리를 시간에 따라 나타낸 것이다. 이 그래프에 대한 설명으로 옳지 않은 것은?

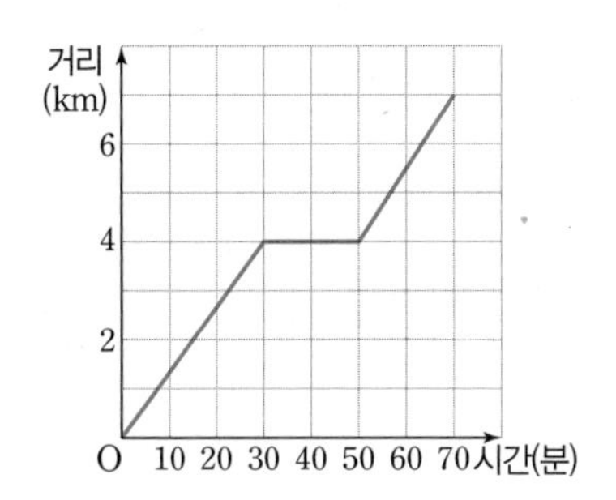

① 달린 거리는 총 7 km이다.
② 달린 시간은 총 70분이다.
③ 출발 후 30분 동안 달린 거리는 4 km이다.
④ 소율이는 20분 동안 멈춰 있었다.
⑤ 소율이가 멈추었다가 다시 출발한 시간은 처음 달리기를 시작한 지 50분 후이다.

6 윤재는 자동차를 타고 집에서 출발하여 캠핑장에 가서 점심을 먹고 돌아왔다. 캠핑장에 가는 길에 휴게소에 들러 잠시 머물렀을 때, 다음 그래프는 윤재가 집에서 떨어진 거리를 시각에 따라 나타낸 것이다. 이 그래프에 대한 설명으로 옳은 것을 보기에서 모두 고르시오.

(단, 집에서 캠핑장까지의 길은 직선이다.)

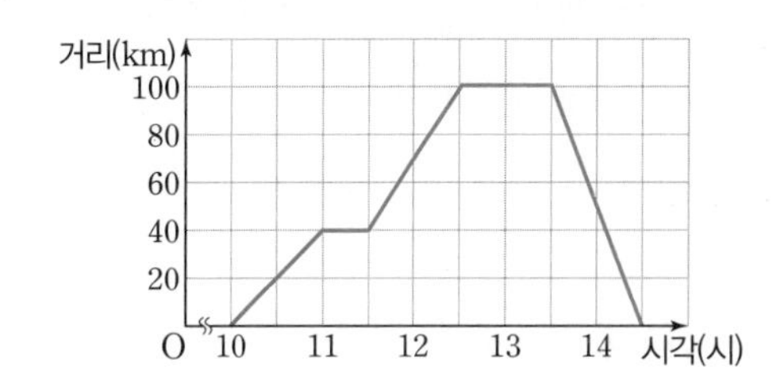

보기
ㄱ. 휴게소에 도착한 시각은 11시이다.
ㄴ. 휴게소에 머문 시간은 1시간이다.
ㄷ. 휴게소에서 캠핑장까지의 거리는 40 km이다.
ㄹ. 캠핑장은 집에서 100 km 떨어져 있다.

쌍둥이 04

7 수빈이와 유나는 영화관에서 3 km 떨어진 학교에 다닌다. 오른쪽 그래프는 수빈이와 유나가 학교에서 동시에 출발하여 영화관까지 이동한 거리를 시간에 따라 각각 나타낸 것이다. 다음 물음에 답하시오.

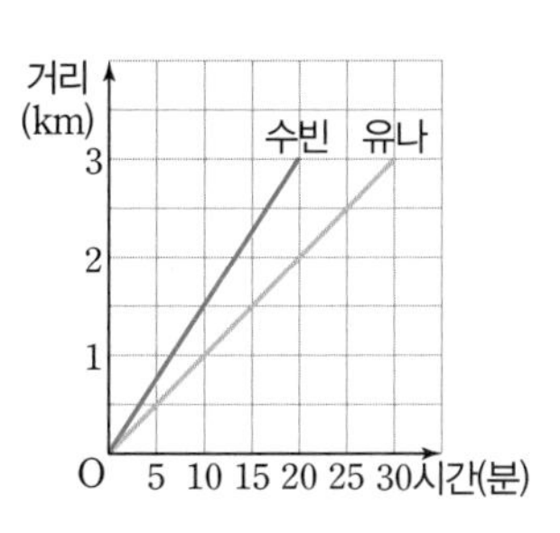

(단, 두 사람은 같은 길을 직선으로 이동한다.)

(1) 수빈이와 유나가 출발 후 10분 동안 이동한 거리를 각각 구하시오.

(2) 수빈이가 영화관에 도착한 지 몇 분 후에 유나가 도착하였는지 구하시오.

8 오른쪽 그래프는 성진이와 민재가 공원에서 동시에 출발하여 각각 자전거와 인라인스케이트를 타고 같은 길을 갈 때, 이동한 거리를 시간에 따라 각각 나타낸 것이다. 다음 물음에 답하시오. (단, 두 사람은 직선으로 이동한다.)

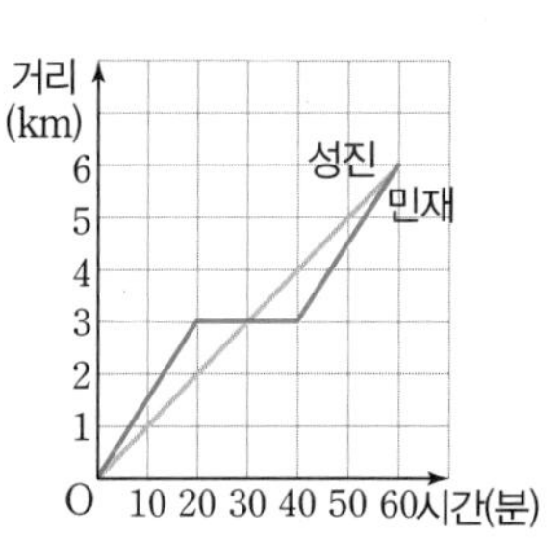

(1) 성진이와 민재는 출발한 지 몇 분 후에 처음으로 다시 만났는지 구하시오.

(2) 출발한 지 40분 후에 성진이와 민재 사이의 거리를 구하시오.

단원 마무리

쌍둥이 기출문제 중에서 연습이 더 필요한 문제들로 구성하였습니다.

1 다음 중 오른쪽 좌표평면 위의 점 A, B, C, D, E의 좌표를 나타낸 것으로 옳지 않은 것은?

① A(2, 3)　② B(0, 4)
③ C(3, −3)　④ D(−3, −4)
⑤ E(−4, 1)

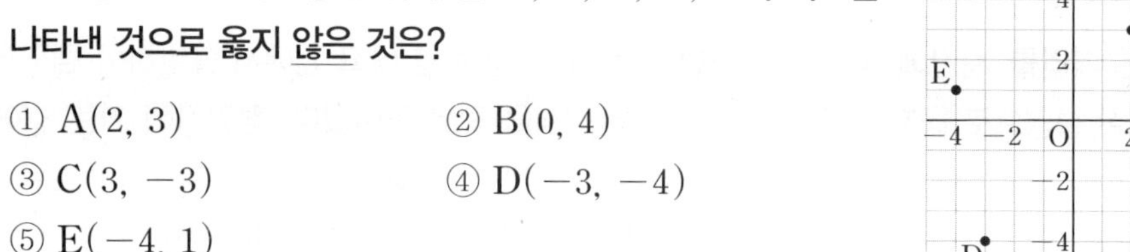

좌표평면 위의 점의 좌표

2 점 $\left(-3a+5,\ \frac{a}{2}-3\right)$은 x축 위의 점이고, 점 $(2b+3,\ 1-4b)$는 y축 위의 점일 때, ab의 값을 구하시오.

x축 또는 y축 위의 점의 좌표

3 다음 중 옳지 않은 것을 모두 고르면? (정답 2개)

① 좌표평면에서 원점의 좌표는 (0, 0)이다.
② x좌표가 −1, y좌표가 3인 점의 좌표는 (−1, 3)이다.
③ 점 (0, −2)는 y축 위의 점이다.
④ 점 (−5, 1)은 제4사분면 위의 점이다.
⑤ 점 (−3, 0)은 제3사분면 위의 점이다.

사분면

서술형

4 점 A$(-a,\ b)$가 제2사분면 위의 점일 때, 점 B$(a,\ -b)$는 제몇 사분면 위의 점인지 구하시오.

풀이 과정

답

사분면 - 점이 속한 사분면이 주어진 경우

5 동배는 집에서 출발하여 공연장에 가서 공연을 보고, 집으로 돌아왔다. 동배가 집에서 떨어진 거리를 시간에 따라 나타낸 그래프로 가장 알맞은 것을 다음 보기에서 고르시오.

보기

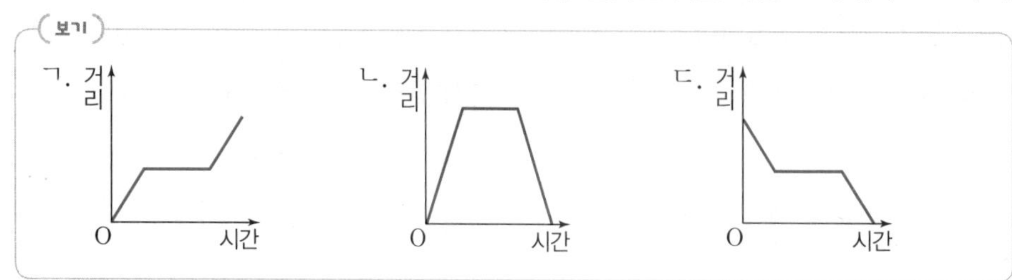

상황에 알맞은 그래프 찾기

• 정답과 해설 62쪽

6 **오른쪽 그림과 같이 부피가 서로 같은 원기둥 모양의 세 용기 (가), (나), (다)가 있다. 이 세 용기에 일정한 속력으로 물을 채울 때, 각 용기의 물의 높이를 시간에 따라 나타낸 그래프로 가장 알맞은 것을 보기에서 찾아 짝 지으시오.**

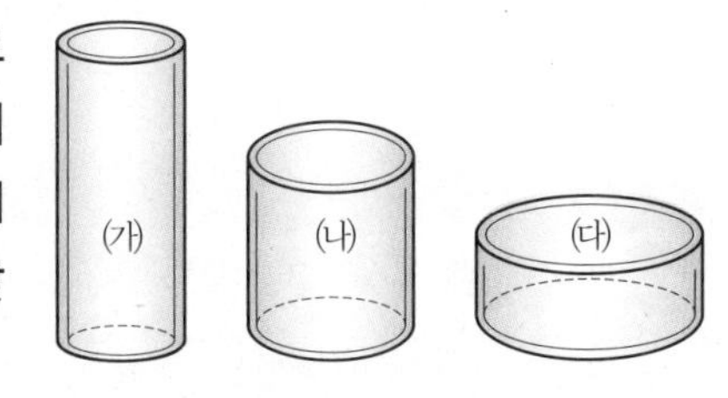

보기

ㄱ. 물의 높이 / O / 시간

ㄴ. 물의 높이 / O / 시간

ㄷ. 물의 높이 / O / 시간

용기에 알맞은 그래프 찾기

7 **다음 그래프는 어느 로봇이 이동할 때, 로봇의 속력을 시간에 따라 나타낸 것이다. 물음에 답하시오.**

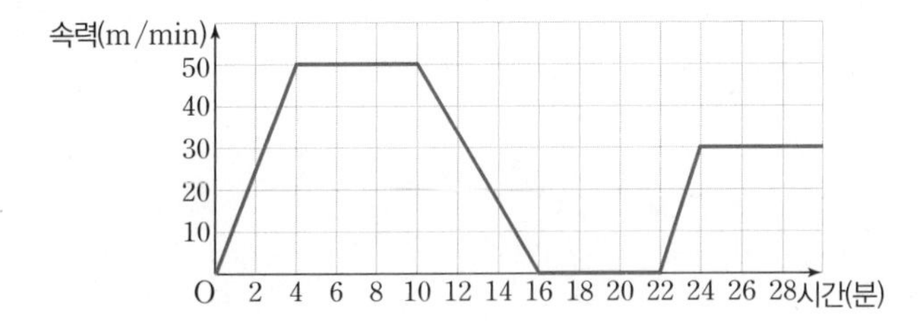

(1) 로봇이 몇 분 동안 정지하였는지 구하시오.

(2) 로봇의 속력이 감소하기 시작한 때는 출발한 지 몇 분 후인지 구하시오.

(3) 로봇이 가장 빨리 이동할 때의 속력은 분속 몇 m인지 구하시오.

그래프 이해하기

8 **오른쪽 그래프는 A, B 두 선수가 200 m 직선 코스 달리기 경기에서 동시에 출발하였을 때, 출발선에서 떨어진 거리를 시간에 따라 각각 나타낸 것이다. 다음 중 이 그래프에 대한 설명으로 옳지 않은 것을 모두 고르면? (정답 2개)**

거리(m) / 200 180 160 140 120 100 80 60 40 20 / O 4 8 12 16 20 24 28 32 36 40 시간(초) / A B

① 도착 지점에 A 선수가 먼저 도착하였다.

② 두 선수 모두 도중에 달리기를 멈추었다가 다시 달렸다.

③ B 선수는 8초 동안 달리기를 멈추었다.

④ A 선수가 도착하고 4초 후에 B 선수가 도착하였다.

⑤ 출발선에서 140 m 떨어진 지점 이후부터 A 선수가 B 선수를 앞서기 시작하였다.

두 그래프 비교하기

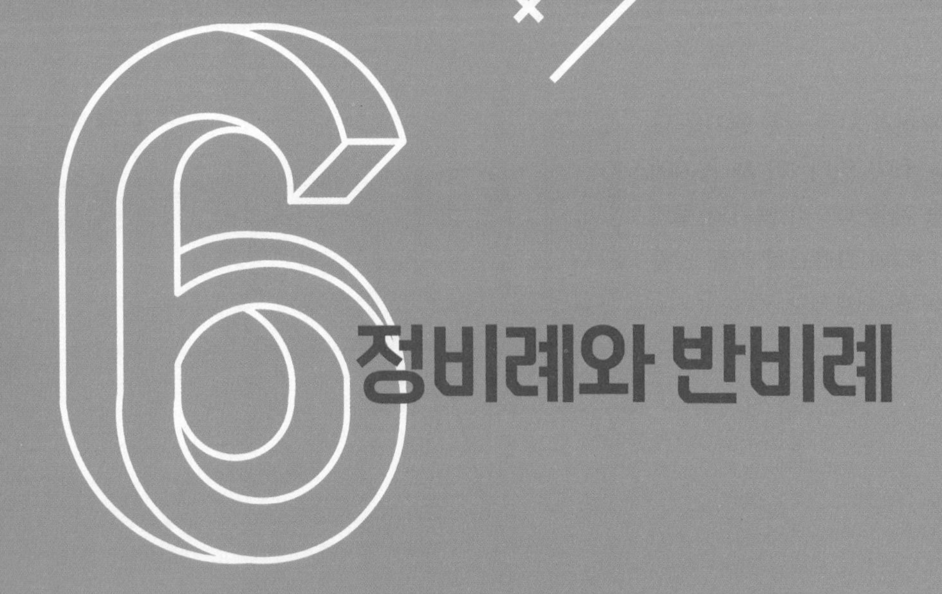

6 정비례와 반비례

유형 **1** 정비례 관계

유형 **2** 정비례 관계의 활용

유형 **3** 정비례 관계 $y=ax(a\neq0)$의 그래프

유형 **4** 반비례 관계

유형 **5** 반비례 관계의 활용

유형 **6** 반비례 관계 $y=\frac{a}{x}(a\neq0)$의 그래프

01 정비례

• 정답과 해설 63쪽

유형 1 정비례 관계

개념편 128~129쪽

(1) 정비례

2배, 3배, 4배

x	1	2	3	4	…
y	2	4	6	8	…

2배, 3배, 4배

➡ y는 x에 **정비례**한다.

(2) 정비례 관계식

$y=ax(a\neq0)$ ➡ $\frac{y}{x}=a$(일정)

예 $y=2x$, $y=-\frac{1}{3}x$

1 다음 표의 빈칸을 알맞게 채우고, x와 y 사이의 관계식을 구하시오.

(1) 한 개에 800원인 아이스크림 x개의 가격은 y원이다.

x	1	2	3	4	5	…
y						…

관계식: ____________

(2) 1 g에 4 kcal의 열량을 얻을 수 있는 탄수화물을 x g 섭취했을 때, 얻을 수 있는 열량은 y kcal이다.

x	1	2	3	4	5	…
y						…

관계식: ____________

(3) 두께가 1.5 cm인 책 x권을 쌓아 올렸을 때의 전체 높이는 y cm이다.

x	1	2	3	4	5	…
y						…

관계식: ____________

(4) 가로의 길이가 5 cm, 세로의 길이가 x cm인 직사각형의 넓이는 y cm^{2}이다.

x	1	2	3	4	5	…
y						…

관계식: ____________

2 x와 y 사이의 관계식을 구하고, y가 x에 정비례하는 것에는 ○표, 정비례하지 않는 것에는 ×표를 하시오.

	관계식	정비례
(1) 한 개에 x g인 물건 10개의 무게 y g		
(2) x세인 동생보다 3세 많은 형의 나이 y세		
(3) 사탕 100개를 5개씩 x명에게 나누어 주고 남은 사탕 y개		
(4) 자동차가 시속 50 km로 x시간 동안 달린 거리 y km		

[3~4] 다음을 구하시오.

3 y가 x에 정비례하고, $x=4$일 때 $y=20$이다.

(1) x와 y 사이의 관계식 ____________

(2) $x=-8$일 때, y의 값 ____________

4 y가 x에 정비례하고, $x=-2$일 때 $y=6$이다.

(1) x와 y 사이의 관계식 ____________

(2) $x=-1$일 때, y의 값 ____________

• 정답과 해설 63쪽

유형 2 정비례 관계의 활용

개념편 128~129쪽

• 비누가 한 상자에 6개씩 들어 있다. x개의 상자에 들어 있는 비누가 y개라 할 때, 상자 15개에 들어 있는 비누는 모두 몇 개인지 구하기

❶ 관계식 구하기	한 상자에 비누가 6개씩 들어 있으므로 x개의 상자에는 비누가 $6x$개 들어 있다. 즉, y는 x에 정비례한다. ⇨ x와 y 사이의 관계식은 $y=6x$
❷ 필요한 값 구하기	$y=6x$에 $x=15$를 대입하면 $y=6\times15=90$
❸ 답 구하기	따라서 상자 15개에 들어 있는 비누는 90개이다.

1 1 L의 휘발유로 14 km를 갈 수 있는 자동차가 있다. 이 자동차가 x L의 휘발유로 달릴 수 있는 거리를 y km라 할 때, 다음 물음에 답하시오.

(1) x와 y 사이의 관계식을 구하시오. ____________

(2) 이 자동차가 휘발유 20 L로 달릴 수 있는 거리를 구하시오. ____________

2 1분에 15장씩 인쇄할 수 있는 프린터가 있다. 이 프린터로 x분 동안 인쇄할 수 있는 종이의 수를 y라 할 때, 다음 물음에 답하시오.

(1) x와 y 사이의 관계식을 구하시오. ____________

(2) 이 프린터로 종이 360장을 인쇄하려면 몇 분이 걸리는지 구하시오.

____

▸두 톱니바퀴 A, B가 서로 맞물려 돌아갈 때
(A의 톱니의 수)×(A의 회전수)
=(B의 톱니의 수)×(B의 회전수)

3 톱니가 각각 30개, 15개인 두 톱니바퀴 A, B가 서로 맞물려 돌아가고 있다. 톱니바퀴 A가 x번 회전하면 톱니바퀴 B는 y번 회전한다고 할 때, 다음 물음에 답하시오.

(1) x와 y 사이의 관계식을 구하시오. ____________

(2) 톱니바퀴 A가 3번 회전하면 톱니바퀴 B는 몇 번 회전하는지 구하시오.

____

유형 3 정비례 관계 $y=ax(a\neq0)$의 그래프

개념편 130~131쪽

x의 값의 범위가 수 전체일 때, 정비례 관계 $y=ax(a\neq0)$의 그래프는 원점을 지나는 직선이다.

	$a>0$일 때	$a<0$일 때
$y=ax$의 그래프		
지나는 사분면	제1사분면, 제3사분면	제2사분면, 제4사분면
그래프의 모양	오른쪽 위로 향하는 직선	오른쪽 아래로 향하는 직선
증가·감소 상태	x의 값이 증가하면 y의 값도 증가한다.	x의 값이 증가하면 y의 값은 감소한다.

참고 정비례 관계 $y=ax(a\neq0)$의 그래프는 a의 절댓값이 클수록 y축에 가깝다.

두 점만 찾으면 그래프를 쉽게 그릴 수 있어. 이왕이면 계산이 쉬운 점을 찾자!

1 x의 값의 범위가 수 전체일 때, 다음 정비례 관계의 그래프를 좌표평면 위에 그리시오.

(1) $y=-3x$

⇨ 두 점 (0, □), (1, □)을(를) 지나는 직선

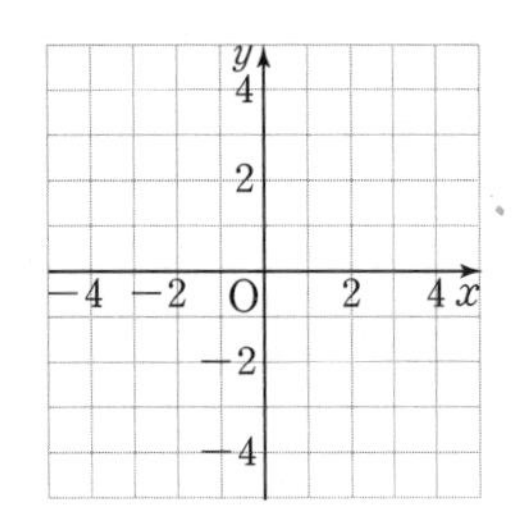

(2) $y=\frac{1}{4}x$

⇨ 두 점 (0, □), (4, □)을(를) 지나는 직선

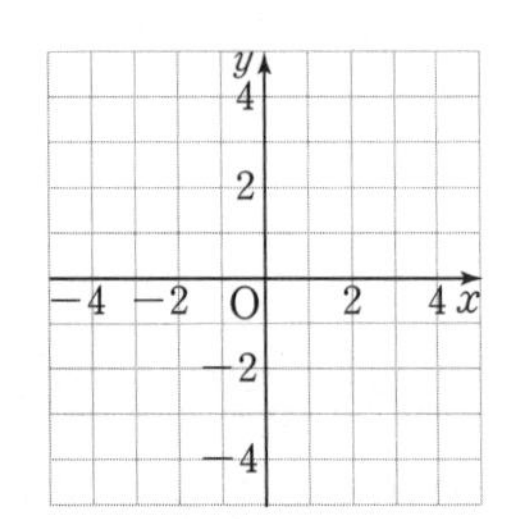

2 그래프가 다음 조건을 만족시키는 것을 보기에서 모두 고르시오.

보기
ㄱ. $y=4x$　ㄴ. $y=\frac{3}{4}x$　ㄷ. $y=-6x$
ㄹ. $y=-\frac{1}{5}x$　ㅁ. $y=-\frac{1}{3}x$　ㅂ. $y=7x$

(1) 오른쪽 아래로 향하는 직선이다.

(2) 제1사분면과 제3사분면을 지난다.

(3) 제2사분면과 제4사분면을 지난다.

(4) x의 값이 증가하면 y의 값도 증가한다.

3 다음 점이 정비례 관계 $y=6x$의 그래프 위에 있으면 ○표, 그래프 위에 있지 않으면 ×표를 (　) 안에 쓰시오.

(1) $(2,\ 4)$ (　)

(2) $(-1,\ -6)$ (　)

(3) $\left(-\frac{1}{3},\ 2\right)$ (　)

(4) $\left(\frac{1}{9},\ \frac{2}{3}\right)$ (　)

• 정답과 해설 64쪽

4 정비례 관계 $y=-\frac{2}{3}x$의 그래프가 다음 점을 지날 때, a의 값을 구하시오.

(1) $(9,\ a)$ → $y=-\frac{2}{3}x$에 $x=9$, $y=a$를 대입하면 등식이 성립한다. ______

(2) $(-12,\ a)$ ______

(3) $(a,\ -1)$ ______

(4) $(a,\ 10)$ ______

(5) $(3a,\ a+1)$ ______

5 정비례 관계 $y=ax$의 그래프가 다음 점을 지날 때, 상수 a의 값을 구하시오.

(1) $(4,\ 6)$ → $y=ax$에 $x=4$, $y=6$을 대입하면 등식이 성립한다. ______

(2) $(-4,\ 2)$ ______

(3) $(5,\ -3)$ ______

(4) $(-2,\ 16)$ ______

(5) $(-6,\ -14)$ ______

그래프가 원점을 지나는 직선이면 정비례 관계의 그래프!
⇨ $y=ax$로 놓고, 그래프가 지나는 점의 좌표를 대입하자.

6 다음 그래프가 나타내는 x와 y 사이의 관계식을 구하시오.

(1)
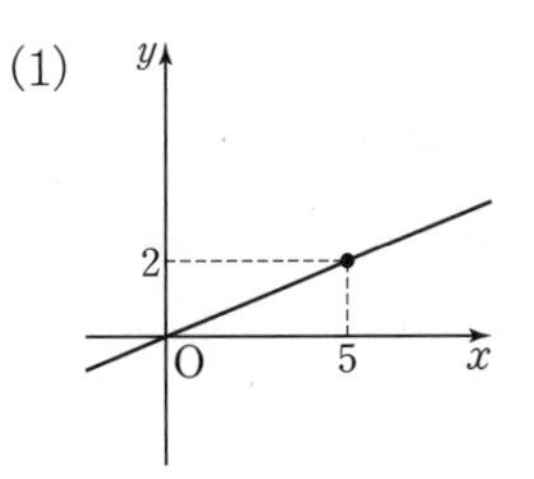

______

(2)
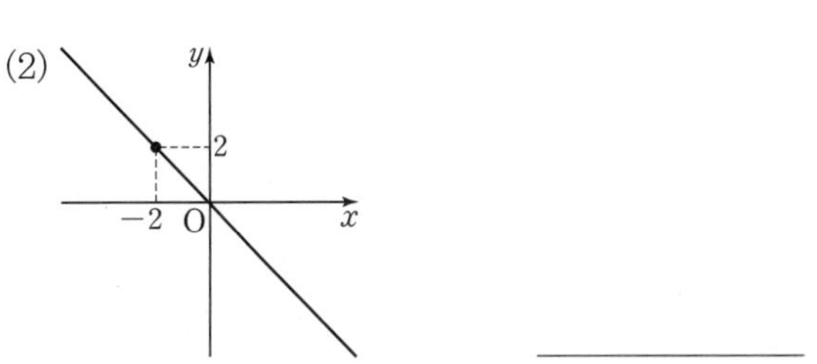

______

(3)
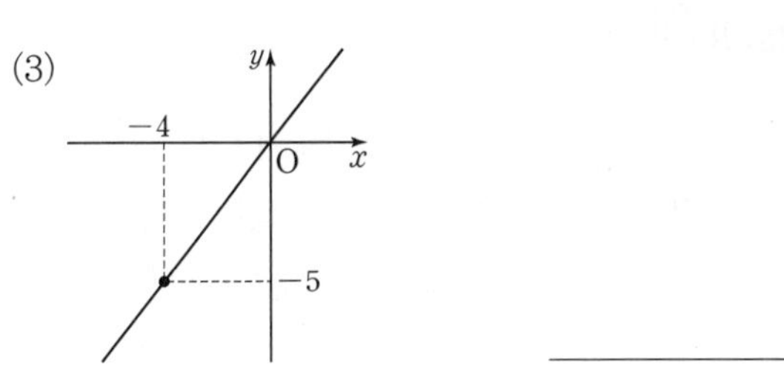

______

(4)
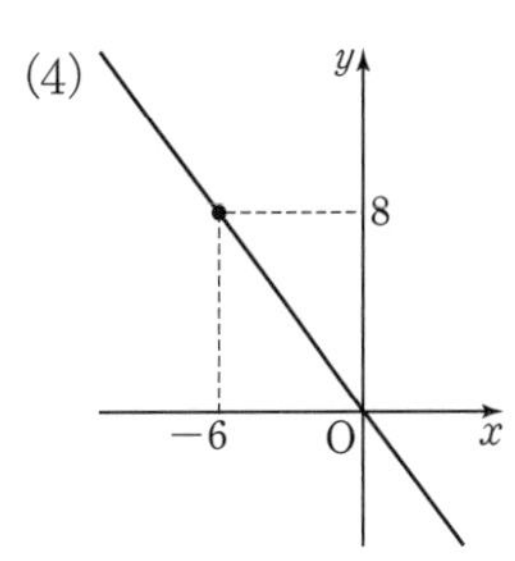

______

7 오른쪽 그림과 같이 점 $(2,\ 4)$를 지나는 그래프가 점 $(5,\ k)$를 지난다고 한다. 다음 물음에 답하시오.

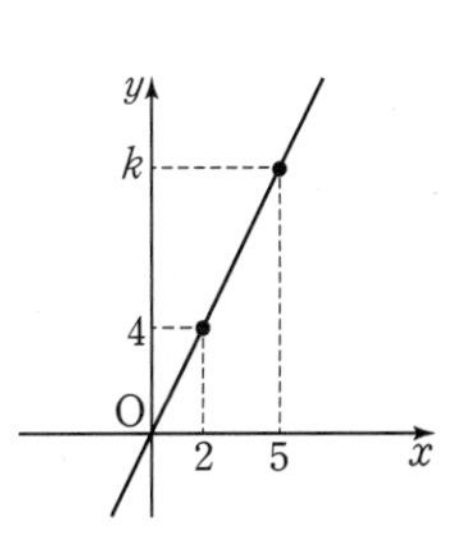

(1) 그래프가 나타내는 x와 y 사이의 관계식을 구하시오.

(2) k의 값을 구하시오.

쌍둥이 기출문제

학교 시험에 꼭 나오는 **기출문제** BEST 09

형광펜 들고 밑줄 쫙~

쌍둥이 01

1 다음 중 y가 x에 정비례하는 것은?

① $y=2x-1$　② $xy=3$　③ $y=3x+6$

④ $y=\frac{4}{x}$　⑤ $y=-\frac{1}{3}x$

2 다음 보기 중 y가 x에 정비례하는 것을 모두 고른 것은?

보기

ㄱ. $y=2x$　ㄴ. $y=4x+1$

ㄷ. $\frac{y}{x}=10$　ㄹ. $y=\frac{3}{x}$

① ㄱ　② ㄷ　③ ㄱ, ㄷ

④ ㄱ, ㄹ　⑤ ㄱ, ㄴ, ㄷ

쌍둥이 02

3 주유소에서 승용차에 휘발유 1 L를 넣는 데 3초가 걸린다고 한다. 휘발유 x L를 넣는 데 걸리는 시간을 y초라 할 때, □ 안에 알맞은 것을 쓰시오.

x와 y 사이의 관계식은 [　　　]이고,
y는 x에 [　　　]한다.

4 다음 중 y가 x에 정비례하지 않는 것을 모두 고르면? (정답 2개)

① 한 자루에 1000원인 펜 x자루의 값 y원

② 한 변의 길이가 x cm인 정사각형의 둘레의 길이 y cm

③ 넓이가 8 cm^2인 직각삼각형의 밑변의 길이 x cm와 높이 y cm

④ 자동차가 시속 40 km로 x시간 동안 이동한 거리 y km

⑤ 길이가 15 cm인 양초가 1분에 0.2 cm씩 탈 때, x분 동안 타고 남은 길이 y cm

쌍둥이 03

5 y가 x에 정비례하고, $x=3$일 때 $y=15$이다. $x=-2$일 때, y의 값을 구하시오.

서술형

풀이 과정

답

6 다음 표에서 y가 x에 정비례할 때, $A-B$의 값은?

x	-3	-2	B	2	$\cdots$
y	A	8	-4	-8	$\cdots$

① -7　② 7　③ 9

④ 11　⑤ 13

쌍둥이 04

7 어떤 빵 1개를 만드는 데 밀가루 60 g이 필요하다고 한다. 이 빵 x개를 만드는 데 필요한 밀가루의 양을 y g이라 할 때, 다음 물음에 답하시오. (단, 빵 1개를 만드는 데 필요한 밀가루의 양은 일정하다.)

(1) x와 y 사이의 관계식을 구하시오.

(2) 빵 12개를 만드는 데 필요한 밀가루의 양을 구하시오.

8 깊이가 60 cm인 원기둥 모양의 빈 물통에 물을 넣을 때, 물의 높이는 매분 4 cm씩 일정하게 높아진다. 물을 넣기 시작한 지 x분 후의 물의 높이를 y cm라 할 때, x와 y 사이의 관계식을 구하고, 물을 넣기 시작한 지 몇 분 후에 물의 높이가 52 cm가 되는지 구하시오.

쌍둥이 05

9 x의 값이 -2, -1, 0, 1, 2일 때, 정비례 관계 $y=-2x$의 그래프는?

①
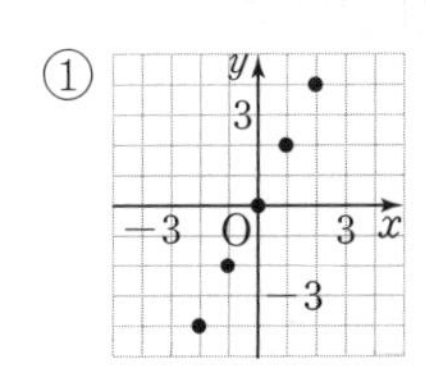

②
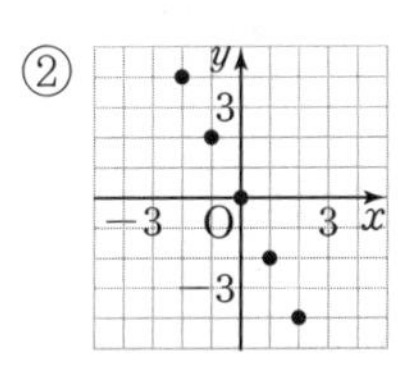

③
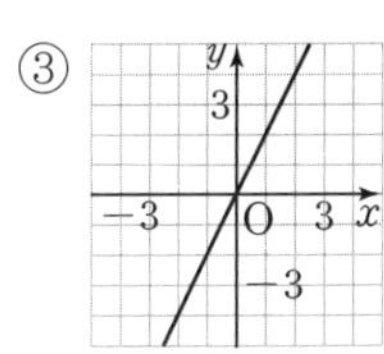

④
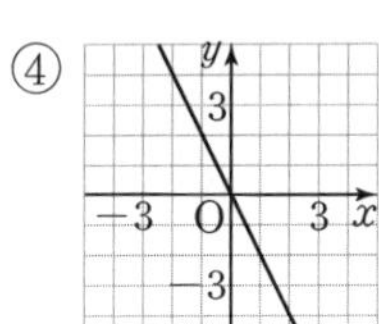

⑤
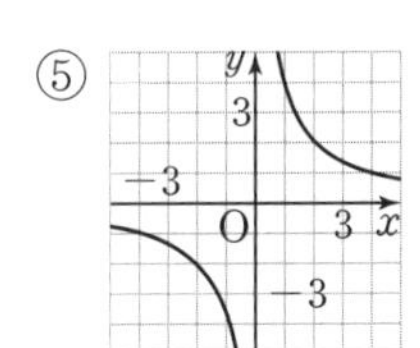

10 다음 좌표평면 위의 그래프 중 정비례 관계 $y=\frac{1}{3}x$의 그래프는?

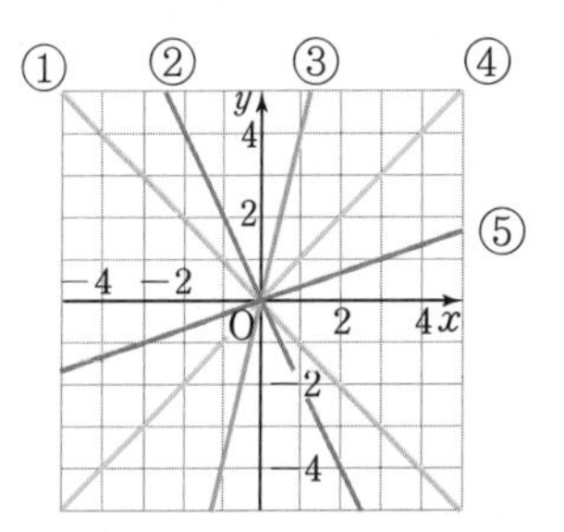

쌍둥이 06

11 다음 중 정비례 관계 $y=\frac{1}{2}x$의 그래프에 대한 설명으로 옳은 것은?

① 제1사분면과 제3사분면을 지난다.
② 오른쪽 아래로 향하는 직선이다.
③ x의 값이 증가하면 y의 값은 감소한다.
④ 점 $(-2, 1)$을 지난다.
⑤ 원점을 지나지 않는다.

12 다음 중 정비례 관계 $y=ax(a\neq 0)$의 그래프에 대한 설명으로 옳지 않은 것은?

① $a<0$일 때, 제2사분면과 제4사분면을 지난다.
② $a>0$일 때, 오른쪽 위로 향하는 직선이다.
③ $a<0$일 때, x의 값이 증가하면 y의 값은 감소한다.
④ 원점과 점 $(1, a)$를 지난다.
⑤ a의 절댓값이 클수록 x축에 가깝다.

쌍둥이 07

13 다음 중 정비례 관계 $y=\frac{5}{2}x$의 그래프 위의 점을 모두 고르면? (정답 2개)

① $(-4,\ 10)$ ② $(0,\ 0)$ ③ $\left(\frac{1}{5},\ 2\right)$

④ $\left(1,\ -\frac{5}{2}\right)$ ⑤ $(2,\ 5)$

14 다음 중 정비례 관계 $y=-5x$의 그래프 위의 점이 아닌 것은?

① $(2,\ -10)$ ② $(1,\ -5)$ ③ $\left(\frac{1}{5},\ -1\right)$

④ $(-3,\ 15)$ ⑤ $(-5,\ 1)$

쌍둥이 08

15 정비례 관계 $y=ax$의 그래프가 두 점 $(6,\ -5)$, $\left(k,\ \frac{5}{2}\right)$를 지날 때, k의 값은? (단, a는 상수)

① -3 ② -2 ③ -1

④ 1 ⑤ 2

16 서술형 정비례 관계 $y=ax$의 그래프가 두 점 $(8,\ 6)$, $(b,\ -9)$를 지날 때, $4a+b$의 값을 구하시오.

(단, a는 상수)

풀이 과정

답

쌍둥이 09

17 오른쪽 그래프가 나타내는 x와 y 사이의 관계식을 구하시오.

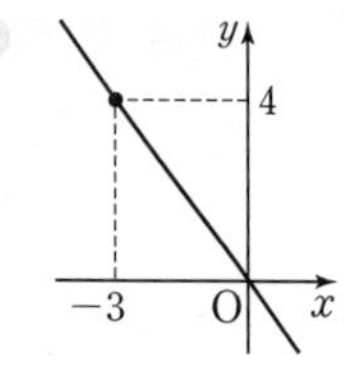

18 오른쪽 그림과 같이 점 $(3,\ 2)$를 지나는 그래프가 점 $(5,\ k)$를 지날 때, k의 값을 구하시오.

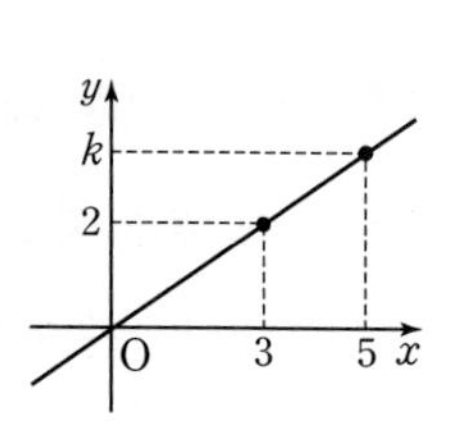

02 반비례

• 정답과 해설 66쪽

유형 4 반비례 관계

개념편 134~135쪽

(1) 반비례

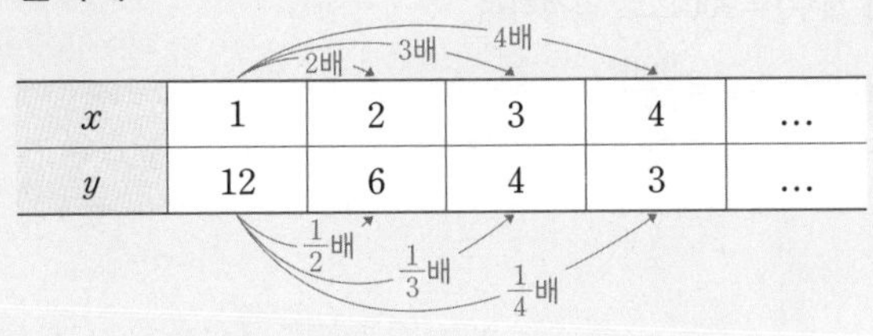

x	1	2	3	4	…
y	12	6	4	3	…

➡ y는 x에 반비례한다.

(2) 반비례 관계식

$y=\frac{a}{x}(a\neq0)$ ➡ $xy=a$(일정)

예 $y=\frac{2}{x}$, $y=-\frac{3}{x}$

1 다음 표의 빈칸을 알맞게 채우고, x와 y 사이의 관계식을 구하시오.

(1) 길이가 60 cm인 종이테이프를 x cm씩 자르면 y조각이 생긴다.

x	1	2	3	4	…	60
y					…	

관계식: ____________

(2) 900 mL의 우유를 x명이 똑같이 나누어 마실 때, 한 사람이 마실 수 있는 우유의 양은 y mL이다.

x	1	2	3	4	5	…
y						…

관계식: ____________

(3) 전체 쪽수가 120쪽인 소설책을 매일 x쪽씩 읽으면 다 읽는 데 y일이 걸린다.

x	1	2	3	4	…	120
y					…	

관계식: ____________

(4) 넓이가 84 cm^{2}인 직사각형의 가로의 길이가 x cm일 때, 세로의 길이는 y cm이다.

x	1	2	3	4	5	…
y						…

관계식: ____________

2 x와 y 사이의 관계식을 구하고, y가 x에 반비례하는 것에는 ○표, 반비례하지 않는 것에는 ×표를 하시오.

	관계식	반비례
(1) x개에 3000원인 토마토 1개의 값 y원		
(2) 1대에 5명씩 탈 수 있는 자동차 x대에 탈 수 있는 사람 수 y		
(3) 12 km의 거리를 시속 x km로 갈 때, 걸리는 시간 y시간		
(4) 1시간에 장난감 x개를 만드는 기계로 장난감 20개를 만드는 데 걸리는 시간 y시간		

[3~4] 다음을 구하시오.

3 y가 x에 반비례하고, $x=4$일 때 $y=2$이다.

(1) x와 y 사이의 관계식 ____________

(2) $x=8$일 때, y의 값 ____________

4 y가 x에 반비례하고, $x=6$일 때 $y=-5$이다.

(1) x와 y 사이의 관계식 ____________

(2) $x=-2$일 때, y의 값 ____________

• 정답과 해설 67쪽

유형 5 반비례 관계의 활용

개념편 134~135쪽

• 복숭아 900개를 x개의 상자에 똑같이 나누어 담을 때, 한 상자에 담기는 복숭아의 개수를 y라 하자. 복숭아를 25개의 상자에 똑같이 나누어 담을 때, 한 상자에 담기는 복숭아는 몇 개인지 구하기

❶ 관계식 구하기	(상자의 개수)×(한 상자에 담기는 복숭아의 개수)=900으로 일정하다. → $xy=900$ 즉, y는 x에 반비례한다. ⇨ x와 y 사이의 관계식은 $y=\frac{900}{x}$
❷ 필요한 값 구하기	$y=\frac{900}{x}$에 $x=25$를 대입하면 $y=\frac{900}{25}=36$
❸ 답 구하기	따라서 복숭아를 25개의 상자에 똑같이 나누어 담을 때, 한 상자에 담기는 복숭아는 36개이다.

▸ y가 x에 반비례한다.
⇨ $y=\frac{a}{x}$로 놓는다.

1 일정한 속력에서 음파의 파장 y m는 진동수 x Hz에 반비례한다. 속력이 일정한 어떤 음파의 파장이 20 m일 때, 진동수는 17 Hz이다. 다음 물음에 답하시오.

(1) x와 y 사이의 관계식을 구하시오.

(2) 같은 속력에서 진동수가 40 Hz일 때, 이 음파의 파장은 몇 m인지 구하시오.

2 용량이 150 L인 빈 물통에 매분 x L씩 일정하게 물을 넣을 때, 물이 가득 찰 때까지 걸리는 시간은 y분이다. 다음 물음에 답하시오.

(1) x와 y 사이의 관계식을 구하시오.

(2) 50분 만에 이 물통에 물을 가득 채우려면 매분 몇 L씩 물을 넣어야 하는지 구하시오.

▸ 똑같은 기계 ●대로 ▲시간 동안 하는 일의 양
⇨ ●×▲

3 어느 공장에서 똑같은 기계 30대로 14시간을 작업해야 끝나는 일이 있다. 이 일을 똑같은 기계 x대로 작업하면 끝내는 데 y시간이 걸린다고 할 때, 다음 물음에 답하시오.

(1) x와 y 사이의 관계식을 구하시오.

(2) 6시간 만에 이 일을 끝내려면 몇 대의 기계로 작업해야 하는지 구하시오.

유형 6 반비례 관계 $y=\frac{a}{x}(a\neq0)$의 그래프

개념편 136~137쪽

x의 값의 범위가 0이 아닌 수 전체일 때, 반비례 관계 $y=\frac{a}{x}(a\neq0)$의 그래프는 좌표축에 가까워지면서 한없이 뻗어 나가는 한 쌍의 매끄러운 곡선이다.

	$a>0$일 때	$a<0$일 때
$y=\frac{a}{x}$의 그래프		
지나는 사분면	제1사분면, 제3사분면	제2사분면, 제4사분면
증가·감소 상태	$x>0$ 또는 $x<0$일 때, x의 값이 증가하면 y의 값은 감소한다.	$x>0$ 또는 $x<0$일 때, x의 값이 증가하면 y의 값도 증가한다.

참고 반비례 관계 $y=\frac{a}{x}(a\neq0)$의 그래프는 a의 절댓값이 클수록 원점에서 멀다.

x좌표, y좌표가 모두 정수인 점을 찾으면 그래프를 쉽게 그릴 수 있어.

1 x의 값의 범위가 0이 아닌 수 전체일 때, 다음 반비례 관계의 그래프를 좌표평면 위에 그리시오.

(1) $y=\frac{6}{x}$

⇨ 네 점 $(-3, \square)$, $(-2, \square)$, $(2, \square)$, $(3, \square)$을(를) 지나는 한 쌍의 매끄러운 곡선

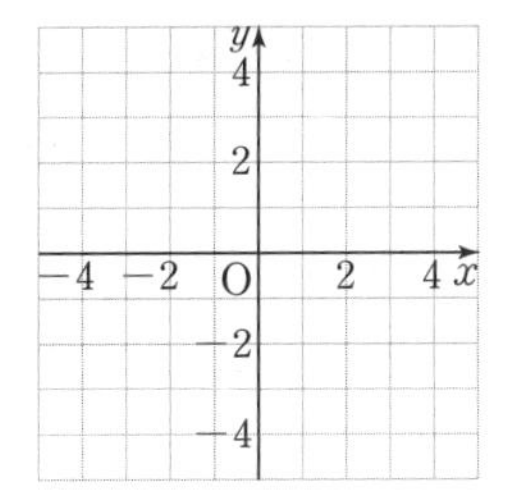

(2) $y=-\frac{2}{x}$

⇨ 네 점 $(-2, \square)$, $(-1, \square)$, $(1, \square)$, $(2, \square)$을(를) 지나는 한 쌍의 매끄러운 곡선

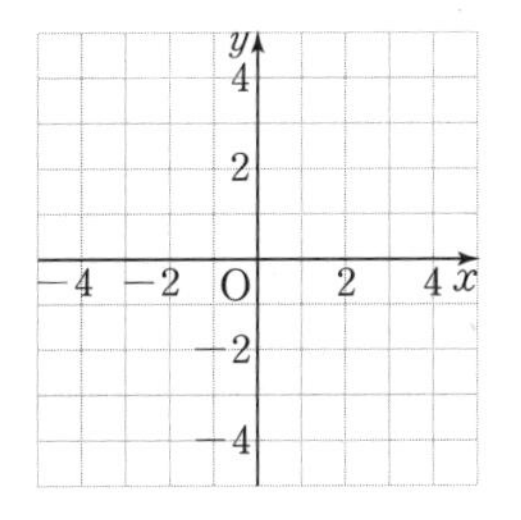

2 그래프가 다음 조건을 만족시키는 것을 보기에서 모두 고르시오.

보기

ㄱ. $y=\frac{3}{x}$　ㄴ. $y=-\frac{5}{x}$　ㄷ. $y=\frac{11}{x}$

ㄹ. $y=-\frac{10}{x}$　ㅁ. $y=-\frac{4}{x}$　ㅂ. $y=\frac{12}{x}$

(1) 제1사분면과 제3사분면을 지난다.

(2) 제2사분면과 제4사분면을 지난다.

(3) $x>0$일 때, x의 값이 증가하면 y의 값도 증가한다.

3 다음 점이 반비례 관계 $y=\frac{8}{x}$의 그래프 위에 있으면 ○표, 그래프 위에 있지 않으면 ×표를 (　) 안에 쓰시오.

(1) $(-2, 4)$ (　　)

(2) $\left(-1, -\frac{1}{8}\right)$ (　　)

(3) $(8, 1)$ (　　)

(4) $(4, 2)$ (　　)

4 반비례 관계 $y=-\frac{24}{x}$의 그래프가 다음 점을 지날 때, a의 값을 구하시오.

(1) $(4,\ a)$ → $y=-\frac{24}{x}$에 $x=4$, $y=a$를 대입하면 등식이 성립한다. ________

(2) $(-12,\ a)$ ________

(3) $(48,\ a)$ ________

(4) $(a,\ 8)$ ________

(5) $(a,\ -2)$ ________

5 반비례 관계 $y=\frac{a}{x}$의 그래프가 다음 점을 지날 때, 상수 a의 값을 구하시오.

(1) $(5,\ 2)$ → $y=\frac{a}{x}$에 $x=5$, $y=2$를 대입하면 등식이 성립한다. ________

(2) $(-2,\ 7)$ ________

(3) $(3,\ -5)$ ________

(4) $(-6,\ -8)$ ________

(5) $\left(-9,\ \frac{2}{3}\right)$ ________

그래프가 한 쌍의 매끄러운 곡선이면 반비례 관계의 그래프!
⇨ $y=\frac{a}{x}$로 놓고, 그래프가 지나는 점의 좌표를 대입하자.

6 다음 그래프가 나타내는 x와 y 사이의 관계식을 구하시오.

(1)

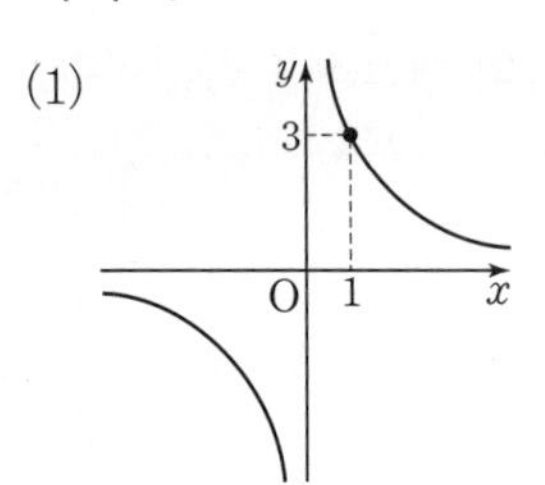

____

(2)

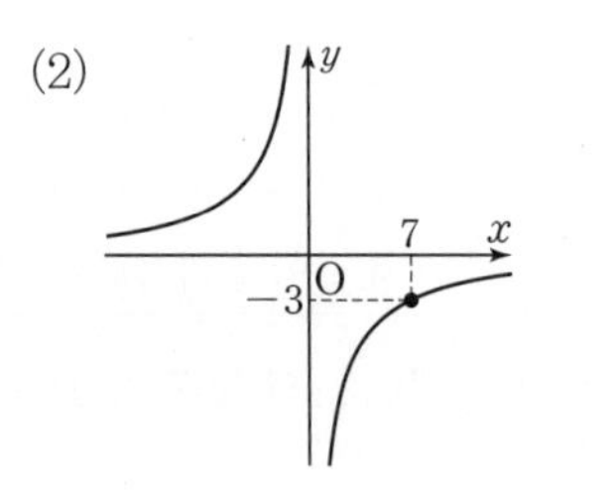

____

(3)

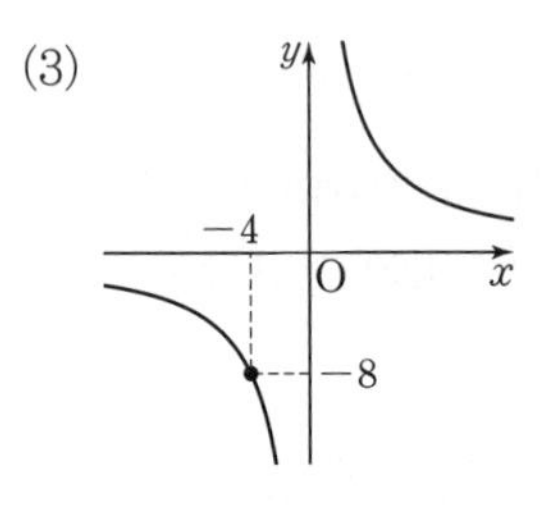

____

(4)

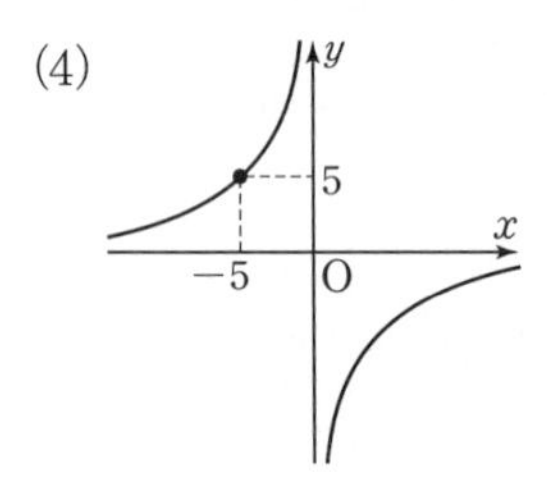

____

7 오른쪽 그림과 같이 점 $(-2,\ 6)$을 지나는 그래프가 점 $(4,\ k)$를 지난다고 한다. 다음 물음에 답하시오.

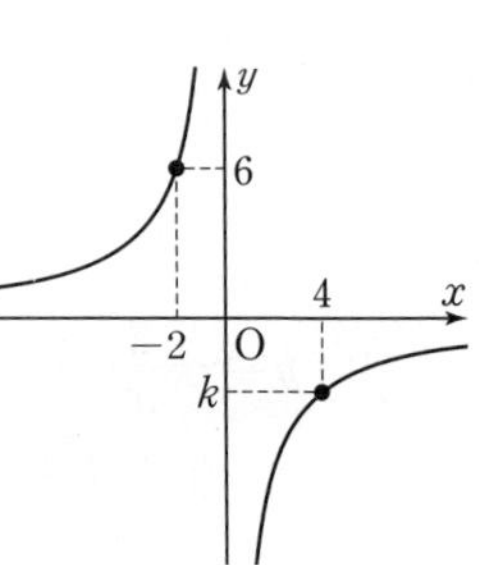

(1) 그래프가 나타내는 x와 y 사이의 관계식을 구하시오.

(2) k의 값을 구하시오.

기출문제

• 정답과 해설 69쪽

학교 시험에 꼭 나오는 **기출문제** *BEST 09*

형광펜 들고 밑줄 쫙~

쌍둥이 01

1 다음 중 y가 x에 반비례하는 것을 모두 고른 것은? (정답 2개)

① $y=-\frac{6}{x}$ ② $y=\frac{1}{x}+3$ ③ $xy=5$
④ $y=3x$ ⑤ $\frac{y}{x}=\frac{1}{6}$

2 다음 중 x의 값이 2배, 3배, 4배, ...로 변함에 따라 y의 값은 $\frac{1}{2}$배, $\frac{1}{3}$배, $\frac{1}{4}$배, ...로 변하는 관계가 있는 것은?

① $y=2x$ ② $y=\frac{x}{2}$ ③ $y=-\frac{1}{4}x$
④ $xy=2$ ⑤ $x+y=3$

쌍둥이 02

3 넓이가 $21\,\text{cm}^2$인 마름모의 두 대각선의 길이가 각각 $x\,\text{cm}$, $y\,\text{cm}$일 때, □ 안에 알맞은 것을 쓰시오.

> x와 y 사이의 관계식은 □이고,
> y는 x에 □한다.

4 다음 중 y가 x에 반비례하는 것은?

① 한 병에 1500원인 음료수 x병의 값 y원
② 길이 1 m당 가격이 500원인 파이프 x m의 가격 y원
③ 둘레의 길이가 18 cm인 직사각형의 가로의 길이 x cm와 세로의 길이 y cm
④ 주스 2 L를 x명이 똑같이 나누어 마실 때, 한 명이 마실 수 있는 주스의 양 y L
⑤ 시속 x km로 3시간 동안 이동한 거리 y km

쌍둥이 03

5 y가 x에 반비례하고, $x=-2$일 때 $y=8$이다. $x=4$일 때, y의 값을 구하시오.

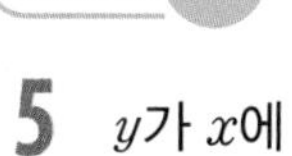

풀이 과정

답

6 다음 표에서 y가 x에 반비례할 때, $A+B$의 값은?

x	2	3	6	B
y	18	12	A	4

① 14 ② 15 ③ 16
④ 17 ⑤ 18

쌍둥이 04

7 전체 쪽수가 225쪽인 책을 하루에 x쪽씩 읽어서 y일 동안 모두 읽으려고 한다. 이때 x와 y 사이의 관계식을 구하고, 이 책을 9일 만에 모두 읽으려면 하루에 몇 쪽씩 읽어야 하는지 구하시오.

8 서로 맞물려 돌아가는 두 톱니바퀴 A, B가 있다. 톱니가 20개인 톱니바퀴 A가 1분 동안 9번 회전할 때, 톱니가 x개인 톱니바퀴 B는 1분 동안 y번 회전한다고 한다. 톱니바퀴 B의 톱니가 12개일 때, 톱니바퀴 B는 1분 동안 몇 번 회전하는지 구하시오.

쌍둥이 05

9 다음 중 반비례 관계 $y=-\frac{7}{x}$의 그래프로 알맞은 것은?

①
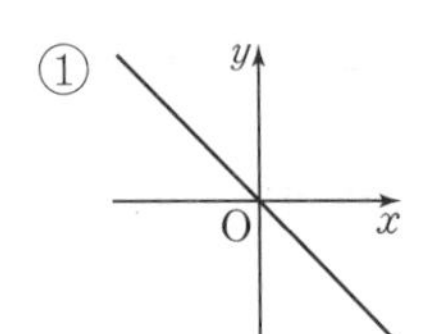

②
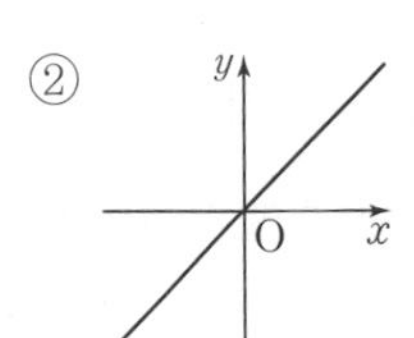

③
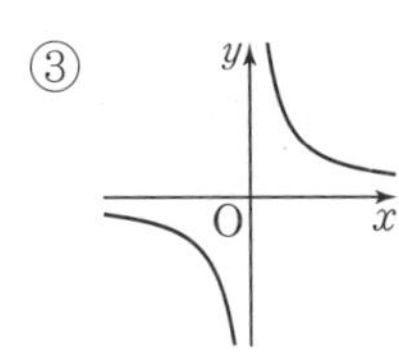

④
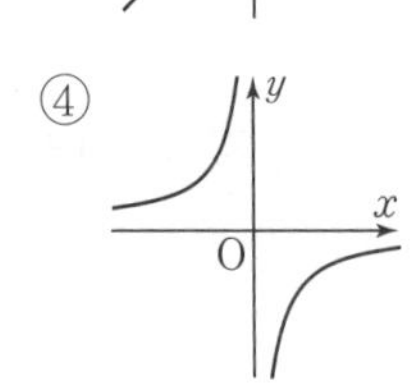

⑤

10 다음 중 그래프가 제1사분면과 제3사분면을 지나는 한 쌍의 매끄러운 곡선인 것은?

① $y=-5x$ ② $y=-\frac{2}{x}$ ③ $y=\frac{9}{x}$
④ $y=7x$ ⑤ $y=\frac{1}{8}x$

쌍둥이 06

11 다음 중 반비례 관계 $y=\frac{4}{x}$의 그래프에 대한 설명으로 옳은 것을 모두 고르면? (정답 2개)

① 제1사분면과 제3사분면을 지나는 한 쌍의 곡선이다.
② 좌표축과 만나는 한 쌍의 곡선이다.
③ 원점을 지난다.
④ 점 $(-2, 2)$를 지난다.
⑤ $x>0$일 때, x의 값이 증가하면 y의 값은 감소한다.

12 다음 중 반비례 관계 $y=\frac{a}{x}(a\neq0)$의 그래프에 대한 설명으로 옳지 않은 것은?

① $a>0$일 때, 제1사분면과 제3사분면을 지난다.
② $a<0$일 때, 제2사분면과 제4사분면을 지난다.
③ 원점을 지나지 않는 한 쌍의 곡선이다.
④ 점 $(1, a)$를 지난다.
⑤ $a>0$, $x<0$일 때, x의 값이 증가하면 y의 값도 증가한다.

쌍둥이 07

13 다음 중 반비례 관계 $y=\frac{18}{x}$의 그래프가 지나는 점이 아닌 것은?

① $(-18,\ -1)$　② $(-9,\ -2)$
③ $(-3,\ 6)$　④ $(1,\ 18)$
⑤ $(6,\ 3)$

14 다음 중 반비례 관계 $y=-\frac{10}{x}$의 그래프 위의 점을 모두 고르면? (정답 2개)

① $(-10,\ -1)$　② $\left(-4,\ -\frac{5}{2}\right)$
③ $(-2,\ 5)$　④ $(5,\ -2)$
⑤ $\left(6,\ \frac{5}{3}\right)$

쌍둥이 08

15 반비례 관계 $y=\frac{a}{x}$의 그래프가 두 점 $(9,\ 6)$, $(b,\ -3)$을 지날 때, b의 값을 구하시오.
(단, a는 상수)

16 반비례 관계 $y=\frac{a}{x}$의 그래프가 두 점 $(-4,\ 5)$, $(2,\ b)$를 지날 때, $a-b$의 값은? (단, a는 상수)

① -10　② -5　③ 0
④ 5　⑤ 10

쌍둥이 09

17 서술형 오른쪽 그래프가 나타내는 x와 y 사이의 관계식을 구하시오.

풀이 과정

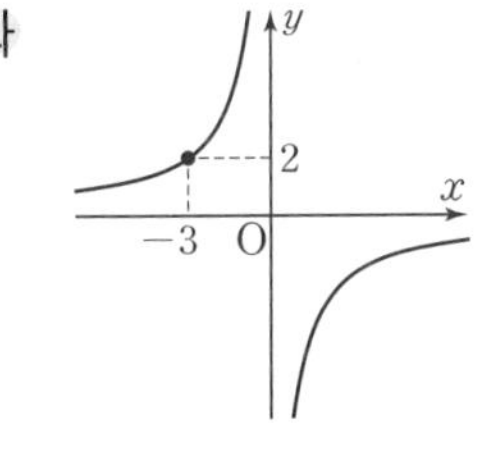

답

18 오른쪽 그림과 같이 점 $(5,\ 9)$를 지나는 그래프가 점 $(-3,\ k)$를 지날 때, k의 값을 구하시오.

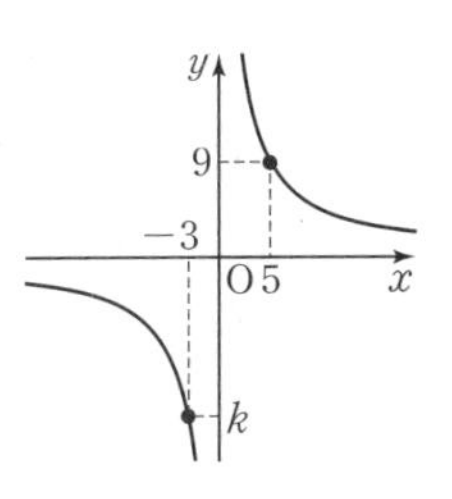

쌍둥이 기출문제 중에서 연습이 더 필요한 문제들로 구성하였습니다.

1 다음 중 x의 값이 2배, 3배, 4배, …로 변함에 따라 y의 값도 2배, 3배, 4배, …로 변하는 관계가 있는 것을 모두 고르면? (정답 2개)

① $xy=10$　② $y=x+2$　③ $y=\frac{1}{4}x$
④ $y=\frac{3}{x}$　⑤ $\frac{y}{x}=5$

정비례 관계

2 y가 x에 정비례하고, $x=3$일 때 $y=-7$이다. $x=-6$일 때, y의 값은?

① -14　② -6　③ 2
④ 7　⑤ 14

서술형

3 어떤 텔레비전을 2시간 동안 시청하였을 때 소모되는 전력량이 300 Wh라 한다. 이 텔레비전을 시청할 때 소모되는 전력량 y Wh는 시청 시간 x시간에 정비례한다고 할 때, 다음 물음에 답하시오.

(1) x와 y 사이의 관계식을 구하시오.
(2) 이 텔레비전을 5시간 동안 시청하였을 때, 소모되는 전력량을 구하시오.

정비례 관계의 활용

풀이 과정

(1)

(2)

답 (1)　(2)

4 다음 보기 중 정비례 관계 $y=-6x$의 그래프에 대한 설명으로 옳은 것을 모두 고르시오.

보기
ㄱ. 점 $(-2,\ -12)$를 지난다.
ㄴ. 원점을 지난다.
ㄷ. 제2사분면과 제4사분면을 지난다.
ㄹ. x의 값이 증가하면 y의 값도 증가한다.
ㅁ. 정비례 관계 $y=-5x$의 그래프보다 y축에서 더 멀다.

정비례 관계 $y=ax(a\neq0)$의 그래프의 성질

5 다음 중 오른쪽 그래프 위에 있는 점은?

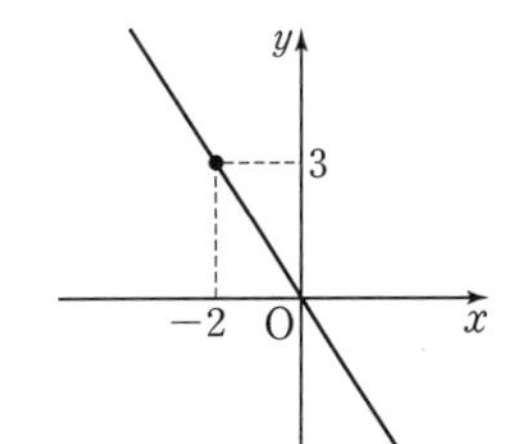
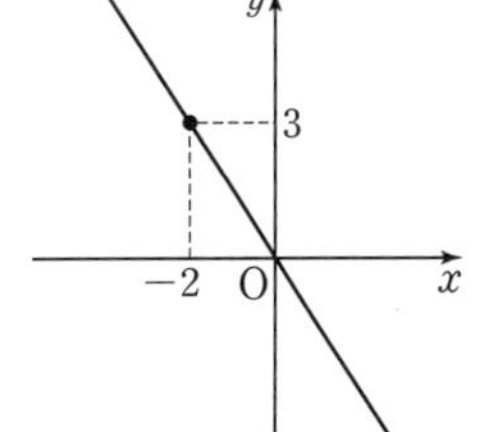

① $(9,\ -6)$　② $(6,\ 9)$　③ $\left(\frac{1}{2},\ -\frac{3}{2}\right)$
④ $(-4,\ 6)$　⑤ $(-8,\ -12)$

정비례 관계 $y=ax(a\neq0)$의 그래프가 지나는 점

6 다음 중 y가 x에 반비례하는 것을 모두 고르면? (정답 2개)

① $y=\frac{x}{3}$
② $xy=-2$
③ 자연수 x의 3배보다 1만큼 작은 수 y
④ 100개의 귤을 x명이 똑같이 나누어 가질 때, 한 사람이 갖게 되는 귤의 개수 y
⑤ 한 변의 길이가 x cm인 정오각형의 둘레의 길이 y cm

반비례 관계

7 매분 20 L씩 물을 넣으면 50분 만에 가득 차는 물탱크가 있다. 이 물탱크에 매분 x L씩 물을 넣으면 y분 만에 가득 찬다고 할 때, 다음 물음에 답하시오.

(1) x와 y 사이의 관계식을 구하시오.
(2) 빈 물탱크를 40분 만에 가득 채우려면 매분 몇 L씩 물을 넣어야 하는지 구하시오.

반비례 관계의 활용

8 다음 중 반비례 관계 $y=\frac{15}{x}$의 그래프로 알맞은 것은?

반비례 관계 $y=\frac{a}{x}(a\neq0)$의 그래프

① 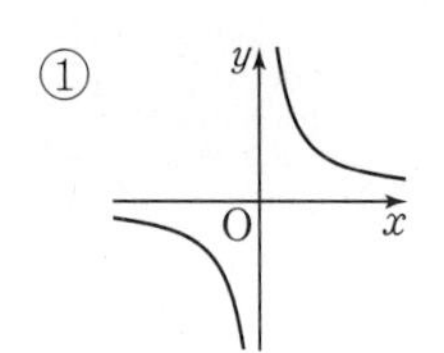

② 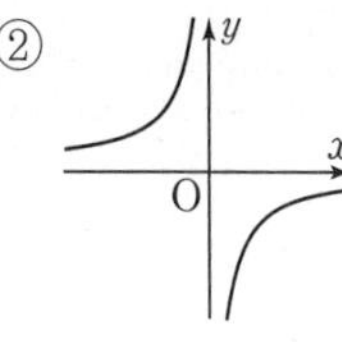

③ 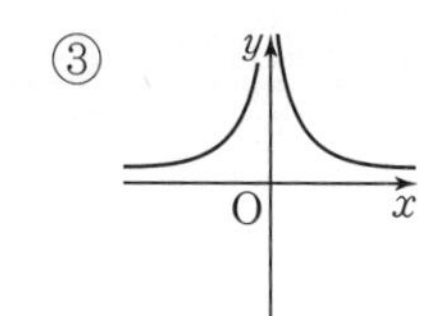

④

⑤

서술형

9 반비례 관계 $y=-\frac{56}{x}$의 그래프가 두 점 $(a,\ 8)$, $(-4,\ b)$를 지날 때, $a+b$의 값을 구하시오.

반비례 관계 $y=\frac{a}{x}(a\neq0)$의 그래프가 지나는 점

풀이 과정

답

10 다음 조건을 모두 만족시키는 x와 y 사이의 관계식을 구하시오.

반비례 관계식 구하기

조건

(가) y가 x에 반비례한다.

(나) 그래프는 점 $(-4,\ 8)$을 지난다.

11 다음 중 오른쪽 그래프에 대한 설명으로 옳은 것은?

반비례 관계 $y=\frac{a}{x}(a\neq0)$의 그래프의 성질

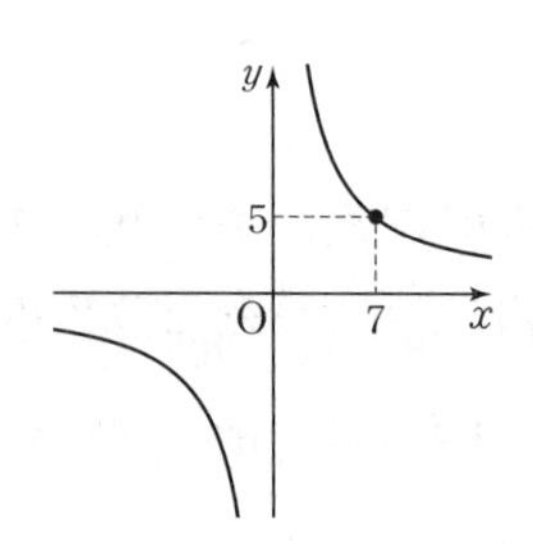

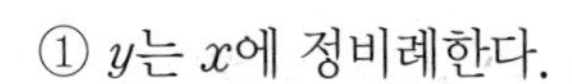

① y는 x에 정비례한다.

② $y=-\frac{35}{x}$의 그래프이다.

③ 점 $(-5,\ -7)$을 지난다.

④ $x>0$일 때, x의 값이 증가하면 y의 값도 증가한다.

⑤ $\frac{y}{x}$의 값이 일정하다.

개념+유형

유형편

기초탄탄 LITE

정답과 해설

개념과 유형이 하나로

중학 수학

1·1

책 속의 가접 별책 (특허 제 0557442호)

'정답과 해설'은 본책에서 쉽게 분리할 수 있도록 제작되었으므로
유통 과정에서 분리될 수 있으나 파본이 아닌 정상 제품입니다.

visang

정답만 모아

스피드 체크

1. 소인수분해

01 소인수분해

유형 1 P. 6

1 2, 3, 5, 7, 11, 13, 17, 19, 23, 29, 31, 37, 41, 43, 47, 53, 59

2

자연수	약수	소수 / 합성수
9	1, 3, 9	합성수
11	1, 11	소수
18	1, 2, 3, 6, 9, 18	합성수
32	1, 2, 4, 8, 16, 32	합성수
47	1, 47	소수

3 17, 29, 31, 43에 ○표 **4** 15, 33, 57, 123에 ○표

5 (1) × (2) ○ (3) × (4) ○ (5) ×

유형 2 P. 7

1 (1) 5, 2 (2) 10, 2 (3) $\frac{1}{2}$, 4 (4) $\frac{3}{5}$, 10

2 (1) 3^4 (2) 10^5 (3) $\left(\frac{1}{11}\right)^3$ (4) $\frac{1}{5^4}$

3 (1) $2^2\times3^4$ (2) $3^2\times5\times7^2$
(3) $\left(\frac{1}{5}\right)^2\times\left(\frac{1}{7}\right)^3$ (4) $\frac{1}{2\times3^2\times5^3}$

4 (1) 2^4 (2) 3^3 (3) 5^3 (4) 10^4 (5) $\left(\frac{1}{2}\right)^5$ (6) $\left(\frac{1}{10}\right)^3$

5 (1) 2^2 (2) 5^3

유형 3 P. 8

1 (1) 방법①

20 → [2], 10
10 → [2], [5]

방법②

[2]) 20
[2]) 10
[5]

소인수분해 결과 $20=2^{\boxed{2}}\times\boxed{5}$

(2) 방법①

54 → [2], 27
27 → [3], 9
9 → [3], [3]

방법②

[2]) 54
[3]) 27
[3]) 9
[3]

소인수분해 결과 $54=\boxed{2}\times3^{\boxed{3}}$

2 (1) 2) 28, 2) 14, 7 $28=2^2\times7$ 소인수: 2, 7
(2) 2) 40, 2) 20, 2) 10, 5 $40=2^3\times5$ 소인수: 2, 5
(3) 2) 140, 2) 70, 5) 35, 7 $140=2^2\times5\times7$ 소인수: 2, 5, 7
(4) 2) 540, 2) 270, 3) 135, 3) 45, 3) 15, 5 $540=2^2\times3^3\times5$ 소인수: 2, 3, 5

3 (1) 4×6 ⇨ $2^3\times3$ (2) 9^2 ⇨ 3^4 (3) 2^4, 3 ⇨ 2, 3

4 (1) 2, 3, 5
(2) 2의 지수: 3, 3의 지수: 2, 5의 지수: 1

유형 4 P. 9

1 (1) 5 (2) 7 (3) 10 **2** (1) 3 (2) 2 (3) 21

3 (1) $2^2\times3\times13$ (2) 39 **4** (1) $2^2\times3^2\times5$ (2) 5

5 (1) 3 (2) 15 (3) 11 (4) 21

유형 5 P. 10

1 (1)

×	1	5
1	1	5
2	2	10
2^2	4	20

⇨ 약수: 1, 2, 4, 5, 10, 20

(2) $72=2^3\times3^2$

×	1	3	3^2
1	1	3	9
2	2	6	18
2^2	4	12	36
2^3	8	24	72

⇨ 약수: 1, 2, 3, 4, 6, 8, 9, 12, 18, 24, 36, 72

(3) $108=2^2\times3^3$

×	1	3	3^2	3^3
1	1	3	9	27
2	2	6	18	54
2^2	4	12	36	108

⇨ 약수: 1, 2, 3, 4, 6, 9, 12, 18, 27, 36, 54, 108

2 (1) ㄱ, ㄴ, ㅁ (2) ㄱ, ㄷ, ㅁ, ㅂ

3 (1) 2, 1, 6 (2) 15 (3) 24 (4) 36
(5) $2^3\times5^2$, 12 (6) 8

쌍둥이 기출문제 P. 11~13

1 2개 2 1 3 ⑤ 4 ㄷ, ㅁ 5 ①
6 ④ 7 ② 8 ②, ④ 9 ⑤ 10 ③, ⑤
11 2, 3, 7 12 ①, ③ 13 (1) $2^2\times3\times11$ (2) 4
14 4 15 21 16 (1) 7 (2) 21 17 ⑤
18 ④ 19 ④ 20 ③ 21 ③ 22 ⑤

02 최대공약수와 최소공배수

유형 6 P. 14

1 (1) 1, 3, 5, 15 (2) 1, 2, 4, 8, 16
(3) 1, 5, 7, 35 (4) 1, 2, 3, 6, 9, 18, 27, 54
2 (1) 2×3 (2) $2^2\times3$ (3) $3^2\times5$ (4) 2×3^2
(5) 3×7 (6) $3^2\times5$
3 (1) 3 (2) 2^3(또는 8) (3) $2^3\times3$(또는 24)
(4) 2×7(또는 14) (5) 2 (6) $2^2\times3$(또는 12)
(7) 2×11(또는 22) (8) $2^2\times3^2$(또는 36)
4 (1) ○ (2) ○ (3) × (4) × (5) ○ (6) ×

유형 7 P. 15

1 (1) 7, 14, 21 (2) 16, 32, 48 (3) 20, 40, 60
(4) 35, 70, 105
2 (1) 6개 (2) 4개
3 (1) $2^2\times3\times5$ (2) $2\times3^2\times5^2\times7$ (3) $2^4\times3^2$
(4) $3^2\times5\times7$ (5) $2^2\times3^2\times5^2$ (6) $2^3\times3^3\times7$
4 (1) $2^5\times5$(또는 160)
(2) 3×5^2(또는 75)
(3) $2\times3\times7\times13$(또는 546)
(4) $2^3\times3^2\times5$(또는 360)
(5) $2\times3^2\times5$(또는 90)
(6) $2^2\times3^2\times5\times7$(또는 1260)
(7) $2^2\times3\times5\times7$(또는 420)
(8) $2^2\times3^2\times5\times11$(또는 1980)

한번 더 연습 P. 16

1 (1) 최대공약수: 3, 공약수: 1, 3
(2) 최대공약수: 10, 공약수: 1, 2, 5, 10
(3) 최대공약수: 6, 공약수: 1, 2, 3, 6
(4) 최대공약수: 12, 공약수: 1, 2, 3, 4, 6, 12
2 (1) 최소공배수: 30, 공배수: 30, 60, 90
(2) 최소공배수: 180, 공배수: 180, 360, 540
(3) 최소공배수: 84, 공배수: 84, 168, 252
(4) 최소공배수: 360, 공배수: 360, 720, 1080
3 (1) $a=2$, $b=3$ (2) $a=1$, $b=2$ (3) $a=1$, $b=3$
4 (1) $a=4$, $b=2$, $c=1$ (2) $a=3$, $b=4$, $c=2$
(3) $a=5$, $b=3$, $c=1$

쌍둥이 기출문제 P. 17~18

1 ④ 2 1, 5, 25 3 2×3^2
4 2^2(또는 4) 5 ⑤ 6 ①, ⑤ 7 ②
8 ④ 9 ④ 10 210 11 ②
12 $2^2\times3\times5\times7$ 13 ④ 14 ④, ⑤ 15 ①
16 11

단원 마무리 P. 19~21

1 8개 2 ③, ⑤ 3 ②, ⑤ 4 ④ 5 90
6 ㄴ, ㅁ 7 ⑤ 8 ③
9 (1) 20(또는 $2^2\times5$) (2) 1, 2, 4, 5, 10, 20 10 ②
11 ④ 12 ① 13 ③

2. 정수와 유리수

01 정수와 유리수

유형 1 P. 24

1 (1) -300원 (2) -4층 (3) $+6\,\text{cm}$
2 (1) $+8$ (2) -11 (3) $+\frac{1}{7}$ (4) -0.6
3 (1) $+3$, $+4$ (2) -1, -5, -100
4 3
5 (1) -3, 0, 10, $-\frac{10}{5}$ (2) $+\frac{1}{2}$, $-\frac{3}{5}$, 3.14
(3) $+\frac{1}{2}$, 3.14, 10 (4) -3, $-\frac{3}{5}$, $-\frac{10}{5}$
6 (1) ○ (2) × (3) × (4) ○

유형 2 P. 25

1 A: -6 B: $-\frac{5}{2}$ C: $+\frac{5}{3}$ D: $+4$
2 (2) (3) (1) (4) -5 -4 -3 -2 -1 0 $+1$ $+2$ $+3$ $+4$ $+5$
3 (1) 7 (2) 2.6 (3) 0 (4) $\frac{5}{6}$
4 (1) 11 (2) 14 (3) $\frac{5}{4}$ (4) $\frac{13}{6}$
5 (1) $+9$, -9 (2) $+0.5$ (3) $-\frac{2}{3}$
6 -5 -4 -3 -2 -1 0 $+1$ $+2$ $+3$ $+4$ $+5$, 8
7 (1) -27, $+11$, $+9$, -4, 0
(2) -3, $+2$, $\frac{5}{4}$, -1, $-\frac{1}{3}$
8 (1) ○ (2) × (3) × (4) ○

유형 3 P. 26

1 (1) $>$ (2) $<$ (3) $>$ (4) $<$
2 (1) $>$ (2) $<$ (3) $<$ (4) $>$
3 (1) -8, $-\frac{16}{3}$, 0, $+2.5$, 5 (2) -2, $-\frac{5}{4}$, 0, $+3$, $\frac{21}{4}$
4 (1) $x\le5$ (2) $-1<x\le6$ (3) $3\le x<8$ (4) $x\ge-\frac{2}{3}$
5 (1) -2, -1, 0, 1, 2, 3 (2) -1, 0, 1, 2
(3) -2, -1, 0, 1, 2
6 (1) -3, -2, -1, 0 (2) -2, -1, 0, 1, 2

쌍둥이 기출문제 P. 27~29

1 ④ 2 ⑤ 3 ②, ④ 4 ①, ⑤ 5 ②
6 ②, ⑤ 7 ① 8 ③
9 (1) $-\frac{3}{4}$ $\frac{10}{3}$ -4 -3 -2 -1 0 1 2 3 4
(2) $a=-1$, $b=3$
10 $a=-3$, $b=3$ 11 $+3$, -3
12 $+11$, -11 13 ② 14 $-\frac{4}{3}$ 15 ④
16 ③, ⑤ 17 $-2\le x<2$
18 (1) $-5\le x\le\frac{3}{4}$ (2) $-3<x\le\frac{7}{2}$
19 (1) $\frac{5}{2}$ -4 -3 -2 -1 0 1 2 3
(2) 7
20 ⑤

02 정수와 유리수의 덧셈과 뺄셈

유형 4 P. 30

1 (1) -4 (2) $+3$ 2 (1) $+6$ (2) -9
3 (1) -4 (2) $+\frac{17}{12}$ 4 (1) -7 (2) $+3$
5 (1) -6 (2) $+4$ (3) -8 (4) $+3$
6 (1) -1.6 (2) $+2.5$ (3) $+\frac{1}{3}$ (4) $-\frac{1}{15}$
7 (1) $+2$ (2) $+\frac{7}{5}$

유형 5 P. 31

1 (가) 덧셈의 교환법칙, (나) 덧셈의 결합법칙
2 (1) 교환, -1.2, $+5$, -2
(2) $-\frac{1}{2}$, 결합, $-\frac{1}{2}$, $+1$, $+\frac{1}{2}$
3 (1) $+4$ (2) $+17$ (3) $+5$ (4) -9 (5) -6
4 (1) -1 (2) $-\frac{17}{6}$ (3) -0.5 (4) $+\frac{2}{3}$ (5) $+4$

유형 6 P. 32

1 (1) -4, $+7$ (2) -2, -7 (3) $+3$, $+13$ (4) $+2$, -6

2 (1) -3 (2) $-\frac{2}{5}$ (3) $+\frac{1}{21}$ (4) $+3.5$

3 (1) -24 (2) $-\frac{5}{9}$ (3) $-\frac{13}{12}$ (4) -7.2

4 (1) -2 (2) $+3$

5 (1) $+11$ (2) $+3$ (3) $+\frac{3}{2}$ (4) $+1$

6 (1) 0 (2) $+1$ (3) $-\frac{1}{6}$ (4) $+4.5$

7 (1) -4 (2) $+\frac{13}{5}$

유형 7 P. 33

1 (1) -9 (2) -2 (3) $+6$

2 (1) $-\frac{3}{7}$ (2) $+\frac{1}{2}$ (3) -2

3 (1) 3 (2) -13 (3) 3 (4) -9 (5) -7

4 (1) $-\frac{1}{2}$ (2) -3 (3) 4 (4) -1 (5) 2

5 (1) -0.8 (2) 4.7 (3) 9 (4) 8 (5) -1

쌍둥이 기출문제 P. 34~36

1 ① **2** ①, ③ **3** ④ **4** ⑤

5 (가) 덧셈의 교환법칙, (나) 덧셈의 결합법칙

6 ⑤ **7** $+\frac{3}{4}$ **8** $+\frac{41}{6}$ **9** ①

10 $+\frac{1}{8}$ **11** ④ **12** ②

13 (1) $a=-2$, $b=-13$ (2) -15 **14** -6

15 (1) -14 (2) -23 **16** $\frac{19}{20}$

17 ㉠$=3$, ㉡$=8$ **18** -12

03 정수와 유리수의 곱셈과 나눗셈

유형 8 P. 37

1 (1) $+10$ (2) $+21$ (3) $+1$ (4) $+3$ (5) $+6.3$ (6) $+2$ (7) $+28$ (8) $+\frac{2}{3}$ (9) $+\frac{1}{6}$ (10) $+\frac{1}{4}$

2 (1) -12 (2) -48 (3) -1 (4) -10 (5) -6 (6) -20 (7) -36 (8) $-\frac{5}{4}$ (9) $-\frac{6}{7}$ (10) $-\frac{1}{5}$

유형 9 P. 38

1 (가) 곱셈의 교환법칙, (나) 곱셈의 결합법칙

2 (1) 교환, -5, -5, $+7$, $+7.7$

(2) $-\frac{5}{6}$, 결합, $-\frac{5}{6}$, $+1$, $+3.8$

3 (1) $+30$ (2) -180 (3) -96 (4) -240 (5) $+45$

4 (1) -24 (2) $-\frac{3}{14}$ (3) $+\frac{3}{32}$ (4) $+\frac{13}{2}$ (5) -6

유형 10 P. 39

1 (1) $+9$ (2) -9 (3) -8 (4) -8

2 (1) $+1$ (2) -1

3 (1) -8 (2) $-\frac{9}{2}$ (3) -25 (4) -45 (5) $+\frac{5}{2}$

유형 11 P. 39

1 (1) 1560 (2) 23 (3) -20

2 (1) -70 (2) 13 (3) 123

유형 12 P. 40

1 (1) $+2$ (2) $+7$ (3) -6 (4) -5 (5) 0

2 (1) $\frac{1}{7}$ (2) $-\frac{1}{4}$ (3) 5 (4) $-\frac{3}{4}$

3 (1) $\frac{1}{3}$ (2) $-\frac{1}{2}$ (3) $\frac{6}{5}$ (4) $-\frac{5}{7}$ (5) $\frac{3}{5}$ (6) $-\frac{5}{3}$

4 (1) $-\frac{7}{6}$, $+\frac{7}{16}$ (2) -8 (3) $-\frac{5}{3}$ (4) $+\frac{1}{6}$ (5) $+\frac{1}{15}$

5 (1) -9 (2) $+16$ (3) $+\frac{12}{5}$ (4) -4

유형 13 P. 41

1 (1) 30 (2) -20 (3) -4 (4) 5 (5) 81
2 (1) -12 (2) -16 (3) -15 (4) 12 (5) -10
3 (1) (차례로) ⑤, ②, ①, ③, ④
(2) (차례로) ④, ③, ②, ①, ⑤
(3) (차례로) ⑤, ③, ②, ①, ④
4 (1) 7 (2) 1 (3) $-\frac{9}{4}$ (4) -22

쌍둥이 기출문제 P. 42~44

1 ② 2 ③ 3 ③
4 (가) 곱셈의 교환법칙, (나) 곱셈의 결합법칙
5 ③ 6 ② 7 ④ 8 1
9 $a=100$, $b=1330$ 10 -30
11 (1) $a\times b+a\times c$ (2) 28 12 8 13 ④
14 $\frac{20}{7}$ 15 $\frac{1}{6}$ 16 ⑤
17 (1) ㉢, ㉣, ㉡, ㉠ (2) -6 18 -24

단원 마무리 P. 45~47

1 9 2 $a=-1$, $b=3$ 3 ④ 4 ⑤
5 5개 6 ① 7 ㄹ, ㄴ, ㄷ, ㄱ 8 ④
9 $\frac{13}{6}$ 10 $-\frac{5}{6}$ 11 ② 12 -12 13 $-\frac{2}{3}$
14 ④ 15 -20

3. 문자의 사용과 식

01 문자의 사용

유형 1 P. 50~51

1 (1) $-y$ (2) $0.1xy^2$ (3) $-6(a+b)$ (4) $-3a+10b$
2 (1) $-\frac{x}{y}$ (2) $\frac{a}{a+b}$ (3) $\frac{x-y}{5}$ (4) $\frac{a}{2}-\frac{4b}{3c}$
3 (1) $\frac{a}{bc}$ (2) $3-\frac{2y}{x}$ (3) $\frac{7(a+b)}{c}$
4 (1) $3\times a\times b$
(2) $(-1)\times x\times y\times y$
(3) $2\times(a+b)\times h$
(4) $5\times a\times a\times b\times x$
(5) $(-1.7)\times x\times y\times y\times y$
5 (1) $1\div a$ (2) $(a-b)\div 3$ (3) $8\div(a+b)$
(4) $(x+y)\div 2$ (5) $(x-y)\div(-5)$
6 (1) $5a$원
(2) $100\times a+500\times b$, $(100a+500b)$원
(3) $y-200\times x$, $(y-200x)$원
(4) $x\div 10\left(\text{또는 } x\times\frac{1}{10}\right)$, $\frac{x}{10}$원$\left(\text{또는 } \frac{1}{10}x\text{원}\right)$
7 (1) $a\times 2-b\times 5$, $2a-5b$
(2) $10\times a+1\times b$, $10a+b$
(3) $100\times a+10\times b+1\times 7$, $100a+10b+7$
8 (1) $3\times x$, $3x$ cm (2) $2\times(x+y)$, $2(x+y)$ cm
(3) $\frac{1}{2}\times a\times b$, $\frac{1}{2}ab$ cm^2
9 (1) $80\times t$, $80t$ km (2) $x\div 5$, $\frac{x}{5}$시간
10 (1) $\frac{3}{100}x$명 (2) $a+a\times\frac{b}{100}$, $\left(a+\frac{ab}{100}\right)$원
(3) $\frac{17}{100}\times y$, $\frac{17y}{100}$g

02 식의 값

유형 2 P. 52

1 (1) 3, 11 (2) 5 (3) 1
2 (1) -3, 5, -1 (2) 18 (3) -4
3 (1) $\frac{1}{3}$, 3, 12 (2) 4 (3) -3
4 (1) -3, 9 (2) -9 (3) 9 (4) -27
5 (1) -2, 5 (2) 3 (3) -10
6 (1) 2 (2) $\frac{13}{4}$ (3) 17

쌍둥이 기출문제 P. 53~54

1 ⑤ **2** ④ **3** ⑤ **4** ①, ④ **5** xy
6 $\frac{1}{2}(a+b)h$ **7** -3 **8** ⑤ **9** ①
10 ② **11** ② **12** -10℃

03 일차식과 그 계산

유형 3 P. 55

1

다항식	항	상수항
(1) $-3x+7y+1$	$-3x$, $7y$, 1	1
(2) $a+2b-3$	a, $2b$, -3	-3
(3) x^2-6x+3	x^2, $-6x$, 3	3
(4) $\frac{y}{4}-\frac{1}{2}$	$\frac{y}{4}$, $-\frac{1}{2}$	$-\frac{1}{2}$

2

다항식	계수	
(1) $5x-y$	x의 계수: 5	y의 계수: -1
(2) $\frac{a}{8}-4b+1$	a의 계수: $\frac{1}{8}$	b의 계수: -4
(3) $-x^2+9x+4$	x^2의 계수: -1	x의 계수: 9

3 (1) ○ (2) ○ (3) × (4) × (5) × (6) ○
4 (1) $8x$ (2) $-15x$ (3) $2x$ (4) $\frac{5}{2}x$
5 (1) $6a+4$ (2) $-6a-15$ (3) $-a-1$ (4) $-12+3a$
6 (1) $-x+3$ (2) $3x+2$ (3) $27x+\frac{18}{5}$ (4) $-x+\frac{4}{3}$

유형 4 P. 56

1 (1) $3a$ (2) $-3b$ (3) -4
2 (1) $2x$와 $-3x$, -3과 5 (2) $6y$와 $-y$, $\frac{1}{3}$과 $-\frac{3}{5}$
(3) x^2과 $3x^2$, $-2x$와 $7x$
3 (1) $3x$ (2) $-8y$ (3) $\frac{1}{2}a$ (4) $-\frac{7}{6}b$
4 (1) $-9x$ (2) $11a$ (3) $0.5x$ (4) y (5) $\frac{13}{12}b$
5 (1) $4x+3$ (2) $2x-4$ (3) $1.1a+0.9$ (4) $-y-3$
(5) $\frac{11}{6}a-6$ (6) $-\frac{9}{10}b+\frac{10}{9}$

유형 5 P. 57~58

1 (1) $8x+2$ (2) $-2x+4$ (3) $-y+5$ (4) $2x+2$
(5) $\frac{1}{2}b-\frac{1}{3}$ (6) $-3x+3$
2 (1) $5a-14$ (2) $11x-11$ (3) $12a+4$ (4) $-x-9$
(5) $6x-11$ (6) $3a-3$
3 (1) $-3x+4$ (2) $9y-5$ (3) $a+9$ (4) $-5b-1$
(5) $y+7$ (6) $4a-8$
4 (1) $-5x+17$ (2) $-11x+13$ (3) $10x+27$
(4) $-14x-2$ (5) $-4x+6$ (6) $2x-5$
5 (1) $6x+2$ (2) $13a+5b$ (3) $-3x+4y$
6 (1) $\frac{5}{6}x-\frac{1}{3}$ (2) $\frac{13}{12}a-\frac{5}{12}$ (3) $\frac{1}{4}y-\frac{5}{4}$ (4) $\frac{2}{9}b+\frac{1}{18}$
7 (1) -3, -10 (2) $\frac{14}{15}$, $-\frac{13}{15}$
8 (1) $8x+6$ (2) $-7x+3$ (3) $-b-3$
9 (1) $-$ (2) $5x-10$ (3) $8x-14$
10 (1) $-x+2$ (2) $-3x+7$

쌍둥이 기출문제 P. 59~61

1 ③ **2** -9 **3** ②, ③ **4** ③ **5** -5
6 -2 **7** ④ **8** ㄱ, ㄷ, ㅂ **9** ④
10 ⑤ **11** ① **12** ⑤ **13** ④
14 $-\frac{1}{12}x+\frac{11}{12}$ **15** $5x-5$ **16** ②
17 (1) $-3x-2$ (2) $-9x+1$ **18** ④

단원 마무리 P. 62~63

1 ⑤ **2** ④ **3** ② **4** 148회 **5** ⑤
6 ① **7** ④ **8** ② **9** $-\frac{3}{7}$ **10** $-x+6$

4. 일차방정식

01 방정식과 그 해

유형 1 P. 66

1 (1) $x-10=6$ (2) $2(x+1)=14$ (3) $6+3x=x-2$

2 (1) $5a=6000$ (2) $35-2x=7$

3

x의 값	좌변	우변	참 / 거짓
0	$2\times0-5=-5$	1	거짓
1	$2\times1-5=-3$	1	거짓
2	$2\times2-5=-1$	1	거짓
3	$2\times3-5=1$	1	참

, $x=3$

4 (1) ○ (2) × (3) × (4) ○

5 ㄱ, ㅁ, ㅂ

6 ㄴ, ㄹ, ㅂ

유형 2 P. 67

1 (1) ○ (2) × (3) ○ (4) ○ (5) × (6) ○ (7) × (8) ○

2 (1) ㄱ, ㄹ (2) ㄴ, ㄷ

3 (1) 1, 1, 8, 4, 8, 2 (2) 5, 5, -3, -2, -3, 6

4 (1) $x=-8$ (2) $x=2$ (3) $x=20$ (4) $x=-3$

쌍둥이 기출문제 P. 68~69

1 ①, ③ **2** ㄱ, ㄴ, ㅁ, ㅂ **3** ③

4 $7000-900x=700$ **5** ⑤ **6** ④

7 ④ **8** ③, ⑤ **9** $a=-2$, $b=4$ **10** 7

11 ④ **12** ㄱ, ㄴ, ㄹ **13** ② **14** ㄱ, ㄷ

02 일차방정식의 풀이

유형 3 P. 70

1 (1) $x=5-8$ (2) $3x-x=4$ (3) $2x=6+4$ (4) $x+2x=-3$

2 ㄱ, ㄴ, ㄷ, ㅅ

3 $6x$, $6x$, 7, 2, 6, 3

4 (1) $x=5$ (2) $x=1$ (3) $x=-4$ (4) $x=2$ (5) $x=3$

5 (1) $x=2$ (2) $x=-3$ (3) $x=-1$ (4) $x=\frac{1}{2}$ (5) $x=\frac{4}{13}$

유형 4 P. 71~72

1 (1) 10, -16, 16, 21, 7
(2) 100, $-x$, $-x$, x, -33, 3, -33, -11

2 (1) $x=6$ (2) $x=\frac{3}{5}$ (3) $x=36$

3 (1) $x=-\frac{7}{2}$ (2) $x=15$ (3) $x=12$

4 15, 10, 10, 6, $3x$, 10, 6, 7, 6, $-\frac{6}{7}$

5 (1) $x=12$ (2) $x=-6$ (3) $x=\frac{1}{7}$ (4) $x=-4$ (5) $x=1$ (6) $x=-2$

6 (1) $x=-9$ (2) $x=3$ (3) $x=\frac{9}{2}$ (4) $x=-1$

7 (1) $x=-10$ (2) $x=5$ (3) $x=-11$ (4) $x=15$

8 -2, -2, 3

9 -6

10 (1) $x=3$ (2) -5

11 7

03 일차방정식의 활용

유형 5 P. 73

1 $x+2$, 18, 18, 20, 38

2 $10-x$, $10-x$, 6, 6, 4, 6, 4

3 $45+x$, $13+x$, $45+x$, $13+x$, 19, 19, 19, 64, 32

유형 6 P. 74

1 ❶

	갈 때	올 때
속력	시속 6 km	시속 4 km
거리	x km	x km
시간	$\frac{x}{6}$시간	$\frac{x}{4}$시간

❷ $2\frac{30}{60}$ (또는 $\frac{5}{2}$), $\frac{x}{6}+\frac{x}{4}=2\frac{30}{60}$ (또는 $\frac{x}{6}+\frac{x}{4}=\frac{5}{2}$)

❸ 6, 6

2 ❶

	동생	형
속력	분속 60 m	분속 80 m
시간	$(x+5)$분	x분
거리	$60(x+5)$ m	$80x$ m

❷ $60(x+5)=80x$

❸ 15, 15

한 걸음 더 연습 P. 75

1 $30+x$, $10x+3$, $10x+3$, $30+x$, 8, 38

2 $x-4$, $3x$, $x-4$, $3x$, 5, 5

3 $5x+4$, $8x-14$, $5x+4=8x-14$, 6, 6

4 3000, 3000, $250x+50x=3000$, 10, 10

쌍둥이 기출문제 P. 76~78

1 ② 2 ⑤ 3 ② 4 ④ 5 ①
6 $x=1$ 7 ④ 8 ④ 9 ① 10 $\frac{3}{4}$
11 ③ 12 ② 13 ③ 14 ④ 15 15세
16 ⑤ 17 5 cm 18 9 cm 19 ①
20 (1) 13 (2) 58 21 6 km 22 ②

단원 마무리 P. 79~81

1 ⑤ 2 -2 3 ④ 4 ④ 5 ②
6 $x=\frac{1}{3}$ 7 ① 8 2 9 46 10 ④
11 3 12 14분 후

5. 좌표와 그래프

01 순서쌍과 좌표

유형 1 P. 84

1 $A(-5)$, $B(-3)$, $C\left(-\frac{1}{2}\right)$, $D\left(\frac{5}{2}\right)$, $E(4)$

2 (수직선: A는 -4, D는 -1과 -2 사이, C는 1, B는 3과 4 사이, E는 5)

3 $A(-4, 1)$, $B(2, 3)$, $C(-3, -3)$, $D(4, -2)$, $E(0, 2)$, $F(3, 0)$

4 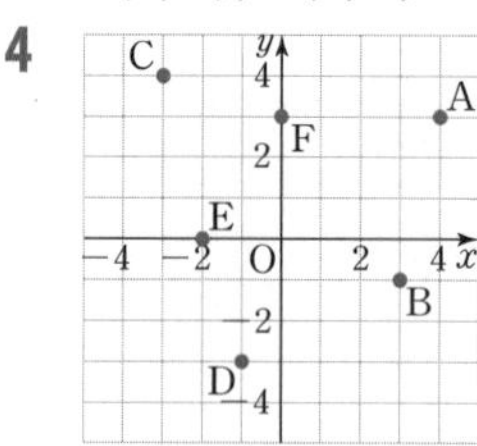

5 (1) $O(0, 0)$ (2) $P(-4, 0)$ (3) $Q(0, 5)$

6 (1) 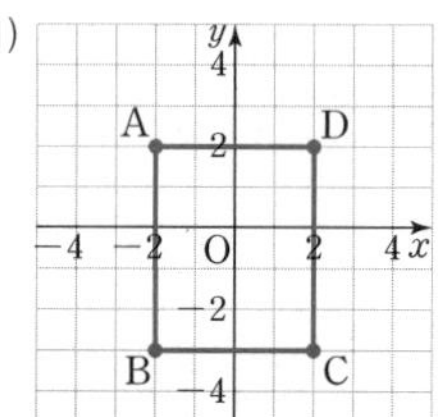 (2) 20

유형 2 P. 85

1

(1) 제1사분면 (2) 제3사분면
(3) 제2사분면 (4) 제4사분면
(5) 어느 사분면에도 속하지 않는다.
(6) 어느 사분면에도 속하지 않는다.

2 (1) 제2사분면 (2) 제4사분면
(3) 제1사분면 (4) 제3사분면
(5) 어느 사분면에도 속하지 않는다.

3 (1) 제4사분면 (2) $-$, $+$, 제2사분면
(3) $+$, $+$, 제1사분면 (4) $-$, $-$, 제3사분면
(5) $-$, $+$, 제2사분면

4 (1) $-$, $+$ (2) $+$, $-$, 제4사분면
(3) $-$, $-$, 제3사분면 (4) $+$, $+$, 제1사분면
(5) $-$, $+$, 제2사분면

쌍둥이 기출문제 P. 86~87

1 ① **2** $a=-12$, $b=2$ **3** ③

4 $(0, 4) \rightarrow (-4, -1) \rightarrow (1, 2) \rightarrow (-3, 0)$
$\rightarrow (2, -4) \rightarrow (-2, 3)$

5 ④ **6** ② **7** 1 **8** 13

9 (1)

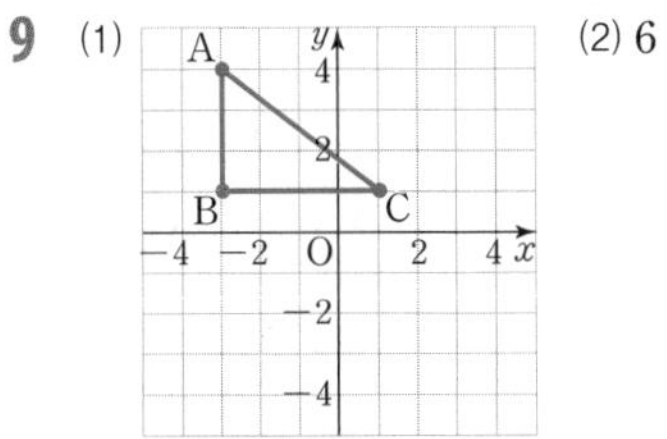

(2) 6

10

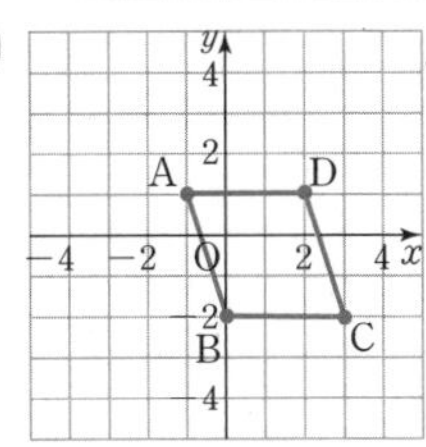

, 넓이: 9

11 ② **12** ④ **13** 제2사분면

14 제1사분면

02 그래프와 그 해석

유형 3 P. 88~89

1 (1) ㄴ (2) ㄱ (3) ㄷ **2** ㄴ

3 (1) 수연, 영재, 민서 (2) 수연, 현지

4 (1) 시속 30 km (2) 60분 (3) 2번

5 (1) 35 m (2) 2분 후 (3) 6분 후

6 (1) 40분, 60분 (2) 20분

쌍둥이 기출문제 P. 90~91

1 ㄴ **2** ③ **3** ㄷ **4** ② **5** ②

6 ㄱ, ㄹ **7** (1) 수빈: 1.5 km, 유나: 1 km (2) 10분 후

8 (1) 30분 후 (2) 1 km

단원 마무리 P. 92~93

1 ② **2** −9 **3** ④, ⑤ **4** 제4사분면

5 ㄴ **6** (가)−ㄷ, (나)−ㄱ, (다)−ㄴ

7 (1) 6분 (2) 10분 후 (3) 분속 50 m **8** ②, ⑤

6. 정비례와 반비례

01 정비례

유형 1 P. 96

1 (1)

x	1	2	3	4	5	⋯
y	800	1600	2400	3200	4000	⋯

관계식: $y=800x$

(2)

x	1	2	3	4	5	⋯
y	4	8	12	16	20	⋯

관계식: $y=4x$

(3)

x	1	2	3	4	5	⋯
y	1.5	3	4.5	6	7.5	⋯

관계식: $y=1.5x$

(4)

x	1	2	3	4	5	⋯
y	5	10	15	20	25	⋯

관계식: $y=5x$

2 (1) $y=10x$, ○
(2) $y=x+3$, ×
(3) $y=100-5x$, ×
(4) $y=50x$, ○

3 (1) $y=\frac{1}{2}x$ (2) -4

4 (1) $y=-3x$ (2) 3

유형 2 P. 97

1 (1) $y=14x$ (2) 280 km

2 (1) $y=15x$ (2) 24분

3 (1) $y=2x$ (2) 6번

유형 3 P. 98~99

1 (1) 0, -3,

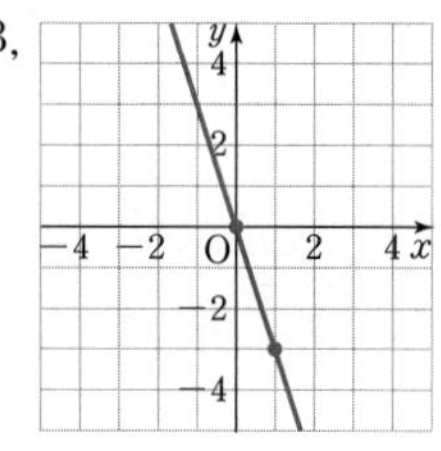

(2) 0, 1,

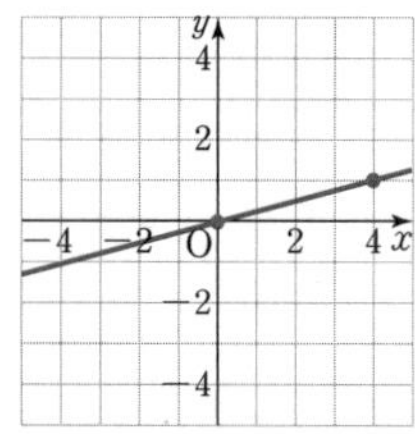

2 (1) ㄷ, ㄹ, ㅁ (2) ㄱ, ㄴ, ㅂ
(3) ㄷ, ㄹ, ㅁ (4) ㄱ, ㄴ, ㅂ

3 (1) × (2) ○ (3) × (4) ○

4 (1) -6 (2) 8 (3) $\frac{3}{2}$ (4) -15 (5) $-\frac{1}{3}$

5 (1) $\frac{3}{2}$ (2) $-\frac{1}{2}$ (3) $-\frac{3}{5}$ (4) -8 (5) $\frac{7}{3}$

6 (1) $y=\frac{2}{5}x$ (2) $y=-x$ (3) $y=\frac{5}{4}x$ (4) $y=-\frac{4}{3}x$

7 (1) $y=2x$ (2) 10

쌍둥이 기출문제 P. 100~102

1 ⑤ **2** ③ **3** $y=3x$, 정비례 **4** ③, ⑤
5 -10 **6** ④ **7** (1) $y=60x$ (2) 720 g
8 $y=4x$, 13분 후 **9** ② **10** ⑤ **11** ①
12 ⑤ **13** ②, ⑤ **14** ⑤ **15** ① **16** -9
17 $y=-\frac{4}{3}x$ **18** $\frac{10}{3}$

02 반비례

유형 4 P. 103

1 (1)

x	1	2	3	4	…	60
y	60	30	20	15	…	1

관계식: $y=\frac{60}{x}$

(2)

x	1	2	3	4	5	…
y	900	450	300	225	180	…

관계식: $y=\frac{900}{x}$

(3)

x	1	2	3	4	…	120
y	120	60	40	30	…	1

관계식: $y=\frac{120}{x}$

(4)

x	1	2	3	4	5	…
y	84	42	28	21	$\frac{84}{5}$	…

관계식: $y=\frac{84}{x}$

2 (1) $y=\frac{3000}{x}$, ○ (2) $y=5x$, ×
(3) $y=\frac{12}{x}$, ○ (4) $y=\frac{20}{x}$, ○

3 (1) $y=\frac{8}{x}$ (2) 1 **4** (1) $y=-\frac{30}{x}$ (2) 15

유형 5 P. 104

1 (1) $y=\frac{340}{x}$ (2) $\frac{17}{2}$ m

2 (1) $y=\frac{150}{x}$ (2) 3 L

3 (1) $y=\frac{420}{x}$ (2) 70대

유형 6 P. 105~106

1 (1) -2, -3, 3, 2,

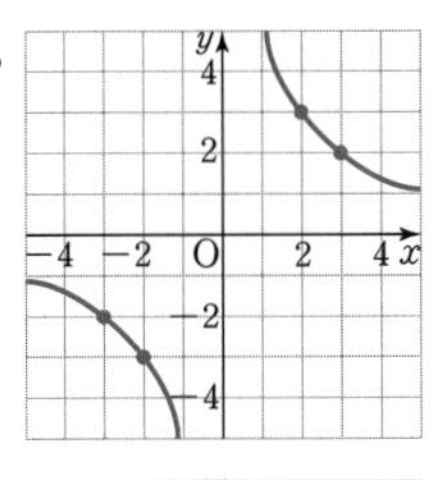

(2) 1, 2, -2, -1,

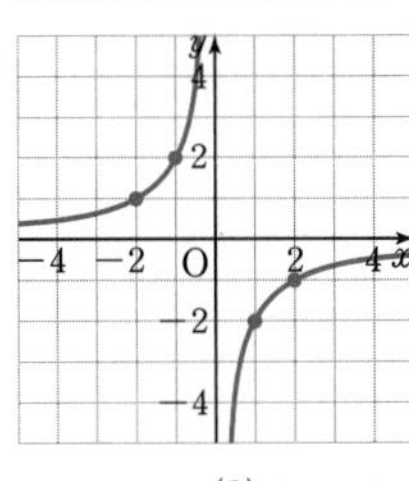

2 (1) ㄱ, ㄷ, ㅂ (2) ㄴ, ㄹ, ㅁ (3) ㄴ, ㄹ, ㅁ

3 (1) × (2) × (3) ○ (4) ○

4 (1) -6 (2) 2 (3) $-\frac{1}{2}$ (4) -3 (5) 12

5 (1) 10 (2) -14 (3) -15 (4) 48 (5) -6

6 (1) $y=\frac{3}{x}$ (2) $y=-\frac{21}{x}$ (3) $y=\frac{32}{x}$ (4) $y=-\frac{25}{x}$

7 (1) $y=-\frac{12}{x}$ (2) -3

쌍둥이 기출문제 P. 107~109

1 ①, ③ **2** ④ **3** $y=\frac{42}{x}$, 반비례 **4** ④

5 -4 **6** ② **7** $y=\frac{225}{x}$, 25쪽 **8** 15번

9 ④ **10** ③ **11** ①, ⑤ **12** ⑤ **13** ③

14 ③, ④ **15** -18 **16** ① **17** $y=-\frac{6}{x}$

18 -15

단원 마무리 P. 110~112

1 ③, ⑤ **2** ⑤ **3** (1) $y=150x$ (2) 750 Wh

4 ㄴ, ㄷ **5** ④ **6** ②, ④

7 (1) $y=\frac{1000}{x}$ (2) 25 L **8** ① **9** 7

10 $y=-\frac{32}{x}$ **11** ③

01 소인수분해

유형 1 P. 6

1 2, 3, 5, 7, 11, 13, 17, 19, 23, 29, 31, 37, 41, 43, 47, 53, 59

2

자연수	약수	소수 / 합성수
9	1, 3, 9	합성수
11	1, 11	소수
18	1, 2, 3, 6, 9, 18	합성수
32	1, 2, 4, 8, 16, 32	합성수
47	1, 47	소수

3 17, 29, 31, 43에 ○표 **4** 15, 33, 57, 123에 ○표

5 (1) × (2) ○ (3) × (4) ○ (5) ×

1

~~1~~	2	3	~~4~~	5	~~6~~	7	~~8~~	~~9~~	~~10~~
11	~~12~~	13	~~14~~	~~15~~	~~16~~	17	~~18~~	19	~~20~~
~~21~~	~~22~~	23	~~24~~	~~25~~	~~26~~	~~27~~	~~28~~	29	~~30~~
31	~~32~~	~~33~~	~~34~~	~~35~~	~~36~~	37	~~38~~	~~39~~	~~40~~
41	~~42~~	43	~~44~~	~~45~~	~~46~~	47	~~48~~	~~49~~	~~50~~
~~51~~	~~52~~	53	~~54~~	~~55~~	~~56~~	~~57~~	~~58~~	59	~~60~~

⇨ 소수: 2, 3, 5, 7, 11, 13, 17, 19, 23, 29, 31, 37, 41, 43, 47, 53, 59

3 1은 소수도 아니고 합성수도 아니다.
17의 약수는 1, 17뿐이므로 소수이다.
25의 약수는 1, 5, 25이므로 합성수이다.
29의 약수는 1, 29뿐이므로 소수이다.
31의 약수는 1, 31뿐이므로 소수이다.
43의 약수는 1, 43뿐이므로 소수이다.
81의 약수는 1, 3, 9, 27, 81이므로 합성수이다.

4 2의 약수는 1, 2뿐이므로 소수이다.
13의 약수는 1, 13뿐이므로 소수이다.
15의 약수는 1, 3, 5, 15이므로 합성수이다.
33의 약수는 1, 3, 11, 33이므로 합성수이다.
57의 약수는 1, 3, 19, 57이므로 합성수이다.
101의 약수는 1, 101뿐이므로 소수이다.
123의 약수는 1, 3, 41, 123이므로 합성수이다.

5 (1) 가장 작은 합성수는 4이다.
(3) 소수가 아닌 자연수는 1 또는 합성수이다.
(5) 3의 배수인 3, 6, 9, 12, … 중 3은 합성수가 아닌 소수이다.

유형 2 P. 7

1 (1) 5, 2 (2) 10, 2 (3) $\frac{1}{2}$, 4 (4) $\frac{3}{5}$, 10

2 (1) 3^4 (2) 10^5 (3) $\left(\frac{1}{11}\right)^3$ (4) $\frac{1}{5^4}$

3 (1) $2^2\times3^4$ (2) $3^2\times5\times7^2$ (3) $\left(\frac{1}{5}\right)^2\times\left(\frac{1}{7}\right)^3$ (4) $\frac{1}{2\times3^2\times5^3}$

4 (1) 2^4 (2) 3^3 (3) 5^3 (4) 10^4 (5) $\left(\frac{1}{2}\right)^5$ (6) $\left(\frac{1}{10}\right)^3$

5 (1) 2^2 (2) 5^3

2 (1) $\underbrace{3\times3\times3\times3}_{4번\ 곱}=3^4$

(2) $\underbrace{10\times10\times10\times10\times10}_{5번\ 곱}=10^5$

(3) $\underbrace{\frac{1}{11}\times\frac{1}{11}\times\frac{1}{11}}_{3번\ 곱}=\left(\frac{1}{11}\right)^3$

(4) $\frac{1}{\underbrace{5\times5\times5\times5}_{4번\ 곱}}=\frac{1}{5^4}$

3 (1) $2\times3\times3\times2\times3\times3=\underline{2\times2}\times\underline{3\times3\times3\times3}$
$=2^2\times3^4$

(2) $3\times5\times3\times7\times7=\underline{3\times3}\times5\times\underline{7\times7}$
$=3^2\times5\times7^2$

(3) $\underline{\frac{1}{5}\times\frac{1}{5}}\times\underline{\frac{1}{7}\times\frac{1}{7}\times\frac{1}{7}}=\left(\frac{1}{5}\right)^2\times\left(\frac{1}{7}\right)^3$

(4) $\frac{1}{2\times\underline{3\times3}\times\underline{5\times5\times5}}=\frac{1}{2\times3^2\times5^3}$

4 (1) $16=2\times8=2\times2\times4=2\times2\times2\times2=2^4$

(2) $27=3\times9=3\times3\times3=3^3$

(3) $125=5\times25=5\times5\times5=5^3$

(4) $10000=10\times1000$
$=10\times10\times100$
$=10\times10\times10\times10=10^4$

(5) $\frac{1}{32}=\frac{1}{2}\times\frac{1}{16}$
$=\frac{1}{2}\times\frac{1}{2}\times\frac{1}{8}$
$=\frac{1}{2}\times\frac{1}{2}\times\frac{1}{2}\times\frac{1}{4}$
$=\frac{1}{2}\times\frac{1}{2}\times\frac{1}{2}\times\frac{1}{2}\times\frac{1}{2}$
$=\left(\frac{1}{2}\right)^5$

(6) $\frac{1}{1000}=\frac{1}{10}\times\frac{1}{100}$
$=\frac{1}{10}\times\frac{1}{10}\times\frac{1}{10}$
$=\left(\frac{1}{10}\right)^3$

5 (1) (정사각형의 넓이)

$=$(한 변의 길이)$\times$(한 변의 길이)

$=2\times2=2^2$

(2) (정육면체의 부피)

$=$(가로의 길이)$\times$(세로의 길이)$\times$(높이)

$=5\times5\times5=5^3$

유형 3 P. 8

1 (1) 방법① 방법②

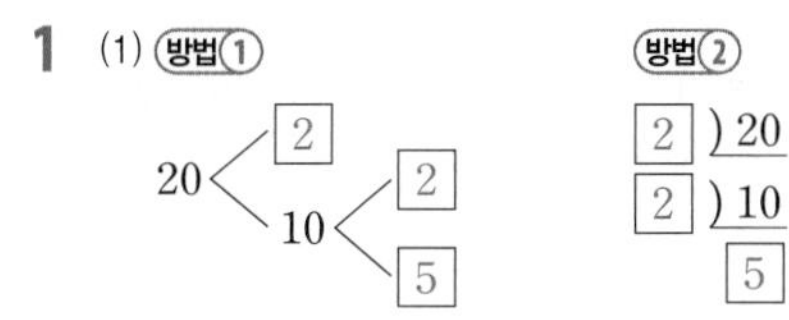

소인수분해 결과 $20=2^{\boxed{2}}\times\boxed{5}$

(2) 방법① 방법②

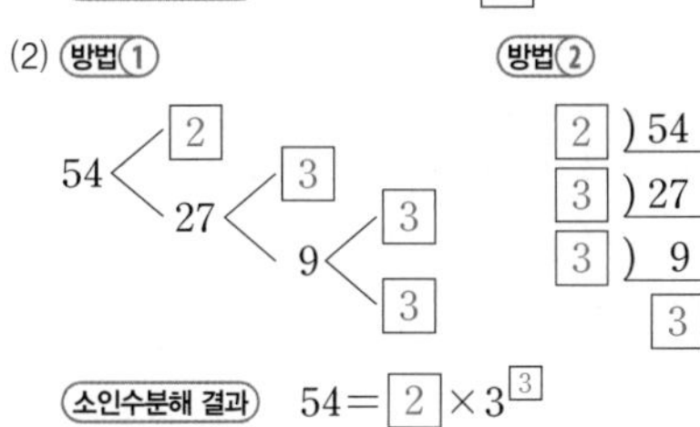

소인수분해 결과 $54=\boxed{2}\times3^{\boxed{3}}$

2 (1) 2) 28, 2) 14, 7 — $28=2^2\times7$ 소인수: 2, 7

(2) 2) 40, 2) 20, 2) 10, 5 — $40=2^3\times5$ 소인수: 2, 5

(3) 2) 140, 2) 70, 5) 35, 7 — $140=2^2\times5\times7$ 소인수: 2, 5, 7

(4) 2) 540, 2) 270, 3) 135, 3) 45, 3) 15, 5 — $540=2^2\times3^3\times5$ 소인수: 2, 3, 5

3 (1) 4×6 ⇨ $2^3\times3$ (2) 9^2 ⇨ 3^4 (3) 2^4, 3 ⇨ 2, 3

4 (1) 2, 3, 5

(2) 2의 지수: 3, 3의 지수: 2, 5의 지수: 1

3 (1) 2) 24, 2) 12, 2) 6, 3

$\therefore 24=2^3\times3$

(2) 3) 81, 3) 27, 3) 9, 3

$\therefore 81=3^4$

(3) 2) 48, 2) 24, 2) 12, 2) 6, 3

$\therefore 48=2^4\times3$ (2, 3: 소인수)

4 2) 360, 2) 180, 2) 90, 3) 45, 3) 15, 5

$\therefore 360=2^3\times3^2\times5$

(1) 소인수를 모두 구하면 2, 3, 5

(2) $360=2^3\times3^2\times5=2^3\times3^2\times5^1$에서

소인수 2의 지수는 3,

소인수 3의 지수는 2,

소인수 5의 지수는 1이다.

유형 4 P. 9

1 (1) 5 (2) 7 (3) 10 **2** (1) 3 (2) 2 (3) 21

3 (1) $2^2\times3\times13$ (2) 39 **4** (1) $2^2\times3^2\times5$ (2) 5

5 (1) 3 (2) 15 (3) 11 (4) 21

1 (1) 5^3 ← 5의 지수가 짝수가 되어야 한다.

⇨ $5^3\times5=5\times5\times5\times5$

$=(5\times5)\times(5\times5)$

$=(5\times5)^2$

$=25^2$

따라서 곱해야 하는 가장 작은 자연수는 5이다.

(2) $2^4\times7$ ← 7의 지수가 짝수가 되어야 한다.

⇨ $2^4\times7\times7=2\times2\times2\times2\times7\times7$

$=(2\times2\times7)\times(2\times2\times7)$

$=(2\times2\times7)^2$

$=28^2$

따라서 곱해야 하는 가장 작은 자연수는 7이다.

(3) $2\times3^2\times5$ ← 2, 5의 지수가 모두 짝수가 되어야 한다.

⇨ $2\times3^2\times5\times2\times5=2\times2\times3\times3\times5\times5$

$=(2\times3\times5)\times(2\times3\times5)$

$=(2\times3\times5)^2$

$=30^2$

따라서 곱해야 하는 가장 작은 자연수는 $2\times5=10$이다.

2 (1) 3^5 ← 3의 지수가 짝수가 되어야 한다.

⇨ $\dfrac{3^5}{3}=\dfrac{3\times3\times3\times3\times3}{3}$

$=3\times3\times3\times3$

$=(3\times3)\times(3\times3)$

$=(3\times3)^2$

$=9^2$

따라서 나눠야 하는 가장 작은 자연수는 3이다.

(2) $2^3\times11^2$ ← 2의 지수가 짝수가 되어야 한다.

⇨ $\frac{2^3\times11^2}{2}=\frac{2\times2\times2\times11\times11}{2}$
$=2\times2\times11\times11$
$=(2\times11)\times(2\times11)$
$=(2\times11)^2$
$=22^2$

따라서 나눠야 하는 가장 작은 자연수는 2이다.

(3) $2^4\times3\times7$ ← 지수가 홀수인 소인수 3, 7로 나눠야 한다.

⇨ $\frac{2^4\times3\times7}{3\times7}=\frac{2\times2\times2\times2\times3\times7}{3\times7}$
$=2\times2\times2\times2$
$=(2\times2)\times(2\times2)$
$=(2\times2)^2$
$=4^2$

따라서 나눠야 하는 가장 작은 자연수는 $3\times7=21$이다.

3 (1), (2) $156=2^2\times3\times13$ ← 3, 13의 지수가 모두 짝수가 되어야 한다.

⇨ $2^2\times3\times13\times3\times13=2\times2\times3\times3\times13\times13$
$=(2\times3\times13)\times(2\times3\times13)$
$=(2\times3\times13)^2$
$=78^2$

따라서 곱해야 하는 가장 작은 자연수는 $3\times13=39$이다.

4 (1), (2) $180=2^2\times3^2\times5$ ← 지수가 홀수인 소인수 5로 나눠야 한다.

⇨ $\frac{2^2\times3^2\times5}{5}=\frac{2\times2\times3\times3\times5}{5}$
$=2\times2\times3\times3$
$=(2\times3)\times(2\times3)$
$=(2\times3)^2$
$=6^2$

따라서 나눠야 하는 가장 작은 자연수는 5이다.

5 (1) $48\times\square=2^4\times3\times\square$에서 (소인수분해)
3의 지수가 짝수가 되어야 하므로
$\square=3$

(2) $60\times\square=2^2\times3\times5\times\square$에서
3, 5의 지수가 모두 짝수가 되어야 하므로
$\square=3\times5=15$

(3) $\frac{99}{\square}=\frac{3^2\times11}{\square}$에서 (소인수분해)
지수가 홀수인 소인수 11로 나눠야 하므로
$\square=11$

(4) $\frac{189}{\square}=\frac{3^3\times7}{\square}$에서
지수가 홀수인 소인수 3, 7로 나눠야 하므로
$\square=3\times7=21$

유형 5 P. 10

1 (1)

×	1	5
1	1	5
2	2	10
2^2	4	20

⇨ 약수: 1, 2, 4, 5, 10, 20

(2) $72=2^3\times3^2$

×	1	3	3^2
1	1	3	9
2	2	6	18
2^2	4	12	36
2^3	8	24	72

⇨ 약수: 1, 2, 3, 4, 6, 8, 9, 12, 18, 24, 36, 72

(3) $108=2^2\times3^3$

×	1	3	3^2	3^3
1	1	3	9	27
2	2	6	18	54
2^2	4	12	36	108

⇨ 약수: 1, 2, 3, 4, 6, 9, 12, 18, 27, 36, 54, 108

2 (1) ㄱ, ㄴ, ㅁ (2) ㄱ, ㄷ, ㅁ, ㅂ

3 (1) 2, 1, 6 (2) 15 (3) 24 (4) 36
(5) $2^3\times5^2$, 12 (6) 8

[2] 소인수분해를 이용하여 약수 구하기
a, b는 서로 다른 소수이고 l, m은 자연수일 때
$a^l\times b^m$의 약수: (a^l의 약수)×(b^m의 약수) 꼴

2 (1) $3^2\times5^3$의 약수는 (3^2의 약수)×(5^3의 약수) 꼴이다.
ㄷ. $2^2\times5$에서 2^2은 3^2의 약수 또는 5^3의 약수가 아니므로 $3^2\times5^3$의 약수가 아니다.
ㄹ. 3^3은 3^2의 약수가 아니므로 $3^2\times5^3$의 약수가 아니다.
ㅂ. 3×5^4에서 5^4은 5^3의 약수가 아니므로 $3^2\times5^3$의 약수가 아니다.
따라서 $3^2\times5^3$의 약수는 ㄱ, ㄴ, ㅁ이다.

(2) $112=2^4\times7$이므로 112의 약수는
(2^4의 약수)×(7의 약수) 꼴이다.
ㄱ. $8=2^3$이므로 112의 약수이다.
ㄴ. 2×5에서 5는 2^4의 약수 또는 7의 약수가 아니므로 112의 약수가 아니다.
ㄷ. $14=2\times7$이므로 112의 약수이다.
ㄹ. 7^2은 7의 약수가 아니므로 112의 약수가 아니다.
따라서 112의 약수는 ㄱ, ㄷ, ㅁ, ㅂ이다.

[3] 소인수분해를 이용하여 약수의 개수 구하기
a, b, c는 서로 다른 소수이고 l, m, n은 자연수일 때
(1) $a^l\times b^m$의 약수의 개수: $(l+1)\times(m+1)$
(2) $a^l\times b^m\times c^n$의 약수의 개수: $(l+1)\times(m+1)\times(n+1)$

3 (1) $2^2\times7=2^2\times7^1$이므로 약수의 개수는
$(2+1)\times(1+1)=3\times2=6$
(2) $2^4\times5^2$의 약수의 개수는
$(4+1)\times(2+1)=5\times3=15$
(3) $2^2\times5\times7^3=2^2\times5^1\times7^3$이므로 약수의 개수는
$(2+1)\times(1+1)\times(3+1)=3\times2\times4=24$
(4) $3^2\times5^3\times7^2$의 약수의 개수는
$(2+1)\times(3+1)\times(2+1)=3\times4\times3=36$
(5) $200=2^3\times5^2$이므로 약수의 개수는
$(3+1)\times(2+1)=4\times3=12$
(6) $135=3^3\times5=3^3\times5^1$이므로 약수의 개수는
$(3+1)\times(1+1)=4\times2=8$

쌍둥이 기출문제 P. 11~13

1 2개	**2** 1	**3** ⑤	**4** ㄷ, ㅁ	**5** ①
6 ④	**7** ②	**8** ②, ④	**9** ⑤	**10** ③, ⑤
11 2, 3, 7		**12** ①, ③	**13** (1) $2^2\times3\times11$ (2) 4	
14 4	**15** 21	**16** (1) 7 (2) 21		**17** ⑤
18 ④	**19** ④	**20** ③	**21** ③	**22** ⑤

[1~4] 1보다 큰 자연수 중에서
(1) 소수: 약수가 1과 자기 자신뿐인 수 ← 약수가 2개
(2) 합성수: 소수가 아닌 수 ← 약수가 3개 이상
참고 1은 소수도 아니고 합성수도 아니다.

1 1은 소수도 아니고 합성수도 아니다.
5의 약수는 1, 5뿐이므로 소수이다.
27의 약수는 1, 3, 9, 27이므로 합성수이다.
32의 약수는 1, 2, 4, 8, 16, 32이므로 합성수이다.
47의 약수는 1, 47뿐이므로 소수이다.
51의 약수는 1, 3, 17, 51이므로 합성수이다.
63의 약수는 1, 3, 7, 9, 21, 63이므로 합성수이다.
따라서 소수는 5, 47의 2개이다.

2 자연수 11, 12, 13, 14, 15, 16, 17, 18, 19 중
소수는 11, 13, 17, 19의 4개이므로 $a=4$
합성수는 12, 14, 15, 16, 18의 5개이므로 $b=5$
$\therefore b-a=5-4=1$

3 ① 1은 소수가 아니다.
② 한 자리의 자연수 중 소수는 2, 3, 5, 7의 4개이다.
③ 가장 작은 소수는 2이다.
④ 1은 약수가 1개이다.
따라서 옳은 것은 ⑤이다.

4 ㄱ. 2는 짝수이지만 소수이다.
ㄴ. 9의 약수는 1, 3, 9이다.
ㄹ. 두 소수 2와 3의 합은 5로 소수이다.
따라서 옳은 것은 ㄷ, ㅁ이다.

[5~8] 거듭제곱: 같은 수나 문자를 여러 번 곱한 것을 간단히 나타낸 것
• $\underbrace{a\times a\times\cdots\times a}_{a를\ n번\ 곱}=a^n$ ← 지수, 밑
• $\underbrace{a\times a\times\cdots\times a}_{a를\ m번\ 곱}\times\underbrace{b\times b\times\cdots\times b}_{b를\ n번\ 곱}=a^m\times b^n$

5 $5\times5\times5\times5=5^4$에서 밑은 5, 지수는 4이므로
$a=5,\ b=4$
$\therefore a+b=5+4=9$

6 밑이 7이고 지수가 3인 수는 7^3이다.
④ $7^3=7\times7\times7=343$

7 ① $2+2+2=2\times3$
③ $10^4=10\times10\times10\times10=10000$
④ $\frac{1}{5}\times\frac{1}{5}\times\frac{1}{5}=\left(\frac{1}{5}\right)^3$
⑤ $3\times3\times5\times3\times5=3\times3\times3\times5\times5=3^3\times5^2$
따라서 옳은 것은 ②이다.

8 ② $5^3=5\times5\times5=125$
④ $\frac{2}{3}\times\frac{2}{3}\times\frac{2}{3}=\left(\frac{2}{3}\right)^3$

[9~14] 소인수분해: 1보다 큰 자연수를 소인수만의 곱으로 나타내는 것
(소인수 → 인수(약수) 중에서 소수인 것)

9
2) 270
3) 135
3) 45
3) 15
5
$\therefore 270=2\times3^3\times5$

10
① 2) 56, 2) 28, 2) 14, 7
$\therefore 56=2^3\times7$
② 2) 72, 2) 36, 2) 18, 3) 9, 3
$\therefore 72=2^3\times3^2$
④ 2) 150, 3) 75, 5) 25, 5
$\therefore 150=2\times3\times5^2$
따라서 소인수분해를 바르게 한 것은 ③, ⑤이다.

11 $126=2\times3^2\times7$이므로 126의 소인수는 2, 3, 7이다.

12 $196=2^2\times7^2$이므로 196의 소인수는 2, 7이다.

13 (1) 1단계 132를 소인수분해 하면

$132=2^2\times3\times11$

(2) 2단계 $132=2^2\times3\times11=2^2\times3^1\times11^1$이므로

$a=2,\ b=1,\ c=1$

3단계 $\therefore\ a+b+c=2+1+1=4$

채점 기준		
1단계	132를 소인수분해 하기	… 50 %
2단계	$a,\ b,\ c$의 값 구하기	… 30 %
3단계	$a+b+c$의 값 구하기	… 20 %

14 60을 소인수분해 하면

$60=2^2\times3\times5=2^2\times3^1\times5^1$

즉, 소인수 2, 3, 5의 지수는 각각 2, 1, 1이므로

모든 소인수의 지수의 합은 $2+1+1=4$

[15~16] 소인수분해를 이용하여 제곱인 수 만들기
❶ 주어진 수를 소인수분해 한다.
❷ 모든 소인수의 지수가 짝수가 되도록 적당한 수를 곱하거나 적당한 수로 나눈다.

15 84를 소인수분해 하면

$84=2^2\times3\times7$

$84=2^2\times3\times7$에서 3, 7의 지수가 모두 짝수가 되어야 하므로

곱해야 하는 가장 작은 자연수는 $3\times7=21$이다.

16 (1) 1단계 63을 소인수분해 하면

$63=3^2\times7$

2단계 $63\times a=3^2\times7\times a$에서 7의 지수가 짝수가 되어야 하므로 자연수 a의 값 중 가장 작은 수는 7이다.

$\therefore\ a=7$

(2) 3단계 $63\times a=63\times7=3^2\times7\times7=3\times3\times7\times7$

$=(3\times7)\times(3\times7)$

$=(3\times7)^2=21^2$

이므로 문제에서 구하는 어떤 자연수는 21이다.

채점 기준		
1단계	63을 소인수분해 하기	… 40 %
2단계	a의 값 구하기	… 30 %
3단계	$63\times a$가 어떤 자연수의 제곱이 되는지 구하기	… 30 %

[17~22] 소인수분해를 이용하여 약수와 약수의 개수 구하기
자연수 A가

$A=a^m\times b^n$ ($a,\ b$는 서로 다른 소수, $m,\ n$은 자연수)

으로 소인수분해 될 때

(1) A의 약수 ⇨ (a^m의 약수)×(b^n의 약수) 꼴

(2) A의 약수의 개수 ⇨ $(m+1)\times(n+1)$

17 $2^3\times7$의 약수는 (2^3의 약수)×(7의 약수) 꼴이다.

⑤ $2^2\times7^2$에서 7^2은 7의 약수가 아니므로

$2^3\times7$의 약수가 아니다.

18 $72=2^3\times3^2$이므로

72의 약수는 (2^3의 약수)×(3^2의 약수) 꼴이다.

④ 3^3은 3^2의 약수가 아니므로 72의 약수가 아니다.

19 $(2+1)\times(2+1)=3\times3=9$

20 $120=2^3\times3\times5$이므로 120의 약수의 개수는

$(3+1)\times(1+1)\times(1+1)=4\times2\times2=16$

21 $2^a\times3^2$의 약수의 개수가 12이므로

$(a+1)\times(2+1)=12$에서 $(a+1)\times3=12$

$a+1=4\qquad\therefore\ a=3$

22 ① □=2일 때, $5^2\times2$의 약수의 개수는

$(2+1)\times(1+1)=3\times2=6$

② □=3일 때, $5^2\times3$의 약수의 개수는

$(2+1)\times(1+1)=3\times2=6$

③ □=5일 때, $5^2\times5=5^3$의 약수의 개수는

$3+1=4$

④ □=7일 때, $5^2\times7$의 약수의 개수는

$(2+1)\times(1+1)=3\times2=6$

⑤ □=9일 때, $5^2\times9=5^2\times3^2$의 약수의 개수는

$(2+1)\times(2+1)=3\times3=9$

따라서 □ 안에 알맞은 수는 ⑤이다.

02 최대공약수와 최소공배수

유형 6 P. 14

1 (1) 1, 3, 5, 15 (2) 1, 2, 4, 8, 16
(3) 1, 5, 7, 35 (4) 1, 2, 3, 6, 9, 18, 27, 54

2 (1) 2×3 (2) $2^2\times3$ (3) $3^2\times5$ (4) 2×3^2
(5) 3×7 (6) $3^2\times5$

3 (1) 3 (2) 2^3(또는 8) (3) $2^3\times3$(또는 24)
(4) 2×7(또는 14) (5) 2 (6) $2^2\times3$(또는 12)
(7) 2×11(또는 22) (8) $2^2\times3^2$(또는 36)

4 (1) ○ (2) ○ (3) × (4) × (5) ○ (6) ×

2 (1)

$2^2\times3$

2×3^3

(최대공약수)$=2\times3$

(2)
$2^2\times3\times5^2$
$2^2\times3\qquad\times7$
$(\text{최대공약수})=2^2\times3$

(3)
$3^2\times5$
$3^4\times5^3$
$(\text{최대공약수})=3^2\times5$

(4)
$2\times3^2\qquad\times7$
$2^2\times3^2\times5$
$(\text{최대공약수})=2\times3^2$

(5)
$3\times5^2\times7$
$3^2\times5\times7$
$3^3\qquad\times7^2$
$(\text{최대공약수})=3\qquad\times7$

(6)
$2\times3^2\times5$
$2^2\times3^3\times5$
$3^2\times5^2\times7$
$(\text{최대공약수})=3^2\times5$

3 (1)
$9=3^2$
$12=2^2\times3$
$(\text{최대공약수})=3$

(2)
$24=2^3\times3$
$32=2^5$
$(\text{최대공약수})=2^3=8$

(3)
$48=2^4\times3$
$72=2^3\times3^2$
$(\text{최대공약수})=2^3\times3=24$

(4)
$70=2\times5\times7$
$98=2\qquad\times7^2$
$(\text{최대공약수})=2\qquad\times7=14$

(5)
$8=2^3$
$10=2\qquad\times5$
$30=2\times3\times5$
$(\text{최대공약수})=2$

(6)
$60=2^2\times3\times5$
$84=2^2\times3\times7$
$108=2^2\times3^3$
$(\text{최대공약수})=2^2\times3=12$

(7)
$66=2\times3\qquad\times11$
$110=2\qquad\times5\times11$
$2^2\times3\qquad\times11$
$(\text{최대공약수})=2\qquad\times11=22$

(8)
$180=2^2\times3^2\times5$
$216=2^3\times3^3$
$2^4\times3^3$
$(\text{최대공약수})=2^2\times3^2=36$

참고 나눗셈을 이용하여 최대공약수 구하기

(1)
```
3 ) 9  12
    3   4     ∴ 3
```

(2)
```
2 ) 24  32
2 ) 12  16
2 )  6   8
     3   4     ∴ 2×2×2=8
```

(3)
```
2 ) 48  72
2 ) 24  36
2 ) 12  18
3 )  6   9
     2   3     ∴ 2×2×2×3=24
```

(4)
```
2 ) 70  98
7 ) 35  49
     5   7     ∴ 2×7=14
```

(5)
```
2 ) 8  10  30
    4   5  15     ∴ 2
```

(6)
```
2 ) 60  84  108
2 ) 30  42   54
3 ) 15  21   27
     5   7    9     ∴ 2×2×3=12
```

4 (3) 12와 51의 최대공약수는 3이므로
서로소가 아니다.
(4) 15와 18의 최대공약수는 3이므로
서로소가 아니다.
(6) 20과 34의 최대공약수는 2이므로
서로소가 아니다.

유형 7 P. 15

1 (1) 7, 14, 21 (2) 16, 32, 48 (3) 20, 40, 60
(4) 35, 70, 105
2 (1) 6개 (2) 4개
3 (1) $2^2\times3\times5$ (2) $2\times3^2\times5^2\times7$ (3) $2^4\times3^2$
(4) $3^2\times5\times7$ (5) $2^2\times3^2\times5^2$ (6) $2^3\times3^3\times7$
4 (1) $2^5\times5$(또는 160)
(2) 3×5^2(또는 75)
(3) $2\times3\times7\times13$(또는 546)
(4) $2^3\times3^2\times5$(또는 360)
(5) $2\times3^2\times5$(또는 90)
(6) $2^2\times3^2\times5\times7$(또는 1260)
(7) $2^2\times3\times5\times7$(또는 420)
(8) $2^2\times3^2\times5\times11$(또는 1980)

1 (1) 두 자연수의 공배수는 두 수의 최소공배수인 7의 배수이므로 7, 14, 21, …이다.
(2) 두 자연수의 공배수는 두 수의 최소공배수인 16의 배수이므로 16, 32, 48, …이다.

(3) 두 자연수의 공배수는 두 수의 최소공배수인 20의 배수이므로 20, 40, 60, ...이다.
(4) 두 자연수의 공배수는 두 수의 최소공배수인 35의 배수이므로 35, 70, 105, …이다.

2 (1) 두 자연수의 공배수는 두 수의 최소공배수인 15의 배수이고 이 중에서 100 이하인 수는 15, 30, 45, 60, 75, 90의 6개이다.
(2) 두 자연수의 공배수는 두 수의 최소공배수인 25의 배수이고 이 중에서 100 이하인 수는 25, 50, 75, 100의 4개이다.

3 (1)
$$2\times3$$
$$2^2\times3\times5$$
(최소공배수)$=2^2\times3\times5$

(2)
$$2\times3^2\times5$$
$$2\times3\times7$$
$$3\times5^2\times7$$
(최소공배수)$=2\times3^2\times5^2\times7$

(3)
$$2\times3^2$$
$$2^4\times3$$
(최소공배수)$=2^4\times3^2$

(4)
$$3^2\times5$$
$$3\times7$$
(최소공배수)$=3^2\times5\times7$

(5)
$$2\times3^2$$
$$3\times5$$
$$2^2\times3\times5^2$$
(최소공배수)$=2^2\times3^2\times5^2$

(6)
$$2\times3^3\times7$$
$$2^2\times7$$
$$2^3\times7$$
(최소공배수)$=2^3\times3^3\times7$

4 (1)
$$10=2\times5$$
$$32=2^5$$
(최소공배수)$=2^5\times5=160$

(2)
$$15=3\times5$$
$$75=3\times5^2$$
(최소공배수)$=3\times5^2=75$

(3)
$$42=2\times3\times7$$
$$78=2\times3\times13$$
(최소공배수)$=2\times3\times7\times13=546$

(4)
$$60=2^2\times3\times5$$
$$72=2^3\times3^2$$
(최소공배수)$=2^3\times3^2\times5=360$

(5)
$$18=2\times3^2$$
$$30=2\times3\times5$$
$$45=3^2\times5$$
(최소공배수)$=2\times3^2\times5=90$

(6)
$$20=2^2\times5$$
$$36=2^2\times3^2$$
$$42=2\times3\times7$$
(최소공배수)$=2^2\times3^2\times5\times7=1260$

(7)
$$5\times7$$
$$70=2\times5\times7$$
$$84=2^2\times3\times7$$
(최소공배수)$=2^2\times3\times5\times7=420$

(8)
$$66=2\times3\times11$$
$$99=3^2\times11$$
$$2^2\times3\times5$$
(최소공배수)$=2^2\times3^2\times5\times11=1980$

참고 나눗셈을 이용하여 최소공배수 구하기

(1)
```
2) 10  32
    5  16
```
$\therefore 2\times5\times16=160$

(2)
```
3) 15  75
5)  5  25
    1   5
```
$\therefore 3\times5\times1\times5=75$

(3)
```
2) 42  78
3) 21  39
    7  13
```
$\therefore 2\times3\times7\times13=546$

(4)
```
2) 60  72
2) 30  36
3) 15  18
    5   6
```
$\therefore 2\times2\times3\times5\times6=360$

(5)
```
3) 18  30  45
2)  6  10  15
3)  3   5  15
5)  1   5   5
    1   1   1
```
$\therefore 3\times2\times3\times5\times1\times1\times1=90$

(6)
```
2) 20  36  42
2) 10  18  21
3)  5   9  21
    5   3   7
```
$\therefore 2\times2\times3\times5\times3\times7=1260$

한 번 더 연습 P. 16

1 (1) 최대공약수: 3, 공약수: 1, 3
(2) 최대공약수: 10, 공약수: 1, 2, 5, 10
(3) 최대공약수: 6, 공약수: 1, 2, 3, 6
(4) 최대공약수: 12, 공약수: 1, 2, 3, 4, 6, 12

2 (1) 최소공배수: 30, 공배수: 30, 60, 90
(2) 최소공배수: 180, 공배수: 180, 360, 540
(3) 최소공배수: 84, 공배수: 84, 168, 252
(4) 최소공배수: 360, 공배수: 360, 720, 1080

3 (1) $a=2$, $b=3$ (2) $a=1$, $b=2$ (3) $a=1$, $b=3$

4 (1) $a=4$, $b=2$, $c=1$ (2) $a=3$, $b=4$, $c=2$
(3) $a=5$, $b=3$, $c=1$

쌍둥이 기출문제 P. 17~18

1 ④ **2** 1, 5, 25 **3** 2×3^2
4 2^2(또는 4) **5** ⑤ **6** ①, ⑤ **7** ②
8 ④ **9** ④ **10** 210 **11** ②
12 $2^2\times3\times5\times7$ **13** ④ **14** ④, ⑤ **15** ①
16 11

[1~2] 최대공약수의 성질
공약수는 최대공약수의 약수이다.

1 두 자연수 A, B의 공약수는 두 수의 최대공약수인 10의 약수이므로 1, 2, 5, 10이다.
따라서 공약수가 아닌 것은 ④이다.

2 두 자연수의 공약수는 두 수의 최대공약수인 25의 약수이므로 1, 5, 25이다.

[3~4] 최대공약수 구하기
공통인 소인수 중 지수가 작거나 같은 것을 택하여 곱한다.

3

$$\begin{array}{r} 2^3\times3^3 \\ 2\times3^2\times7^2 \\ \hline (\text{최대공약수})=2\times3^2 \end{array}$$

4

$$\begin{array}{r} 12=2^2\times3 \\ 40=2^3\quad\times5 \\ 60=2^2\times3\times5 \\ \hline (\text{최대공약수})=2^2\qquad=4 \end{array}$$

5

$$\begin{array}{r} 2\times3^2\times5 \\ 2^2\times3^3\quad\times7 \\ \hline (\text{최대공약수})=2\times3^2\qquad=18 \end{array}$$

즉, 두 수의 공약수는 최대공약수 18의 약수와 같으므로 1, 2, 3, 6, 9, 18이다.
따라서 공약수가 아닌 것은 ⑤이다.

6

$$\begin{array}{r} 45=3^2\times5 \\ 3\times5^2 \\ 2\times3^2\times5 \\ \hline (\text{최대공약수})=3\times5=15 \end{array}$$

즉, 세 수의 공약수는 최대공약수인 15의 약수와 같으므로 1, 3, 5, 15이다.
따라서 공약수인 것은 ①, ⑤이다.

[7~8] 서로소
두 자연수가 서로소 ⇨ 두 자연수의 최대공약수가 1이다.

7 두 자연수의 최대공약수를 각각 구하면 다음과 같다.
① 3 ② 1 ③ 3 ④ 3 ⑤ 7
따라서 서로소인 두 자연수로 짝 지어진 것은 ②이다.

8 두 자연수의 최대공약수를 각각 구하면 다음과 같다.
①, ②, ③, ⑤ 1 ④ 13
따라서 서로소인 두 자연수로 짝 지어진 것이 아닌 것은 ④이다.

[9~10] 최소공배수의 성질
공배수는 최소공배수의 배수이다.

9 두 자연수의 공배수는 두 수의 최소공배수인 24의 배수이므로 공배수가 아닌 것은 ④이다.

10 두 자연수의 공배수는 두 수의 최소공배수인 30의 배수이므로 30, 60, 90, 120, 150, 180, 210, ...이다.
따라서 두 수의 공배수 중 200에 가장 가까운 수는 210이다.

[11~12] 최소공배수 구하기
공통인 소인수와 공통이 아닌 소인수를 모두 곱한다. 이때 공통인 소인수에서는 지수가 크거나 같은 것을 택한다.

11

$$\begin{array}{r} 2\times3^2 \\ 2^2\times3^2\times5 \\ 2\times3\times5^2 \\ \hline (\text{최소공배수})=2^2\times3^2\times5^2 \end{array}$$

12

$$\begin{array}{r} 2^2\times3\times5 \\ 140=2^2\quad\times5\times7 \\ \hline (\text{최소공배수})=2^2\times3\times5\times7 \end{array}$$

13

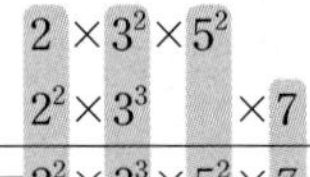

$2\times3^2\times5^2$
$2^2\times3^3\quad\times7$
(최소공배수)$=2^2\times3^3\times5^2\times7$

두 수의 공배수는 최소공배수인 $2^2\times3^3\times5^2\times7$의 배수와 같다.

④ $2^2\times3^4\times5\times7^2$은 $2^2\times3^3\times5^2\times7$의 배수가 아니므로 공배수가 아니다.

14

$2^2\times3^3\times7$
$2\times3^2\times7^2$
$63=\quad3^2\times7$
(최소공배수)$=2^2\times3^3\times7^2$

세 수의 공배수는 최소공배수인 $2^2\times3^3\times7^2$의 배수와 같다.

④ $2^2\times3^4\times7^2=2^2\times3^3\times7^2\times\underline{3}$

⑤ $2^4\times3^5\times7^3=2^2\times3^3\times7^2\times\underline{2\times2\times3\times3\times7}$

따라서 세 수의 공배수는 ④, ⑤이다.

[15~16] 최대공약수와 최소공배수가 주어질 때, 밑과 지수 구하기

주어진 수와 최대공약수 또는 최소공배수를 각 소인수의 지수끼리 비교한다.

⇨ 최대공약수: 공통인 소인수 중 지수가 작거나 같은 것을 택한다.
최소공배수: 모든 소인수를 곱하고 지수는 크거나 같은 것을 택한다.

15

$2^2\times3^a\times5$
$2^4\times3^5\times5^b$
(최대공약수)$=2^2\times3^3\times5$
(최소공배수)$=2^4\times3^5\times5^2$

따라서 $a=3$, $b=2$이므로

$a+b=3+2=5$

16

$2^a\times3\times b\times11$
$2^4\times3^2\times5^2$
$2^4\times3^3\times5^2$
(최대공약수)$=2^3\times3\times5$
(최소공배수)$=2^4\times3^c\times5^2\times11$

따라서 $a=3$, $b=5$, $c=3$이므로

$a+b+c=3+5+3=11$

단원 마무리 P. 19~21

1 8개 **2** ③, ⑤ **3** ②, ⑤ **4** ④ **5** 90
6 ㄴ, ㅁ **7** ⑤ **8** ③
9 (1) 20(또는 $2^2\times5$) (2) 1, 2, 4, 5, 10, 20 **10** ②
11 ④ **12** ① **13** ③

1 자연수 중 약수가 2개인 것은 소수이므로 20 이하의 자연수 중 소수는 2, 3, 5, 7, 11, 13, 17, 19의 8개이다.

2 ① $2^3=8$
② $3\times3\times3\times3=3^4$
④ $100000=10^5$
따라서 옳은 것은 ③, ⑤이다.

3 ① $24=2^3\times3$
③ $100=2^2\times5^2$
④ $180=2^2\times3^2\times5$
따라서 옳은 것은 ②, ⑤이다.

4 $234=2\times3^2\times13$이므로 234의 소인수는 2, 3, 13이다.
따라서 모든 소인수의 합은 $2+3+13=18$

5 $120=2^3\times3\times5$이므로
$120\times x=2^3\times3\times5$가 어떤 자연수 y의 제곱이 되려면 모든 소인수의 지수가 짝수가 되어야 하므로
가장 작은 자연수 x의 값은 $x=2\times3\times5=30$
이때 $120\times30=(2\times2\times2\times3\times5)\times(2\times3\times5)$
$=(2\times2\times2\times2)\times(3\times3)\times(5\times5)$
$=(2\times2\times3\times5)\times(2\times2\times3\times5)$
$=(2\times2\times3\times5)^2$
$=60^2$
이므로 $y=60$
$\therefore x+y=30+60=90$

6 $150=2\times3\times5^2$이므로 150의 약수는
(2의 약수)×(3의 약수)×(5^2의 약수) 꼴이다.
ㄴ. 3^2은 3의 약수가 아니므로 150의 약수가 아니다.
ㅁ. $2^2\times3\times5^2$에서 2^2은 2의 약수가 아니므로 150의 약수가 아니다.

7 주어진 수의 약수의 개수를 각각 구하면 다음과 같다.
① $(3+1)\times(2+1)=12$
② $(1+1)\times(2+1)\times(1+1)=12$
③ $(2+1)\times(3+1)=12$
④ $84=2^2\times3\times7$이므로 약수의 개수는
$(2+1)\times(1+1)\times(1+1)=12$
⑤ $112=2^4\times7$이므로 약수의 개수는
$(4+1)\times(1+1)=10$
따라서 약수의 개수가 다른 하나는 ⑤이다.

8

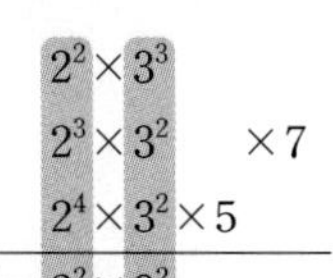

$2^2\times3^3$
$2^3\times3^2\quad\times7$
$2^4\times3^2\times5$
(최대공약수)$=2^2\times3^2$

9 (1) 1단계 세 수 80, 140, 200을 각각 소인수분해 하면
$80=2^4\times5$, $140=2^2\times5\times7$, $200=2^3\times5^2$
2단계 따라서 세 수 80, 140, 200의 최대공약수는
$2^2\times5=20$

(2) **3단계** 세 수 80, 140, 200의 공약수는 세 수의 최대공약수인 20의 약수와 같으므로
1, 2, 4, 5, 10, 20

	채점 기준	
1단계	세 수 80, 140, 200을 소인수분해 하기	… 20 %
2단계	세 수 80, 140, 200의 최대공약수 구하기	… 30 %
3단계	세 수 80, 140, 200의 공약수 구하기	… 50 %

10 2, 5, 13, 15, 17, 24, 27 중 $10(=2\times5)$과 서로소인 수는 2인 배수도 아니고, 5의 배수도 아니어야 하므로 13, 17, 27의 3개이다.

11 두 수의 최소공배수를 구하면
① $2^2\times3^2\times7$ ② $2^3\times3\times7$ ③ $2^2\times3\times7$
④ $2^3\times3^2\times7$ ⑤ $2^5\times3^4\times5\times7$
따라서 두 수의 최소공배수가 $2^3\times3^2\times7$인 것은 ④이다.

12 $12=2^2\times3$, $84=2^2\times3\times7$이므로
세 수의 최소공배수는 $2^3\times3^2\times7$
즉, 세 수의 공배수는 $2^3\times3^2\times7$의 배수이다.
① $2^3\times3\times7$은 $2^3\times3^2\times7$의 배수가 아니므로 공배수가 아니다.

13
$$\begin{array}{r} 2^a\times3^2 \\ 2^2\times3^b\times5 \\ \hline (\text{최대공약수})=2^2\times3^2 \\ (\text{최소공배수})=2^2\times3^3\times5 \end{array}$$
따라서 $a=2$, $b=3$이므로
$a+b=2+3=5$

01 정수와 유리수

유형 1 P. 24

1 (1) -300원 (2) -4층 (3) $+6\,\text{cm}$

2 (1) $+8$ (2) -11 (3) $+\frac{1}{7}$ (4) -0.6

3 (1) $+3$, $+4$ (2) -1, -5, -100

4 3

5 (1) -3, 0, 10, $-\frac{10}{5}$ (2) $+\frac{1}{2}$, $-\frac{3}{5}$, 3.14

(3) $+\frac{1}{2}$, 3.14, 10 (4) -3, $-\frac{3}{5}$, $-\frac{10}{5}$

6 (1) ○ (2) × (3) × (4) ○

3 (1) 양수

⇨ 0보다 큰 수로 양의 부호 $+$를 붙인 수

$\therefore +3, +4$

(2) 음수

⇨ 0보다 작은 수로 음의 부호 $-$를 붙인 수

$\therefore -1, -5, -100$

4 정수는 $+5$, $\frac{4}{2}(=2)$, -7의 3개이다.

5 (1) 정수

⇨ 양의 정수, 0, 음의 정수

$\therefore -3, 0, 10, -\frac{10}{5}(=-2)$

(2) 주어진 수는 모두 유리수이므로 정수가 아닌 유리수는 주어진 수에서 (1)의 정수를 제외한 수이다.

$\therefore +\frac{1}{2}, -\frac{3}{5}, 3.14$

(3) 양의 유리수

⇨ 0보다 큰 수

⇨ 양의 부호 $+$를 붙인 수
또는 $+$ 부호를 생략한 수

$\therefore +\frac{1}{2}, 3.14, 10$

(4) 음의 유리수

⇨ 0보다 작은 수

⇨ 음의 부호 $-$를 붙인 수

$\therefore -3, -\frac{3}{5}, -\frac{10}{5}$

6 (2) 정수는 양의 정수, 0, 음의 정수로 이루어져 있다.
(3) 가장 작은 양의 유리수는 알 수 없다.

유형 2 P. 25

1 A: -6 B: $-\frac{5}{2}$ C: $+\frac{5}{3}$ D: $+4$

2 (수직선: -5에 (2), 0 근처에 (3), $+2$에 (1), $+3$과 $+4$ 사이에 (4))

3 (1) 7 (2) 2.6 (3) 0 (4) $\frac{5}{6}$

4 (1) 11 (2) 14 (3) $\frac{5}{4}$ (4) $\frac{13}{6}$

5 (1) $+9$, -9 (2) $+0.5$ (3) $-\frac{2}{3}$

6 (수직선: -4, $+4$에 점), 8

7 (1) -27, $+11$, $+9$, -4, 0

(2) -3, $+2$, $\frac{5}{4}$, -1, $-\frac{1}{3}$

8 (1) ○ (2) × (3) × (4) ○

3 (3) 0은 수직선 위에서 원점에 대응하는 점이므로 0에 대응하는 점과 원점 사이의 거리는 0이다.

$\therefore$ (0의 절댓값)$=0$

4 (1) $|-11|=(-11\text{의 절댓값})=11$

(2) $|+14|=(+14\text{의 절댓값})=14$

(3) $\left|-\frac{5}{4}\right|=\left(-\frac{5}{4}\text{의 절댓값}\right)=\frac{5}{4}$

(4) $\left|+\frac{13}{6}\right|=\left(+\frac{13}{6}\text{의 절댓값}\right)=\frac{13}{6}$

[5] 오른쪽 수직선에서 절댓값이 $a(a>0)$인 수는 $+a$, $-a$와 같이 a에 $+$ 부호와 $-$ 부호를 붙인 두 수이다.

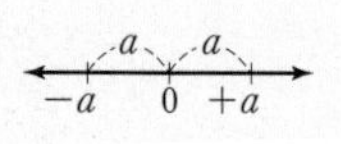

5 (2) 절댓값이 0.5인 수는 $+0.5$, -0.5이고, 이 중 양수는 $+0.5$이다.

(3) 절댓값이 $\frac{2}{3}$인 수는 $+\frac{2}{3}$, $-\frac{2}{3}$이고, 이 중 음수는 $-\frac{2}{3}$이다.

6 절댓값이 4인 수에 대응하는 점은 원점으로부터의 거리가 4인 점이므로 이를 수직선 위에 모두 나타내면 다음 그림과 같다.

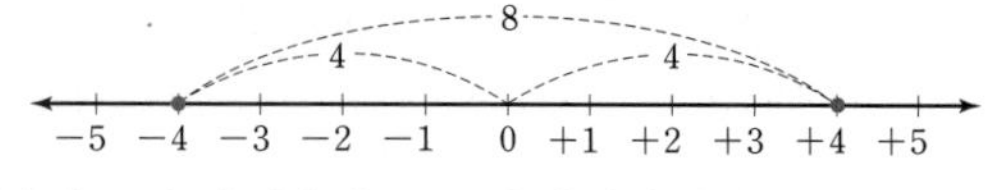

따라서 두 수에 대응하는 두 점 사이의 거리는 8이다.

7 (1) 주어진 수의 절댓값을 각각 구하면 다음과 같다.

수	-4	0	$+11$	-27	$+9$
절댓값	4	0	11	27	9

따라서 절댓값이 큰 수부터 차례로 나열하면
-27, $+11$, $+9$, -4, 0

(2) 주어진 수의 절댓값을 각각 구하면 다음과 같다.

수	$+2$	$-\frac{1}{3}$	-3	$\frac{5}{4}$	-1
절댓값	$2\left(=\frac{24}{12}\right)$	$\frac{1}{3}\left(=\frac{4}{12}\right)$	$3\left(=\frac{36}{12}\right)$	$\frac{5}{4}\left(=\frac{15}{12}\right)$	$1\left(=\frac{12}{12}\right)$

따라서 절댓값이 큰 수부터 차례로 나열하면

$-3,\ +2,\ \frac{5}{4},\ -1,\ -\frac{1}{3}$

8 (2) 예 $|+2|=2$, $|-3|=3$이므로 $|+2|<|-3|$

(3) 절댓값이 0인 수는 0뿐이다.

유형 3 P. 26

1 (1) $>$ (2) $<$ (3) $>$ (4) $<$

2 (1) $>$ (2) $<$ (3) $<$ (4) $>$

3 (1) $-8,\ -\frac{16}{3},\ 0,\ +2.5,\ 5$ (2) $-2,\ -\frac{5}{4},\ 0,\ +3,\ \frac{21}{4}$

4 (1) $x\le5$ (2) $-1<x\le6$ (3) $3\le x<8$ (4) $x\ge-\frac{2}{3}$

5 (1) $-2,\ -1,\ 0,\ 1,\ 2,\ 3$ (2) $-1,\ 0,\ 1,\ 2$

(3) $-2,\ -1,\ 0,\ 1,\ 2$

6 (1) $-3,\ -2,\ -1,\ 0$ (2) $-2,\ -1,\ 0,\ 1,\ 2$

[1~3] 수의 대소 관계
(1) (음수)$<0<$(양수)
(2) 양수끼리는 절댓값이 큰 수가 크다.
(3) 음수끼리는 절댓값이 큰 수가 작다.
(4) 수직선에서 오른쪽에 있는 점에 대응하는 수가 더 크다.

1 (2) $|-6|=6$, $|-1|=1$이므로 $|-6|>|-1|$

$\therefore -6<-1$

(3) (음수)$<$(양수)이므로 $+3>-7$

(4) (음수)<0이므로 $-5<0$

2 (1) $+3=+\frac{9}{3}$이므로 $+\frac{11}{3}>+3$

(2) $\left|-\frac{1}{2}\right|=\frac{1}{2}=\frac{3}{6}$, $\left|-\frac{1}{3}\right|=\frac{1}{3}=\frac{2}{6}$이므로

$\left|-\frac{1}{2}\right|>\left|-\frac{1}{3}\right|$ $\quad\therefore -\frac{1}{2}<-\frac{1}{3}$

(3) $+\frac{7}{5}=+1.4$이므로 $+\frac{7}{5}<+1.8$

(4) $|-2.7|=2.7$, $|-3.5|=3.5$이므로

$|-2.7|<|-3.5|$ $\quad\therefore -2.7>-3.5$

3 (1) (음수)$<0<$(양수)이므로 음수와 양수를 구분하여 각각의 대소를 비교하면 다음과 같다.

(i) 음수: $-8,\ -\frac{16}{3}$

$|-8|=8=\frac{24}{3}$, $\left|-\frac{16}{3}\right|=\frac{16}{3}$이므로

$|-8|>\left|-\frac{16}{3}\right|$ $\quad\therefore -8<-\frac{16}{3}$

(ii) 양수: $+2.5,\ 5$

$+2.5<5$

따라서 (음수)$<0<$(양수)이고, (i), (ii)에 의해 작은 수부터 차례로 나열하면

$-8,\ -\frac{16}{3},\ 0,\ +2.5,\ 5$

다른 풀이

주어진 수를 수직선 위에 나타내면 다음 그림과 같다.

$-\frac{16}{3}$, $+2.5$, 5
-8 -6 -4 -2 0 $+2$ $+4$ $+6$ $+8$

따라서 작은 수부터 차례로 나열하면

$-8,\ -\frac{16}{3},\ 0,\ +2.5,\ 5$

(2) (음수)$<0<$(양수)이므로 음수와 양수를 구분하여 각각의 대소를 비교하면 다음과 같다.

(i) 음수: $-\frac{5}{4},\ -2$

$\left|-\frac{5}{4}\right|=\frac{5}{4}$, $|-2|=2=\frac{8}{4}$이므로

$\left|-\frac{5}{4}\right|<|-2|$ $\quad\therefore -\frac{5}{4}>-2$

(ii) 양수: $+3,\ \frac{21}{4}$

$+3=+\frac{12}{4}$이므로 $+3<\frac{21}{4}$

따라서 (음수)$<0<$(양수)이고, (i), (ii)에 의해 작은 수부터 차례로 나열하면

$-2,\ -\frac{5}{4},\ 0,\ +3,\ \frac{21}{4}$

다른 풀이

주어진 수를 수직선 위에 나타내면 다음 그림과 같다.

$-\frac{5}{4}$, $\frac{21}{4}$, $+3$
-6 -4 -2 0 $+2$ $+4$ $+6$

따라서 작은 수부터 차례로 나열하면

$-2,\ -\frac{5}{4},\ 0,\ +3,\ \frac{21}{4}$

4 (1) x는 5보다 크지 않다. ⇨ $x\le5$
(작거나 같다.)

(2) x는 -1보다 크고/6보다 작거나 같다.

⇨ $-1<x\le6$

(3) x는 3 이상이고/8 미만이다. ⇨ $3\le x<8$

(4) x는 $-\frac{2}{3}$보다 작지 않다. ⇨ $x\ge-\frac{2}{3}$
(크거나 같다.)

유형편 라이트

5 (1)

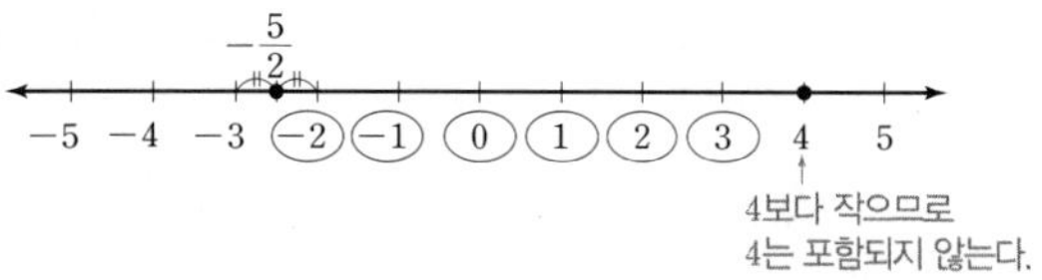

(2)

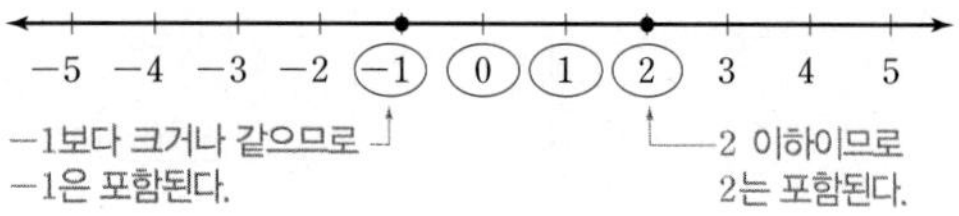

(3) 절댓값이 2인 정수는 -2, 2이므로 절댓값이 2 이하인 정수는 -2 이상 2 이하인 정수이다.

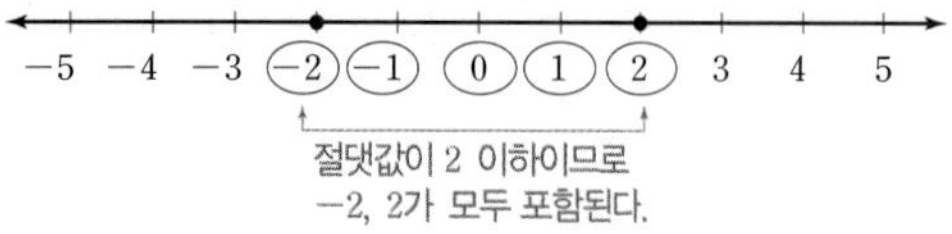

6 (1)

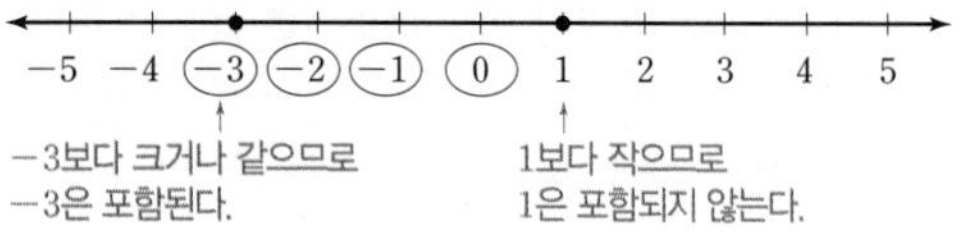

(2)

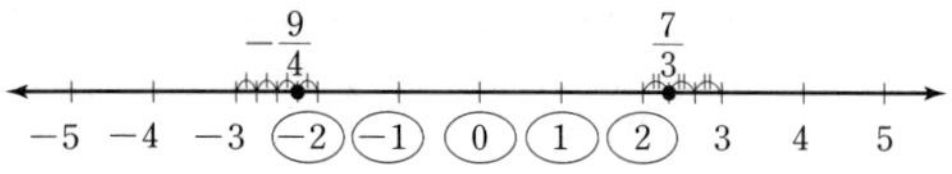

쌍둥이 기출문제 P. 27~29

1 ④ **2** ⑤ **3** ②, ④ **4** ①, ⑤ **5** ②
6 ②, ⑤ **7** ① **8** ③

9 (1)

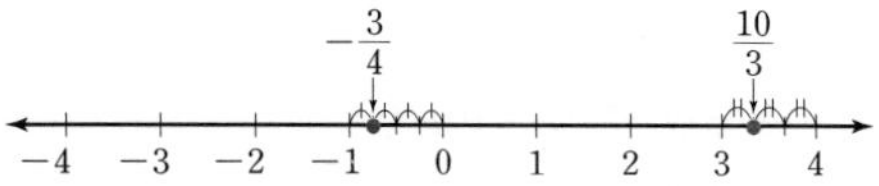

(2) $a=-1$, $b=3$

10 $a=-3$, $b=3$ **11** $+3$, -3

12 $+11$, -11 **13** ② **14** $-\frac{4}{3}$ **15** ④

16 ③, ⑤ **17** $-2\le x<2$

18 (1) $-5\le x\le\frac{3}{4}$ (2) $-3<x\le\frac{7}{2}$

19 (1)

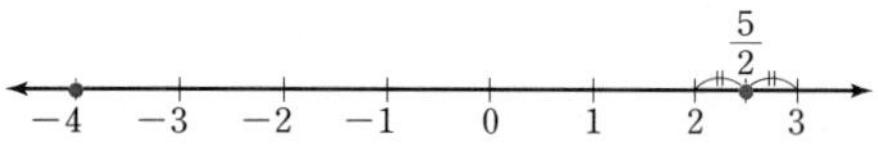

(2) 7

20 ⑤

[1~2] 서로 반대되는 성질의 두 수량을 나타낼 때, 어떤 기준을 중심으로 한쪽 수량에는 $+$ 부호를, 다른 쪽 수량에는 $-$ 부호를 붙여 나타낸다.

예

+	이익	해발	득점	증가	영상	인상	~ 후
−	손해	해저	실점	감소	영하	인하	~ 전

1 ① -600원 ② -300 m
③ -15점 ⑤ $+9$℃
따라서 옳은 것은 ④이다.

2 ⑤ 1 kg 감소했다. ⇨ -1 kg

[3~4] 유리수의 분류

유리수
- 정수
  - 양의 정수(자연수)
  - 0
  - 음의 정수
- 정수가 아닌 유리수

3 ① 정수는 4, 0, $-\frac{9}{3}(=-3)$의 3개이다.
② 주어진 수는 모두 유리수이므로 유리수는 6개이다.
③ 양수는 4, $+\frac{1}{3}$의 2개이다.
④ 음수는 -5.5, $-\frac{5}{4}$, $-\frac{9}{3}$의 3개이다.
⑤ 자연수는 4의 1개이다.
따라서 옳지 않은 것은 ②, ④이다.

4 ③ $-\frac{16}{4}=-4$ ⇨ 정수
따라서 정수가 아닌 유리수는 ①, ⑤이다.

5 ② B: $-1\frac{2}{3}=-\frac{5}{3}$

6 ① A: -4 ② B: $-2\frac{1}{3}=-\frac{7}{3}$
③ C: $-\frac{2}{3}$ ④ D: $+1\frac{1}{2}=+\frac{3}{2}$
따라서 옳은 것은 ②, ⑤이다.

7 주어진 수에 대응하는 점을 수직선 위에 나타내면 다음 그림과 같다.

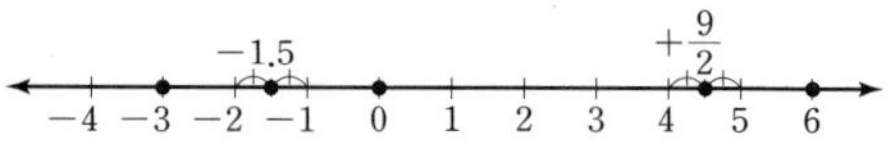

따라서 가장 왼쪽에 있는 점에 대응하는 수는 ①이다.

다른 풀이

수의 대소 관계에서 $-3<-1.5<0<+\frac{9}{2}<+6$이므로 수직선 위에 나타내었을 때, 가장 왼쪽에 있는 점에 대응하는 수는 ①이다.

8 주어진 수에 대응하는 점을 수직선 위에 나타내면 다음 그림과 같다.

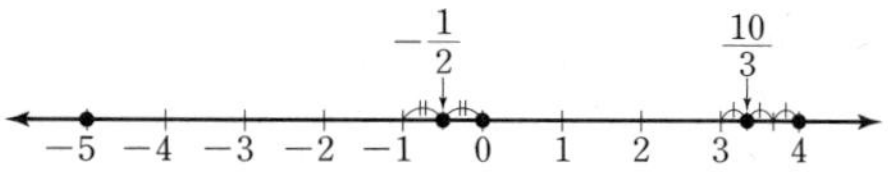

따라서 가장 오른쪽에 있는 점에 대응하는 수는 ③이다.

다른 풀이

수의 대소 관계에서 $-5<-\frac{1}{2}<0<\frac{10}{3}<4$이므로 수직선 위에 나타내었을 때, 가장 오른쪽에 있는 점에 대응하는 수는 ③이다.

[9~10] 절댓값
원점과 어떤 수에 대응하는 점 사이의 거리를 절댓값이라 하고, 절댓값은 어떤 수에서 부호를 떼어 낸 수로 생각하면 편리하다.

9 (1), (2) $-\frac{3}{4}$과 $\frac{10}{3}\left(=3\frac{1}{3}\right)$에 대응하는 점을 각각 수직선 위에 나타내면 다음 그림과 같다.

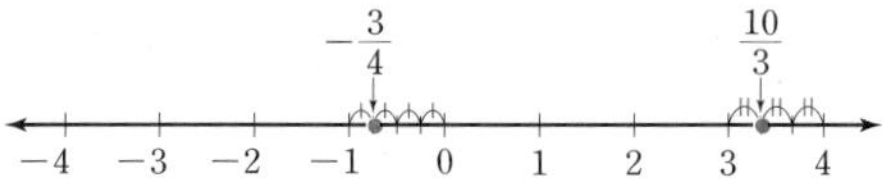

따라서 $-\frac{3}{4}$에 가장 가까운 정수는 -1이므로 $a=-1$, $\frac{10}{3}$에 가장 가까운 정수는 3이므로 $b=3$

10 1단계 $-\frac{8}{3}\left(=2\frac{2}{3}\right)$과 $\frac{14}{5}\left(=2\frac{4}{5}\right)$에 대응하는 점을 각각 수직선 위에 나타내면 다음과 같다.

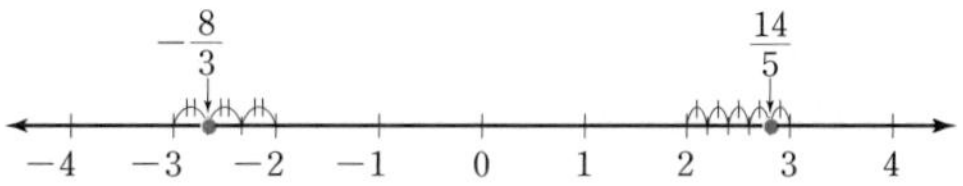

2단계 따라서 $-\frac{8}{3}$에 가장 가까운 정수는 -3이므로 $a=-3$

3단계 $\frac{14}{5}$에 가장 가까운 정수는 3이므로 $b=3$

채점 기준		
1단계	$-\frac{8}{3}$과 $\frac{14}{5}$에 대응하는 점을 수직선 위에 나타내기	··· 40 %
2단계	a의 값 구하기	··· 30 %
3단계	b의 값 구하기	··· 30 %

[11~12] 절댓값이 같고 부호가 반대인 두 수에 대응하는 두 점 사이의 거리가 a이면 두 점은 원점으로부터 서로 반대 방향으로 $\frac{a}{2}$만큼 떨어져 있다.
⇨ 두 수는 $-\frac{a}{2}$, $\frac{a}{2}$이다.

11 두 점 사이의 거리가 6이므로 두 수는 수직선에서 원점으로부터 각각 $\frac{6}{2}=3$만큼씩 떨어져 있는 점에 대응하는 수이다.

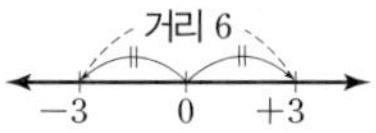

따라서 구하는 두 수는 $+3$, -3이다.

12 두 점 사이의 거리가 22이므로 두 수는 수직선에서 원점으로부터 각각 $\frac{22}{2}=11$만큼씩 떨어져 있는 점에 대응하는 수이다.

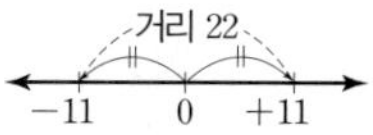

따라서 구하는 두 수는 $+11$, -11이다.

13 ① $\left|-\frac{2}{3}\right|=\frac{2}{3}$　② $|-3|=3$　③ $|2|=2$
④ $|0|=0$　⑤ $\left|\frac{1}{2}\right|=\frac{1}{2}$
이므로 주어진 수의 절댓값의 대소를 비교하면
$|0|<\left|\frac{1}{2}\right|<\left|-\frac{2}{3}\right|<|2|<|-3|$
따라서 절댓값이 가장 큰 수는 ②이다.

14 주어진 수의 절댓값을 각각 구하면
$|-1.5|=1.5$, $\left|-\frac{4}{3}\right|=\frac{4}{3}$, $|1|=1$, $|0|=0$,
$\left|+\frac{1}{2}\right|=\frac{1}{2}$, $|-0.8|=0.8$, $|+2|=2$
따라서 절댓값이 큰 수부터 차례로 나열하면
$+2$, -1.5, $-\frac{4}{3}$, 1, -0.8, $+\frac{1}{2}$, 0이므로
세 번째에 오는 수는 $-\frac{4}{3}$이다.

[15~16] (음수)$<0<$(양수)이고, 양수는 절댓값이 큰 수가 더 크고, 음수는 절댓값이 큰 수가 더 작다.

15 ① $-4<0$　② $-3<\frac{2}{3}$
③ $0<+5$　⑤ $+1>-7$
따라서 옳은 것은 ④이다.

16 ② $\frac{4}{5}\left(=\frac{28}{35}\right)>\frac{4}{7}\left(=\frac{20}{35}\right)$
③ $-\frac{3}{4}\left(=-\frac{9}{12}\right)>-\frac{4}{3}\left(=-\frac{16}{12}\right)$
⑤ $|-4|=4$이므로 $-4<|-4|$
따라서 옳지 않은 것은 ③, ⑤이다.

17 x는 -2보다 크거나 같고 / 2보다 작다.
⇨ $-2\le x<2$

18 (1) x는 -5보다 작지 않고 / $\frac{3}{4}$보다 크지 않다.
(크거나 같고)　(작거나 같다.)
⇨ $-5\le x\le\frac{3}{4}$

(2) x는 -3 초과이고 / $\frac{7}{2}$ 이하이다.
⇨ $-3<x\le\frac{7}{2}$

19 (1), (2) -4와 $\frac{5}{2}$에 대응하는 점을 각각 수직선 위에 나타내면 다음 그림과 같다.

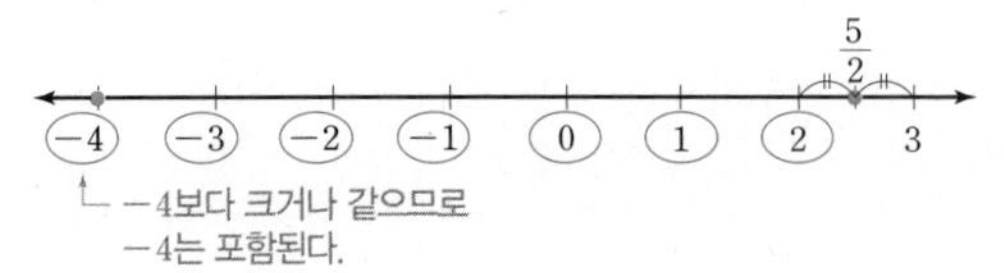

따라서 -4보다 크거나 같고 $\frac{5}{2}$보다 작은 정수는 -4, -3, -2, -1, 0, 1, 2의 7개이다.

20 $-\frac{13}{4}$과 3에 대응하는 점을 각각 수직선 위에 나타내면 다음 그림과 같다.

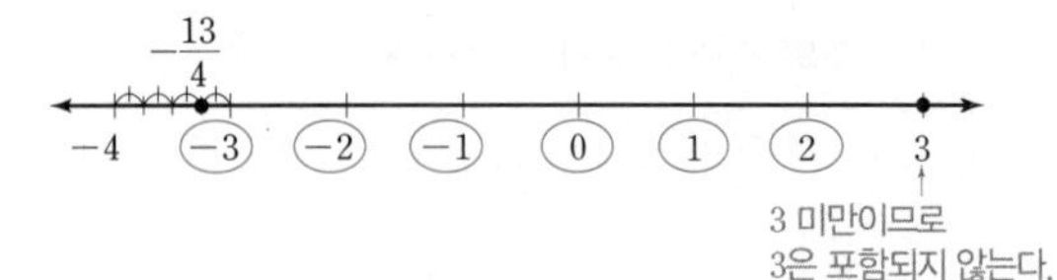

따라서 $-\frac{13}{4}$과 3 사이에 있는 정수는 -3, -2, -1, 0, 1, 2의 6개이다.

02 정수와 유리수의 덧셈과 뺄셈

유형 4 P. 30

1 (1) -4 (2) $+3$ **2** (1) $+6$ (2) -9
3 (1) -4 (2) $+\frac{17}{12}$ **4** (1) -7 (2) $+3$
5 (1) -6 (2) $+4$ (3) -8 (4) $+3$
6 (1) -1.6 (2) $+2.5$ (3) $+\frac{1}{3}$ (4) $-\frac{1}{15}$
7 (1) $+2$ (2) $+\frac{7}{5}$

1 (1) -3, -1, -4, -4 -3 -2 -1 0 $+1$ $+2$ $+3$ $+4$

$\therefore (-1)+(-3)=-4$

(2)

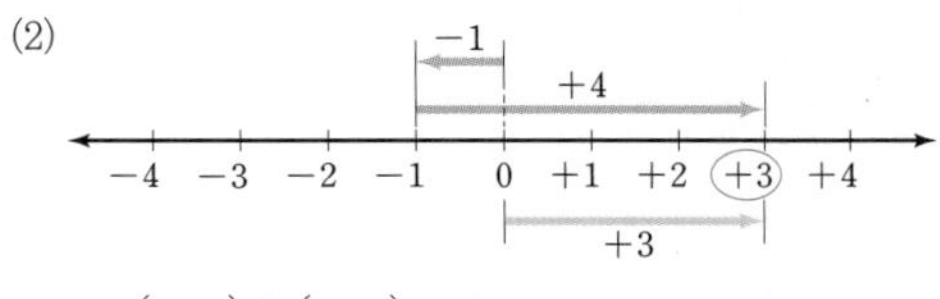

$\therefore (-1)+(+4)=+3$

[2~3] 부호가 같은 두 수의 덧셈
(1) 부호가 같은 두 수의 덧셈은 두 수의 절댓값의 합에 공통인 부호를 붙인다.
(2) 분수인 경우, 분모의 최소공배수로 통분한 후 (1)과 같은 방법으로 계산한다.

2 (1) $(+1)+(+5)=+(1+5)=+6$
(2) $(-5)+(-4)=-(5+4)=-9$

3 (1) $(-2.3)+(-1.7)=-(2.3+1.7)=-4$
(2) $\left(+\frac{2}{3}\right)+\left(+\frac{3}{4}\right)=\left(+\frac{8}{12}\right)+\left(+\frac{9}{12}\right)$
$=+\left(\frac{8}{12}+\frac{9}{12}\right)=+\frac{17}{12}$

4 어떤 수에 0을 더하거나 0에 어떤 수를 더하여도 그 합은 그 수 자신이 되므로
(1) $(-7)+0=-7$ (2) $0+(+3)=+3$

[5~6] 부호가 다른 두 수의 덧셈
(1) 부호가 다른 두 수의 덧셈은 두 수의 절댓값의 차에 절댓값이 큰 수의 부호를 붙인다.
(2) 분수인 경우, 분모의 최소공배수로 통분한 후 (1)과 같은 방법으로 계산한다.

5 (1) $(-9)+(+3)=-(9-3)=-6$
(2) $(+10)+(-6)=+(10-6)=+4$
(3) $(+5)+(-13)=-(13-5)=-8$
(4) $(-17)+(+20)=+(20-17)=+3$

6 (1) $(-5.3)+(+3.7)=-(5.3-3.7)=-1.6$
(2) $(+3)+(-0.5)=+(3-0.5)=+2.5$
(3) $\left(-\frac{4}{9}\right)+\left(+\frac{7}{9}\right)=+\left(\frac{7}{9}-\frac{4}{9}\right)=+\frac{3}{9}=+\frac{1}{3}$
(4) $\left(-\frac{2}{5}\right)+\left(+\frac{1}{3}\right)=\left(-\frac{6}{15}\right)+\left(+\frac{5}{15}\right)$
$=-\left(\frac{6}{15}-\frac{5}{15}\right)=-\frac{1}{15}$

7 (1) $(-1)+(+3)=+(3-1)=+2$
(2) $(+2)+\left(-\frac{3}{5}\right)=\left(+\frac{10}{5}\right)+\left(-\frac{3}{5}\right)$
$=+\left(\frac{10}{5}-\frac{3}{5}\right)=+\frac{7}{5}$

유형 5 P. 31

1 (가) 덧셈의 교환법칙, (나) 덧셈의 결합법칙

2 (1) 교환, -1.2, $+5$, -2

(2) $-\frac{1}{2}$, 결합, $-\frac{1}{2}$, $+1$, $+\frac{1}{2}$

3 (1) $+4$ (2) $+17$ (3) $+5$ (4) -9 (5) -6

4 (1) -1 (2) $-\frac{17}{6}$ (3) -0.5 (4) $+\frac{2}{3}$ (5) $+4$

2 (1) $(+6.2)+(-7)+(-1.2)$
$=(-7)+(+6.2)+(-1.2)$ ← 덧셈의 교환 법칙
$=(-7)+\{(+6.2)+(\boxed{-1.2})\}$ ← 덧셈의 결합법칙
$=(-7)+(\boxed{+5})$
$=\boxed{-2}$

(2) $\left(+\frac{2}{3}\right)+\left(-\frac{1}{2}\right)+\left(+\frac{1}{3}\right)$
$=\left(+\frac{2}{3}\right)+\left(+\frac{1}{3}\right)+\left(\boxed{-\frac{1}{2}}\right)$ ← 덧셈의 교환법칙
$=\left\{\left(+\frac{2}{3}\right)+\left(+\frac{1}{3}\right)\right\}+\left(\boxed{-\frac{1}{2}}\right)$ ← 덧셈의 결합 법칙
$=(\boxed{+1})+\left(-\frac{1}{2}\right)$
$=\boxed{+\frac{1}{2}}$

[3~4] 덧셈의 계산 법칙을 이용하여
(1) 양수는 양수끼리, 음수는 음수끼리 모아서 계산하면 편리하다.
(2) 부호가 서로 반대이고, 절댓값이 같은 두 수의 합은 0이므로 그 두 수를 먼저 계산하는 것이 편리하다.
(3) 분수가 있는 식은 분모가 같은 것끼리 모아서 계산하면 편리하다.

3 (1) $(+4)+(-10)+(+10)$
$=(+4)+(+10)+(-10)$
$=\{(+4)+(+10)\}+(-10)$
$=(+14)+(-10)$
$=+(14-10)=+4$

다른 풀이
$(+4)+(-10)+(+10)$
$=(+4)+\{(-10)+(+10)\}$
$=(+4)+0=+4$

(2) $(-3)+(+17)+(+3)=(-3)+\{(+17)+(+3)\}$
$=(-3)+(+20)$
$=+(20-3)=+17$

다른 풀이
$(-3)+(+17)+(+3)=(-3)+(+3)+(+17)$
$=\{(-3)+(+3)\}+(+17)$
$=0+(+17)=+17$

(3) $(+6)+(+15)+(-16)$
$=\{(+6)+(+15)\}+(-16)$
$=(+21)+(-16)$
$=+(21-16)=+5$

(4) $(-7)+(-13)+(+11)$
$=\{(-7)+(-13)\}+(+11)$
$=(-20)+(+11)$
$=-(20-11)=-9$

(5) $(-22)+(+15)+(-8)+(+9)$
$=(-22)+(-8)+(+15)+(+9)$
$=\{(-22)+(-8)\}+\{(+15)+(+9)\}$
$=(-30)+(+24)$
$=-(30-24)=-6$

4 (1) $\left(+\frac{3}{5}\right)+(-2)+\left(+\frac{2}{5}\right)$
$=\left(+\frac{3}{5}\right)+\left(+\frac{2}{5}\right)+(-2)$
$=\left\{\left(+\frac{3}{5}\right)+\left(+\frac{2}{5}\right)\right\}+(-2)$
$=(+1)+(-2)$
$=-(2-1)=-1$

(2) $\left(-\frac{3}{2}\right)+\left(+\frac{1}{3}\right)+\left(-\frac{5}{3}\right)$
$=\left(-\frac{3}{2}\right)+\left\{\left(+\frac{1}{3}\right)+\left(-\frac{5}{3}\right)\right\}$
$=\left(-\frac{3}{2}\right)+\left(-\frac{4}{3}\right)$
$=\left(-\frac{9}{6}\right)+\left(-\frac{8}{6}\right)$
$=-\frac{17}{6}$

(3) $(-2.8)+(+5.5)+(-3.2)$
$=(-2.8)+(-3.2)+(+5.5)$
$=\{(-2.8)+(-3.2)\}+(+5.5)$
$=(-6)+(+5.5)$
$=-(6-5.5)=-0.5$

(4) $\left(+\frac{4}{3}\right)+\left(-\frac{1}{2}\right)+\left(+\frac{3}{2}\right)+\left(-\frac{5}{3}\right)$
$=\left(+\frac{4}{3}\right)+\left(-\frac{5}{3}\right)+\left(-\frac{1}{2}\right)+\left(+\frac{3}{2}\right)$
$=\left\{\left(+\frac{4}{3}\right)+\left(-\frac{5}{3}\right)\right\}+\left\{\left(-\frac{1}{2}\right)+\left(+\frac{3}{2}\right)\right\}$
$=\left(-\frac{1}{3}\right)+(+1)$
$=+\left(1-\frac{1}{3}\right)=+\frac{2}{3}$

(5) $(+2.7)+(+5)+(-0.7)+(-3)$
$=(+2.7)+(-0.7)+(+5)+(-3)$
$=\{(+2.7)+(-0.7)\}+\{(+5)+(-3)\}$
$=(+2)+(+2)$
$=+(2+2)=+4$

다른 풀이
$(+2.7)+(+5)+(-0.7)+(-3)$
$=\{(+2.7)+(+5)\}+\{(-0.7)+(-3)\}$
$=(+7.7)+(-3.7)$
$=+(7.7-3.7)=+4$

유형 6 P. 32

1 (1) -4, $+7$ (2) -2, -7 (3) $+3$, $+13$ (4) $+2$, -6

2 (1) -3 (2) $-\frac{2}{5}$ (3) $+\frac{1}{21}$ (4) $+3.5$

3 (1) -24 (2) $-\frac{5}{9}$ (3) $-\frac{13}{12}$ (4) -7.2

4 (1) -2 (2) $+3$

5 (1) $+11$ (2) $+3$ (3) $+\frac{3}{2}$ (4) $+1$

6 (1) 0 (2) $+1$ (3) $-\frac{1}{6}$ (4) $+4.5$

7 (1) -4 (2) $+\frac{13}{5}$

2 (1) $(+1)-(+4)=(+1)+(-4)$
$=-(4-1)=-3$

(2) $\left(+\frac{1}{5}\right)-\left(+\frac{3}{5}\right)=\left(+\frac{1}{5}\right)+\left(-\frac{3}{5}\right)$
$=-\left(\frac{3}{5}-\frac{1}{5}\right)=-\frac{2}{5}$

(3) $\left(+\frac{3}{7}\right)-\left(+\frac{8}{21}\right)=\left(+\frac{3}{7}\right)+\left(-\frac{8}{21}\right)$
$=\left(+\frac{9}{21}\right)+\left(-\frac{8}{21}\right)$
$=+\left(\frac{9}{21}-\frac{8}{21}\right)=+\frac{1}{21}$

(4) $(+6.7)-(+3.2)=(+6.7)+(-3.2)$
$=+(6.7-3.2)=+3.5$

3 (1) $(-12)-(+12)=(-12)+(-12)$
$=-(12+12)=-24$

(2) $\left(-\frac{1}{9}\right)-\left(+\frac{4}{9}\right)=\left(-\frac{1}{9}\right)+\left(-\frac{4}{9}\right)$
$=-\left(\frac{1}{9}+\frac{4}{9}\right)=-\frac{5}{9}$

(3) $\left(-\frac{3}{4}\right)-\left(+\frac{1}{3}\right)=\left(-\frac{3}{4}\right)+\left(-\frac{1}{3}\right)$
$=\left(-\frac{9}{12}\right)+\left(-\frac{4}{12}\right)$
$=-\left(\frac{9}{12}+\frac{4}{12}\right)=-\frac{13}{12}$

(4) $(-4.2)-(+3)=(-4.2)+(-3)$
$=-(4.2+3)=-7.2$

4 (1) $0-(+2)=0+(-2)=-2$
(2) $0-(-3)=0+(+3)=+3$

5 (1) $(+3)-(-8)=(+3)+(+8)$
$=+(3+8)=+11$

(2) $\left(+\frac{4}{3}\right)-\left(-\frac{5}{3}\right)=\left(+\frac{4}{3}\right)+\left(+\frac{5}{3}\right)$
$=+\left(\frac{4}{3}+\frac{5}{3}\right)$
$=+\frac{9}{3}=+3$

(3) $\left(+\frac{5}{6}\right)-\left(-\frac{2}{3}\right)=\left(+\frac{5}{6}\right)+\left(+\frac{2}{3}\right)$
$=\left(+\frac{5}{6}\right)+\left(+\frac{4}{6}\right)$
$=+\left(\frac{5}{6}+\frac{4}{6}\right)=+\frac{9}{6}=+\frac{3}{2}$

(4) $(+0.9)-(-0.1)=(+0.9)+(+0.1)$
$=+(0.9+0.1)=+1$

6 (1) $(-7)-(-7)=(-7)+(+7)=0$

(2) $\left(-\frac{1}{8}\right)-\left(-\frac{9}{8}\right)=\left(-\frac{1}{8}\right)+\left(+\frac{9}{8}\right)$
$=+\left(\frac{9}{8}-\frac{1}{8}\right)=+\frac{8}{8}=+1$

(3) $\left(-\frac{2}{3}\right)-\left(-\frac{1}{2}\right)=\left(-\frac{2}{3}\right)+\left(+\frac{1}{2}\right)$
$=\left(-\frac{4}{6}\right)+\left(+\frac{3}{6}\right)$
$=-\left(\frac{4}{6}-\frac{3}{6}\right)=-\frac{1}{6}$

(4) $(-2.3)-(-6.8)=(-2.3)+(+6.8)$
$=+(6.8-2.3)=+4.5$

7 (1) $(-1)-(+3)=(-1)+(-3)=-(1+3)=-4$

(2) $(+2)-\left(-\frac{3}{5}\right)=(+2)+\left(+\frac{3}{5}\right)=+\left(2+\frac{3}{5}\right)$
$=+\left(\frac{10}{5}+\frac{3}{5}\right)=+\frac{13}{5}$

유형 7 P. 33

1 (1) -9 (2) -2 (3) $+6$

2 (1) $-\frac{3}{7}$ (2) $+\frac{1}{2}$ (3) -2

3 (1) 3 (2) -13 (3) 3 (4) -9 (5) -7

4 (1) $-\frac{1}{2}$ (2) -3 (3) 4 (4) -1 (5) 2

5 (1) -0.8 (2) 4.7 (3) 9 (4) 8 (5) -1

1 (1) $(-2)-(+10)+(+3)=(-2)+(-10)+(+3)$
$=\{(-2)+(-10)\}+(+3)$
$=(-12)+(+3)$
$=-(12-3)=-9$

(2) $(-17)+(+12)-(-3)$
$=(-17)+(+12)+(+3)$
$=(-17)+\{(+12)+(+3)\}$
$=(-17)+(+15)=-(17-15)=-2$

(3) $(+3)-(-9)+(-5)-(+1)$
$=(+3)+(+9)+(-5)+(-1)$
$=\{(+3)+(+9)\}+\{(-5)+(-1)\}$
$=(+12)+(-6)=+(12-6)=+6$

2 (1) $\left(-\frac{2}{7}\right)-\left(-\frac{3}{7}\right)+\left(-\frac{4}{7}\right)$

$=\left(-\frac{2}{7}\right)+\left(+\frac{3}{7}\right)+\left(-\frac{4}{7}\right)$

$=\left(-\frac{2}{7}\right)+\left(-\frac{4}{7}\right)+\left(+\frac{3}{7}\right)$

$=\left\{\left(-\frac{2}{7}\right)+\left(-\frac{4}{7}\right)\right\}+\left(+\frac{3}{7}\right)$

$=\left(-\frac{6}{7}\right)+\left(+\frac{3}{7}\right)$

$=-\left(\frac{6}{7}-\frac{3}{7}\right)=-\frac{3}{7}$

(2) $\left(+\frac{9}{4}\right)+\left(-\frac{3}{2}\right)-\left(+\frac{1}{4}\right)$

$=\left(+\frac{9}{4}\right)+\left(-\frac{3}{2}\right)+\left(-\frac{1}{4}\right)$

$=\left(+\frac{9}{4}\right)+\left(-\frac{1}{4}\right)+\left(-\frac{3}{2}\right)$

$=\left\{\left(+\frac{9}{4}\right)+\left(-\frac{1}{4}\right)\right\}+\left(-\frac{3}{2}\right)$

$=(+2)+\left(-\frac{3}{2}\right)=+\left(2-\frac{3}{2}\right)$

$=+\left(\frac{4}{2}-\frac{3}{2}\right)=+\frac{1}{2}$

다른 풀이

$\left(+\frac{9}{4}\right)+\left(-\frac{3}{2}\right)-\left(+\frac{1}{4}\right)$

$=\left(+\frac{9}{4}\right)+\left\{\left(-\frac{3}{2}\right)+\left(-\frac{1}{4}\right)\right\}$

$=\left(+\frac{9}{4}\right)+\left\{\left(-\frac{6}{4}\right)+\left(-\frac{1}{4}\right)\right\}$

$=\left(+\frac{9}{4}\right)+\left(-\frac{7}{4}\right)=+\left(\frac{9}{4}-\frac{7}{4}\right)$

$=+\frac{2}{4}=+\frac{1}{2}$

(3) $\left(-\frac{3}{2}\right)+\left(-\frac{1}{5}\right)-\left(-\frac{1}{2}\right)-\left(+\frac{4}{5}\right)$

$=\left(-\frac{3}{2}\right)+\left(-\frac{1}{5}\right)+\left(+\frac{1}{2}\right)+\left(-\frac{4}{5}\right)$

$=\left(-\frac{3}{2}\right)+\left(+\frac{1}{2}\right)+\left(-\frac{1}{5}\right)+\left(-\frac{4}{5}\right)$

$=\left\{\left(-\frac{3}{2}\right)+\left(+\frac{1}{2}\right)\right\}+\left\{\left(-\frac{1}{5}\right)+\left(-\frac{4}{5}\right)\right\}$

$=\left(-\frac{2}{2}\right)+\left(-\frac{5}{5}\right)$

$=(-1)+(-1)=-2$

3 (1) $-2+5=(-2)+(+5)=+(5-2)=3$

(2) $-4-9=(-4)-(+9)=(-4)+(-9)$

$=-(4+9)=-13$

(3) $-10+15-2=(-10)+(+15)-(+2)$

$=(-10)+(+15)+(-2)$

$=(-10)+(-2)+(+15)$

$=\{(-10)+(-2)\}+(+15)$

$=(-12)+(+15)$

$=+(15-12)=3$

다른 풀이

$-10+15-2=-10-2+15=-12+15=3$

(4) $-1-3-5=(-1)-(+3)-(+5)$

$=(-1)+(-3)+(-5)$

$=\{(-1)+(-3)\}+(-5)$

$=(-4)+(-5)$

$=-(4+5)=-9$

다른 풀이

$-1-3-5=-4-5=-9$

(5) $-7+4-10+6$

$=(-7)+(+4)-(+10)+(+6)$

$=(-7)+(+4)+(-10)+(+6)$

$=(-7)+(-10)+(+4)+(+6)$

$=\{(-7)+(-10)\}+\{(+4)+(+6)\}$

$=(-17)+(+10)$

$=-(17-10)=-7$

다른 풀이

$-7+4-10+6=-7-10+4+6$

$=-17+10=-7$

4 (1) $1-\frac{3}{2}=(+1)-\left(+\frac{3}{2}\right)=(+1)+\left(-\frac{3}{2}\right)$

$=\left(+\frac{2}{2}\right)+\left(-\frac{3}{2}\right)$

$=-\left(\frac{3}{2}-\frac{2}{2}\right)=-\frac{1}{2}$

(2) $-\frac{1}{4}-\frac{11}{4}=\left(-\frac{1}{4}\right)-\left(+\frac{11}{4}\right)$

$=\left(-\frac{1}{4}\right)+\left(-\frac{11}{4}\right)$

$=-\left(\frac{1}{4}+\frac{11}{4}\right)=-\frac{12}{4}=-3$

(3) $-\frac{5}{7}+3+\frac{12}{7}=\left(-\frac{5}{7}\right)+(+3)+\left(+\frac{12}{7}\right)$

$=\left(-\frac{5}{7}\right)+\left\{\left(+\frac{21}{7}\right)+\left(+\frac{12}{7}\right)\right\}$

$=\left(-\frac{5}{7}\right)+\left(+\frac{33}{7}\right)=+\left(\frac{33}{7}-\frac{5}{7}\right)$

$=\frac{28}{7}=4$

다른 풀이

$-\frac{5}{7}+3+\frac{12}{7}=-\frac{5}{7}+\frac{12}{7}+3=\frac{7}{7}+3=1+3=4$

(4) $-\frac{5}{6}+\frac{1}{2}-\frac{2}{3}=\left(-\frac{5}{6}\right)+\left(+\frac{1}{2}\right)-\left(+\frac{2}{3}\right)$

$=\left(-\frac{5}{6}\right)+\left(+\frac{3}{6}\right)+\left(-\frac{4}{6}\right)$

$=\left(-\frac{5}{6}\right)+\left(-\frac{4}{6}\right)+\left(+\frac{3}{6}\right)$

$=\left\{\left(-\frac{5}{6}\right)+\left(-\frac{4}{6}\right)\right\}+\left(+\frac{3}{6}\right)$

$=\left(-\frac{9}{6}\right)+\left(+\frac{3}{6}\right)$

$=-\left(\frac{9}{6}-\frac{3}{6}\right)=-\frac{6}{6}=-1$

다른 풀이

$-\frac{5}{6}+\frac{1}{2}-\frac{2}{3}=-\frac{5}{6}-\frac{2}{3}+\frac{1}{2}=-\frac{5}{6}-\frac{4}{6}+\frac{3}{6}$

$=-\frac{9}{6}+\frac{3}{6}=-\frac{6}{6}=-1$

(5) $\frac{1}{4}-\frac{7}{5}-\frac{5}{4}+\frac{22}{5}$

$=\left(+\frac{1}{4}\right)-\left(+\frac{7}{5}\right)-\left(+\frac{5}{4}\right)+\left(+\frac{22}{5}\right)$

$=\left(+\frac{1}{4}\right)+\left(-\frac{7}{5}\right)+\left(-\frac{5}{4}\right)+\left(+\frac{22}{5}\right)$

$=\left(+\frac{1}{4}\right)+\left(-\frac{5}{4}\right)+\left(-\frac{7}{5}\right)+\left(+\frac{22}{5}\right)$

$=\left\{\left(+\frac{1}{4}\right)+\left(-\frac{5}{4}\right)\right\}+\left\{\left(-\frac{7}{5}\right)+\left(+\frac{22}{5}\right)\right\}$

$=\left(-\frac{4}{4}\right)+\left(+\frac{15}{5}\right)=(-1)+(+3)$

$=+(3-1)=2$

다른 풀이

$\frac{1}{4}-\frac{7}{5}-\frac{5}{4}+\frac{22}{5}=\frac{1}{4}-\frac{5}{4}-\frac{7}{5}+\frac{22}{5}$

$=-\frac{4}{4}+\frac{15}{5}$

$=-1+3=2$

5 (1) $-8.3+7.5=(-8.3)+(+7.5)$

$=-(8.3-7.5)=-0.8$

(2) $-2.5+6+1.2=(-2.5)+(+6)+(+1.2)$

$=(-2.5)+\{(+6)+(+1.2)\}$

$=(-2.5)+(+7.2)$

$=+(7.2-2.5)=4.7$

다른 풀이

$-2.5+6+1.2=-2.5+7.2=4.7$

(3) $6.2-2.3+5.1=(+6.2)-(+2.3)+(+5.1)$

$=(+6.2)+(-2.3)+(+5.1)$

$=(+6.2)+(+5.1)+(-2.3)$

$=\{(+6.2)+(+5.1)\}+(-2.3)$

$=(+11.3)+(-2.3)$

$=+(11.3-2.3)=9$

다른 풀이

$6.2-2.3+5.1=6.2+5.1-2.3$

$=11.3-2.3=9$

(4) $2-6.7+11+1.7$

$=(+2)-(+6.7)+(+11)+(+1.7)$

$=(+2)+(-6.7)+(+11)+(+1.7)$

$=(+2)+(+11)+(-6.7)+(+1.7)$

$=\{(+2)+(+11)\}+\{(-6.7)+(+1.7)\}$

$=(+13)+(-5)$

$=+(13-5)=8$

다른 풀이

$2-6.7+11+1.7=2+11-6.7+1.7$

$=13-5=8$

(5) $1.8-1.2-3.8+2.2$

$=(+1.8)-(+1.2)-(+3.8)+(+2.2)$

$=(+1.8)+(-1.2)+(-3.8)+(+2.2)$

$=(+1.8)+(+2.2)+(-1.2)+(-3.8)$

$=\{(+1.8)+(+2.2)\}+\{(-1.2)+(-3.8)\}$

$=(+4)+(-5)=-(5-4)=-1$

다른 풀이

$1.8-1.2-3.8+2.2=1.8+2.2-1.2-3.8$

$=4-5=-1$

쌍둥이 기출문제 P. 34~36

1 ① **2** ①, ③ **3** ④ **4** ⑤
5 (가) 덧셈의 교환법칙, (나) 덧셈의 결합법칙 **6** ⑤
7 $+\frac{3}{4}$ **8** $+\frac{41}{6}$ **9** ① **10** $+\frac{1}{8}$ **11** ④
12 ② **13** (1) $a=-2$, $b=-13$ (2) -15
14 -6 **15** (1) -14 (2) -23 **16** $\frac{19}{20}$
17 ㉠=3, ㉡=8 **18** -12

[3~4] 두 수의 덧셈과 뺄셈
(1) 두 수의 덧셈
- 부호가 같으면 ⇨ 절댓값의 합에 공통인 부호를 붙인다.
- 부호가 다르면 ⇨ 절댓값의 차에 절댓값이 큰 수의 부호를 붙인다.

(2) 두 수의 뺄셈: 빼는 수의 부호를 바꾸어 덧셈으로 고쳐서 계산한다.

3 ④ $\left(-\frac{1}{4}\right)-\left(-\frac{2}{3}\right)=\left(-\frac{1}{4}\right)+\left(+\frac{2}{3}\right)$

$=\left(-\frac{3}{12}\right)+\left(+\frac{8}{12}\right)$

$=+\left(\frac{8}{12}-\frac{3}{12}\right)=+\frac{5}{12}$

⑤ $\left(-\frac{5}{6}\right)-\left(+\frac{1}{3}\right)=\left(-\frac{5}{6}\right)+\left(-\frac{1}{3}\right)$

$=\left(-\frac{5}{6}\right)+\left(-\frac{2}{6}\right)$

$=-\left(\frac{5}{6}+\frac{2}{6}\right)=-\frac{7}{6}$

따라서 계산 결과가 옳지 않은 것은 ④이다.

4 ① $\left(-\frac{1}{2}\right)+\left(+\frac{5}{6}\right)=\left(-\frac{3}{6}\right)+\left(+\frac{5}{6}\right)$

$=+\left(\frac{5}{6}-\frac{3}{6}\right)=+\frac{1}{3}$

② $\left(+\frac{1}{2}\right)+\left(-\frac{1}{6}\right)=\left(+\frac{3}{6}\right)+\left(-\frac{1}{6}\right)$

$=+\left(\frac{3}{6}-\frac{1}{6}\right)=+\frac{1}{3}$

③ $\left(+\frac{2}{3}\right)-\left(+\frac{1}{3}\right)=\left(+\frac{2}{3}\right)+\left(-\frac{1}{3}\right)$

$=+\left(\frac{2}{3}-\frac{1}{3}\right)=+\frac{1}{3}$

④ $\left(+\frac{3}{4}\right)-\left(+\frac{5}{12}\right)=\left(+\frac{3}{4}\right)+\left(-\frac{5}{12}\right)$

$=\left(+\frac{9}{12}\right)+\left(-\frac{5}{12}\right)$

$=+\left(\frac{9}{12}-\frac{5}{12}\right)=+\frac{1}{3}$

⑤ $\left(-\frac{4}{5}\right)-\left(-\frac{7}{15}\right)=\left(-\frac{4}{5}\right)+\left(+\frac{7}{15}\right)$

$=\left(-\frac{12}{15}\right)+\left(+\frac{7}{15}\right)$

$=-\left(\frac{12}{15}-\frac{7}{15}\right)=-\frac{1}{3}$

따라서 계산 결과가 나머지 넷과 다른 하나는 ⑤이다.

6 ⑤ ㉤: $+5$

7 주어진 수를 각각 통분하면 다음과 같다.

수	$-\frac{5}{4}$	$+\frac{1}{3}$	$+2$	$-\frac{7}{8}$	0
통분	$-\frac{30}{24}$	$+\frac{8}{24}$	$+\frac{48}{24}$	$-\frac{21}{24}$	0

따라서 가장 큰 수는 $+2$이고, 가장 작은 수는 $-\frac{5}{4}$이므로

그 합은 $(+2)+\left(-\frac{5}{4}\right)=\left(+\frac{8}{4}\right)+\left(-\frac{5}{4}\right)=+\frac{3}{4}$

8 주어진 수를 각각 통분하면 다음과 같다.

수	$-\frac{5}{3}$	$+\frac{7}{3}$	$-\frac{9}{2}$	$-\frac{3}{4}$	$+\frac{2}{3}$
통분	$-\frac{20}{12}$	$+\frac{28}{12}$	$-\frac{54}{12}$	$-\frac{9}{12}$	$+\frac{8}{12}$

따라서 가장 큰 수는 $+\frac{7}{3}$이므로 $a=+\frac{7}{3}$이고

가장 작은 수는 $-\frac{9}{2}$이므로 $b=-\frac{9}{2}$

$\therefore a-b=\left(+\frac{7}{3}\right)-\left(-\frac{9}{2}\right)$

$=\left(+\frac{7}{3}\right)+\left(+\frac{9}{2}\right)$

$=\left(+\frac{14}{6}\right)+\left(+\frac{27}{6}\right)$

$=+\frac{41}{6}$

[9~10] 덧셈과 뺄셈의 혼합 계산
❶ 뺄셈을 모두 덧셈으로 고친다.
❷ 덧셈의 계산 법칙을 이용하여 계산한다.

9 $(+2)+(-5)-(+9)=(+2)+(-5)+(-9)$

$=(+2)+\{(-5)+(-9)\}$

$=(+2)+(-14)=-12$

10 $\left(-\frac{8}{9}\right)-\left(-\frac{9}{8}\right)+\left(-\frac{1}{9}\right)=\left(-\frac{8}{9}\right)+\left(+\frac{9}{8}\right)+\left(-\frac{1}{9}\right)$

$=\left(-\frac{8}{9}\right)+\left(-\frac{1}{9}\right)+\left(+\frac{9}{8}\right)$

$=\left\{\left(-\frac{8}{9}\right)+\left(-\frac{1}{9}\right)\right\}+\left(+\frac{9}{8}\right)$

$=(-1)+\left(+\frac{9}{8}\right)$

$=\left(-\frac{8}{8}\right)+\left(+\frac{9}{8}\right)=+\frac{1}{8}$

11 ① $4+7-2=(4+7)-2=11-2=9$

② $4+\frac{2}{5}-5=4-5+\frac{2}{5}=(4-5)+\frac{2}{5}$

$=-1+\frac{2}{5}=-\frac{5}{5}+\frac{2}{5}=-\frac{3}{5}$

③ $-\frac{1}{2}-\frac{1}{4}+\frac{1}{8}=-\frac{4}{8}-\frac{2}{8}+\frac{1}{8}$

$=\left(-\frac{4}{8}-\frac{2}{8}\right)+\frac{1}{8}$

$=-\frac{6}{8}+\frac{1}{8}=-\frac{5}{8}$

④ $-1.2+2.1+1.1=-1.2+(2.1+1.1)$

$=-1.2+3.2=2$

⑤ $-\frac{3}{4}-1-\frac{1}{2}+3=-\frac{3}{4}-\frac{1}{2}-1+3$

$=\left(-\frac{3}{4}-\frac{2}{4}\right)+(-1+3)$

$=-\frac{5}{4}+2$

$=-\frac{5}{4}+\frac{8}{4}=\frac{3}{4}$

따라서 계산 결과가 옳은 것은 ④이다.

12 ① $-1-\frac{1}{2}+3=-1+3-\frac{1}{2}=(-1+3)-\frac{1}{2}$

$=2-\frac{1}{2}=\frac{4}{2}-\frac{1}{2}=\frac{3}{2}$

② $4+\frac{1}{2}-1.5=4+0.5-1.5=4+(0.5-1.5)$

$=4-1=3$

③ $2-1.6+4-3=(2-1.6)+(4-3)$

$=0.4+1=1.4$

④ $-1+2-3+4=-1-3+2+4=(-1-3)+(2+4)$

$=-4+6=2$

⑤ $-0.5+0.75+1.5=-0.5+1.5+0.75$

$=(-0.5+1.5)+0.75$

$=1+0.75=1.75$

따라서 계산 결과가 가장 큰 것은 ②이다.

[13~14] 어떤 수보다 ■만큼 큰(작은) 수
(1) 어떤 수보다 ■만큼 큰 수 ⇨ (어떤 수)+■
(2) 어떤 수보다 ■만큼 작은 수 ⇨ (어떤 수)−■

13 (1) a는 3보다 5만큼 작은 수이므로
$a=3-5=-2$
b는 -6보다 -7만큼 큰 수이므로
$b=-6+(-7)=-13$
(2) $a+b=-2+(-13)=-15$

14 a는 4보다 -6만큼 큰 수이므로
$a=4+(-6)=-2$
b는 -3보다 -7만큼 작은 수이므로
$b=-3-(-7)=-3+(+7)=4$
$\therefore a-b=-2-4=-6$

[15~18] 덧셈과 뺄셈 사이의 관계
(1) ●+■=▲ ⇨ ●=▲−■, ■=▲−●
(2) ●−■=▲ ⇨ ●=▲+■, ■=●−▲

15 (1) 1단계 어떤 수를 □라 하면
□$+9=-5$이므로
□$=-5-9=-14$
따라서 어떤 수는 -14이다.
(2) 2단계 어떤 수는 -14이므로 바르게 계산하면
$-14-9=-23$

채점 기준		
1단계	어떤 수 구하기	… 60 %
2단계	바르게 계산한 답 구하기	… 40 %

16 어떤 수를 □라 하면
□$-\left(-\frac{2}{5}\right)=\frac{7}{4}$이므로
□$=\frac{7}{4}+\left(-\frac{2}{5}\right)=\frac{35}{20}+\left(-\frac{8}{20}\right)=\frac{27}{20}$
따라서 어떤 수는 $\frac{27}{20}$이므로 바르게 계산하면
$\frac{27}{20}+\left(-\frac{2}{5}\right)=\frac{27}{20}+\left(-\frac{8}{20}\right)=\frac{19}{20}$

17 $6+(-2)+1=5$이므로
$6+$㉠$+(-4)=5$에서 ㉠$+2=5$
$\therefore$ ㉠$=5-2=3$
$-4+$㉡$+1=5$에서 ㉡$-3=5$
$\therefore$ ㉡$=5+3=8$

18 $4+5+(-8)=1$이므로
$2+$㉠$+4=1$에서 ㉠$+6=1$
$\therefore$ ㉠$=1-6=-5$
$2+$㉡$+(-8)=1$에서 ㉡$-6=1$
$\therefore$ ㉡$=1+6=7$
$\therefore$ ㉠$-$㉡$=-5-7=-12$

03 정수와 유리수의 곱셈과 나눗셈

유형 8 P. 37

1 (1) $+10$ (2) $+21$ (3) $+1$ (4) $+3$ (5) $+6.3$
(6) $+2$ (7) $+28$ (8) $+\frac{2}{3}$ (9) $+\frac{1}{6}$ (10) $+\frac{1}{4}$

2 (1) -12 (2) -48 (3) -1 (4) -10 (5) -6
(6) -20 (7) -36 (8) $-\frac{5}{4}$ (9) $-\frac{6}{7}$ (10) $-\frac{1}{5}$

1 (1) $(+2)\times(+5)=+(2\times5)=+10$
(2) $(-3)\times(-7)=+(3\times7)=+21$
(3) $(-1)\times(-1)=+(1\times1)=+1$
(4) $(+1.5)\times(+2)=+(1.5\times2)=+3$
(5) $(-9)\times(-0.7)=+(9\times0.7)=+6.3$
(6) $\left(-\frac{1}{3}\right)\times(-6)=+\left(\frac{1}{3}\times6\right)=+2$
(7) $(+16)\times\left(+\frac{7}{4}\right)=+\left(16\times\frac{7}{4}\right)=+28$
(8) $\left(+\frac{3}{4}\right)\times\left(+\frac{8}{9}\right)=+\left(\frac{3}{4}\times\frac{8}{9}\right)=+\frac{2}{3}$
(9) $\left(-\frac{7}{15}\right)\times\left(-\frac{5}{14}\right)=+\left(\frac{7}{15}\times\frac{5}{14}\right)=+\frac{1}{6}$
(10) $\left(+\frac{5}{6}\right)\times(+0.3)=+\left(\frac{5}{6}\times\frac{3}{10}\right)=+\frac{1}{4}$

2 (1) $(+4)\times(-3)=-(4\times3)=-12$
(2) $(-6)\times(+8)=-(6\times8)=-48$
(3) $(-1)\times(+1)=-(1\times1)=-1$
(4) $(+2.5)\times(-4)=-(2.5\times4)=-10$
(5) $(+5)\times(-1.2)=-(5\times1.2)=-6$
(6) $(-8)\times\left(+\frac{5}{2}\right)=-\left(8\times\frac{5}{2}\right)=-20$
(7) $\left(-\frac{4}{3}\right)\times(+27)=-\left(\frac{4}{3}\times27\right)=-36$
(8) $\left(+\frac{3}{2}\right)\times\left(-\frac{5}{6}\right)=-\left(\frac{3}{2}\times\frac{5}{6}\right)=-\frac{5}{4}$
(9) $\left(-\frac{9}{4}\right)\times\left(+\frac{8}{21}\right)=-\left(\frac{9}{4}\times\frac{8}{21}\right)=-\frac{6}{7}$
(10) $(-0.7)\times\left(+\frac{2}{7}\right)=-\left(\frac{7}{10}\times\frac{2}{7}\right)=-\frac{1}{5}$

유형 9 P. 38

1 (가) 곱셈의 교환법칙, (나) 곱셈의 결합법칙
2 (1) 교환, -5, -5, $+7$, $+7.7$
(2) $-\frac{5}{6}$, 결합, $-\frac{5}{6}$, $+1$, $+3.8$
3 (1) $+30$ (2) -180 (3) -96 (4) -240 (5) $+45$
4 (1) -24 (2) $-\frac{3}{14}$ (3) $+\frac{3}{32}$ (4) $+\frac{13}{2}$ (5) -6

2 (1) $(-5)\times(+1.1)\times(-1.4)$
$=(+1.1)\times(\boxed{-5})\times(-1.4)$ ← 곱셈의 $\boxed{\text{교환}}$법칙
$=(+1.1)\times\{(\boxed{-5})\times(-1.4)\}$ ← 곱셈의 결합법칙
$=(+1.1)\times(\boxed{+7})$
$=\boxed{+7.7}$

(2) $\left(-\frac{6}{5}\right)\times(+3.8)\times\left(-\frac{5}{6}\right)$
$=\left(-\frac{6}{5}\right)\times\left(\boxed{-\frac{5}{6}}\right)\times(+3.8)$ ← 곱셈의 교환법칙
$=\left\{\left(-\frac{6}{5}\right)\times\left(\boxed{-\frac{5}{6}}\right)\right\}\times(+3.8)$ ← 곱셈의 $\boxed{\text{결합}}$법칙
$=(\boxed{+1})\times(+3.8)$
$=\boxed{+3.8}$

[3~4] 세 수 이상의 곱셈에서
(1) 음수가 짝수 개이면 부호는 +가 된다.
(2) 음수가 홀수 개이면 부호는 −가 된다.

3 (1) $(-2)\times(-3)\times(+5)=+(2\times3\times5)=+30$

다른 풀이
$(-2)\times(-3)\times(+5)=(-2)\times(+5)\times(-3)$
$=\{(-2)\times(+5)\}\times(-3)$
$=(-10)\times(-3)=+30$

(2) $(-4)\times(-9)\times(-5)=-(4\times9\times5)=-180$

다른 풀이
$(-4)\times(-9)\times(-5)=(-4)\times(-5)\times(-9)$
$=\{(-4)\times(-5)\}\times(-9)$
$=(+20)\times(-9)=-180$

(3) $(+4)\times(-8)\times(+3)=-(4\times8\times3)=-96$

(4) $(-2)\times(+6)\times(-5)\times(-4)$
$=-(2\times6\times5\times4)=-240$

다른 풀이
$(-2)\times(+6)\times(-5)\times(-4)$
$=(-2)\times(-5)\times(+6)\times(-4)$
$=\{(-2)\times(-5)\}\times\{(+6)\times(-4)\}$
$=(+10)\times(-24)=-240$

(5) $(-3)\times(-5)\times(-1)\times(-3)$
$=+(3\times5\times1\times3)=+45$

4 (1) $(-4)\times\left(-\frac{4}{5}\right)\times\left(-\frac{15}{2}\right)=-\left(4\times\frac{4}{5}\times\frac{15}{2}\right)$
$=-24$

(2) $\left(+\frac{1}{4}\right)\times\left(-\frac{3}{2}\right)\times\left(+\frac{4}{7}\right)=-\left(\frac{1}{4}\times\frac{3}{2}\times\frac{4}{7}\right)$
$=-\frac{3}{14}$

(3) $\left(-\frac{5}{6}\right)\times\left(-\frac{3}{8}\right)\times\left(+\frac{3}{10}\right)=+\left(\frac{5}{6}\times\frac{3}{8}\times\frac{3}{10}\right)$
$=+\frac{3}{32}$

다른 풀이
$\left(-\frac{5}{6}\right)\times\left(-\frac{3}{8}\right)\times\left(+\frac{3}{10}\right)$
$=\left\{\left(-\frac{5}{6}\right)\times\left(+\frac{3}{10}\right)\right\}\times\left(-\frac{3}{8}\right)$
$=\left(-\frac{1}{4}\right)\times\left(-\frac{3}{8}\right)=+\frac{3}{32}$

(4) $\left(+\frac{3}{5}\right)\times(-4)\times\left(-\frac{13}{24}\right)\times(+5)$
$=+\left(\frac{3}{5}\times4\times\frac{13}{24}\times5\right)=+\frac{13}{2}$

다른 풀이
$\left(+\frac{3}{5}\right)\times(-4)\times\left(-\frac{13}{24}\right)\times(+5)$
$=\left\{\left(+\frac{3}{5}\right)\times(+5)\right\}\times\left\{(-4)\times\left(-\frac{13}{24}\right)\right\}$
$=(+3)\times\left(+\frac{13}{6}\right)=+\frac{13}{2}$

(5) $\left(-\frac{9}{2}\right)\times\left(+\frac{5}{4}\right)\times\left(-\frac{2}{3}\right)\times\left(-\frac{8}{5}\right)$
$=-\left(\frac{9}{2}\times\frac{5}{4}\times\frac{2}{3}\times\frac{8}{5}\right)=-6$

다른 풀이
$\left(-\frac{9}{2}\right)\times\left(+\frac{5}{4}\right)\times\left(-\frac{2}{3}\right)\times\left(-\frac{8}{5}\right)$
$=\left\{\left(-\frac{9}{2}\right)\times\left(-\frac{2}{3}\right)\right\}\times\left\{\left(+\frac{5}{4}\right)\times\left(-\frac{8}{5}\right)\right\}$
$=(+3)\times(-2)=-6$

유형 10 P. 39

1 (1) $+9$ (2) -9 (3) -8 (4) -8
2 (1) $+1$ (2) -1
3 (1) -8 (2) $-\frac{9}{2}$ (3) -25 (4) -45 (5) $+\frac{5}{2}$

1 (1) $(-3)^2=(-3)\times(-3)=+(3\times3)=+9$
(2) $-3^2=-(3\times3)=-9$
(3) $(-2)^3=(-2)\times(-2)\times(-2)=-(2\times2\times2)=-8$
(4) $-2^3=-(2\times2\times2)=-8$

2 (1) $(-1)^{50}=(-1)\times(-1)\times\cdots\times(-1)=+1$
음수가 50개(짝수 개)
(2) $(-1)^{101}=(-1)\times(-1)\times\cdots\times(-1)=-1$
음수가 101개(홀수 개)

3 (1) $(-4)^2\times\left(-\frac{1}{2}\right)=(+16)\times\left(-\frac{1}{2}\right)=-8$
(2) $(-2)^3\times\left(-\frac{3}{4}\right)^2=(-8)\times\left(+\frac{9}{16}\right)=-\frac{9}{2}$
(3) $(-1)^5\times(-5)^2=(-1)\times(+25)=-25$
(4) $(-3)^2\times(-5)\times(-1)^6=(+9)\times(-5)\times(+1)$
$=-(9\times5\times1)=-45$

(5) $(-6)^2\times\left(-\frac{5}{9}\right)\times\left(-\frac{1}{2}\right)^3$
$=(+36)\times\left(-\frac{5}{9}\right)\times\left(-\frac{1}{8}\right)$
$=+\left(36\times\frac{5}{9}\times\frac{1}{8}\right)=+\frac{5}{2}$

유형 11 P. 39

1 (1) 1560 (2) 23 (3) −20
2 (1) −70 (2) 13 (3) 123

1 (1) $15\times(100+4)=15\times100+15\times4$
$=1500+60=1560$
(2) $20\times\left(\frac{7}{4}-\frac{3}{5}\right)=20\times\frac{7}{4}-20\times\frac{3}{5}$
$=35-12=23$
(3) $\left\{3+\left(-\frac{11}{7}\right)\right\}\times(-14)$
$=3\times(-14)+\left(-\frac{11}{7}\right)\times(-14)$
$=-42+22=-20$

2 (1) $(-7)\times9.8+(-7)\times0.2=(-7)\times(9.8+0.2)$
$=(-7)\times10=-70$
(2) $\frac{9}{7}\times13-\frac{2}{7}\times13=\left(\frac{9}{7}-\frac{2}{7}\right)\times13$
$=\frac{7}{7}\times13=1\times13=13$
(3) $6.8\times12.3+3.2\times12.3=(6.8+3.2)\times12.3$
$=10\times12.3=123$

유형 12 P. 40

1 (1) +2 (2) +7 (3) −6 (4) −5 (5) 0
2 (1) $\frac{1}{7}$ (2) $-\frac{1}{4}$ (3) 5 (4) $-\frac{3}{4}$
3 (1) $\frac{1}{3}$ (2) $-\frac{1}{2}$ (3) $\frac{6}{5}$ (4) $-\frac{5}{7}$ (5) $\frac{3}{5}$ (6) $-\frac{5}{3}$
4 (1) $-\frac{7}{6}$, $+\frac{7}{16}$ (2) −8 (3) $-\frac{5}{3}$
(4) $+\frac{1}{6}$ (5) $+\frac{1}{15}$
5 (1) −9 (2) +16 (3) $+\frac{12}{5}$ (4) −4

1 (1) $(+10)\div(+5)=+(10\div5)=+2$
(2) $(-21)\div(-3)=+(21\div3)=+7$
(3) $(-12)\div(+2)=-(12\div2)=-6$
(4) $(+35)\div(-7)=-(35\div7)=-5$
(5) 0을 0이 아닌 수로 나누면 그 몫은 항상 0이므로
$0\div(+6)=0$

3 (1) $3=\frac{3}{1}$ ⇨ 역수: $\frac{1}{3}$
(2) $-2=-\frac{2}{1}$ ⇨ 역수: $-\frac{1}{2}$
(3) $\frac{5}{6}$ ⇨ 역수: $\frac{6}{5}$
(4) $-\frac{7}{5}$ ⇨ 역수: $-\frac{5}{7}$
(5) $1\frac{2}{3}=\frac{5}{3}$ ⇨ 역수: $\frac{3}{5}$
(6) $-0.6=-\frac{6}{10}=-\frac{3}{5}$ ⇨ 역수: $-\frac{5}{3}$

4 (1) $\left(-\frac{3}{8}\right)\div\left(-\frac{6}{7}\right)=\left(-\frac{3}{8}\right)\times\left(\boxed{-\frac{7}{6}}\right)=+\frac{7}{16}$
(2) $\left(+\frac{2}{5}\right)\div\left(-\frac{1}{20}\right)=\left(+\frac{2}{5}\right)\times(-20)=-8$
(3) $(-3)\div\left(+\frac{9}{5}\right)=(-3)\times\left(+\frac{5}{9}\right)=-\frac{5}{3}$
(4) $(+1.25)\div\left(+\frac{15}{2}\right)=\left(+\frac{125}{100}\right)\times\left(+\frac{2}{15}\right)$
$=+\frac{1}{6}$
(5) $(-0.7)\div(-10.5)=\left(-\frac{7}{10}\right)\div\left(-\frac{105}{10}\right)$
$=\left(-\frac{7}{10}\right)\times\left(-\frac{10}{105}\right)$
$=+\frac{1}{15}$

5 (1) $(+4)\div\left(-\frac{10}{3}\right)\div\left(+\frac{2}{15}\right)$
$=(+4)\times\left(-\frac{3}{10}\right)\times\left(+\frac{15}{2}\right)$
$=-\left(4\times\frac{3}{10}\times\frac{15}{2}\right)=-9$
(2) $(-20)\div\left(+\frac{5}{6}\right)\div\left(-\frac{3}{2}\right)$
$=(-20)\times\left(+\frac{6}{5}\right)\times\left(-\frac{2}{3}\right)$
$=+\left(20\times\frac{6}{5}\times\frac{2}{3}\right)=+16$
(3) $\left(-\frac{9}{4}\right)\div(-5)\div\left(+\frac{3}{16}\right)$
$=\left(-\frac{9}{4}\right)\times\left(-\frac{1}{5}\right)\times\left(+\frac{16}{3}\right)$
$=+\left(\frac{9}{4}\times\frac{1}{5}\times\frac{16}{3}\right)=+\frac{12}{5}$
(4) $\left(+\frac{3}{7}\right)\div\left(-\frac{5}{14}\right)\div\left(+\frac{3}{10}\right)$
$=\left(+\frac{3}{7}\right)\times\left(-\frac{14}{5}\right)\times\left(+\frac{10}{3}\right)$
$=-\left(\frac{3}{7}\times\frac{14}{5}\times\frac{10}{3}\right)=-4$

유형 13 P. 41

1 (1) 30 (2) -20 (3) -4 (4) 5 (5) 81
2 (1) -12 (2) -16 (3) -15 (4) 12 (5) -10
3 (1) (차례로) ⑤, ②, ①, ③, ④
(2) (차례로) ④, ③, ②, ①, ⑤
(3) (차례로) ⑤, ③, ②, ①, ④
4 (1) 7 (2) 1 (3) $-\frac{9}{4}$ (4) -22

1 (1) $(-5)\times\frac{3}{4}\div\left(-\frac{1}{8}\right)=(-5)\times\frac{3}{4}\times(-8)$
$=+\left(5\times\frac{3}{4}\times8\right)=30$

(2) $\frac{5}{6}\div\left(-\frac{7}{12}\right)\times14=\frac{5}{6}\times\left(-\frac{12}{7}\right)\times14$
$=-\left(\frac{5}{6}\times\frac{12}{7}\times14\right)=-20$

(3) $\frac{3}{2}\times\left(-\frac{2}{3}\right)^2\div\left(-\frac{1}{6}\right)=\frac{3}{2}\times\frac{4}{9}\times(-6)$
$=-\left(\frac{3}{2}\times\frac{4}{9}\times6\right)=-4$

(4) $(-2)^3\times(-1)^5\div\frac{8}{5}=(-8)\times(-1)\times\frac{5}{8}$
$=+\left(8\times1\times\frac{5}{8}\right)=5$

(5) $(-3^2)\div\left(-\frac{4}{5}\right)\times\frac{36}{5}=(-9)\times\left(-\frac{5}{4}\right)\times\frac{36}{5}$
$=+\left(9\times\frac{5}{4}\times\frac{36}{5}\right)=81$

2 (1) $(-3)\times8-24\div(-2)=(-24)-(-12)$
$=(-24)+(+12)=-12$

(2) $(-12)\div(-3)+(-5)\times(+4)$
$=(+4)+(-20)=-16$

(3) $3+12\div4-3\times7=3+3-21$
$=6-21=-15$

(4) $6\div\left(-\frac{3}{5}\right)-2+9\times\frac{8}{3}$
$=6\times\left(-\frac{5}{3}\right)-2+24$
$=-10-2+24=12$

(5) $(-2)^2\div\frac{1}{10}+(-5)^2\div\left(-\frac{1}{2}\right)$
$=4\times10+25\times(-2)$
$=40+(-50)=-10$

4 (1) $9-\{25\div(-5)+7\}=9-(-5+7)$
$=9-2=7$

(2) $13-4\times\{2-(-1)^3\}=13-4\times\{2-(-1)\}$
$=13-4\times\{2+(+1)\}$
$=13-4\times3$
$=13-12=1$

(3) $\frac{3}{4}\times\left\{(-2)^2-\frac{2}{5}\right\}\div\left(-\frac{6}{5}\right)$
$=\frac{3}{4}\times\left(4-\frac{2}{5}\right)\times\left(-\frac{5}{6}\right)$
$=\frac{3}{4}\times\frac{18}{5}\times\left(-\frac{5}{6}\right)$
$=-\left(\frac{3}{4}\times\frac{18}{5}\times\frac{5}{6}\right)=-\frac{9}{4}$

(4) $\left[-7+\left\{1-\frac{1}{3}\times\left(-\frac{3}{2}\right)^2\right\}\div\frac{1}{12}\right]\times\frac{11}{2}$
$=\left\{-7+\left(1-\frac{1}{3}\times\frac{9}{4}\right)\div\frac{1}{12}\right\}\times\frac{11}{2}$
$=\left\{-7+\left(1-\frac{3}{4}\right)\div\frac{1}{12}\right\}\times\frac{11}{2}$
$=\left(-7+\frac{1}{4}\times12\right)\times\frac{11}{2}$
$=(-7+3)\times\frac{11}{2}$
$=(-4)\times\frac{11}{2}=-22$

쌍둥이 기출문제 P. 42~44

1 ② **2** ③ **3** ③
4 ㈎ 곱셈의 교환법칙, ㈏ 곱셈의 결합법칙
5 ③ **6** ② **7** ④ **8** 1
9 $a=100$, $b=1330$ **10** -30
11 (1) $a\times b+a\times c$ (2) 28 **12** 8 **13** ④
14 $\frac{20}{7}$ **15** $\frac{1}{6}$ **16** ⑤
17 (1) ㉢, ㉣, ㉡, ㉠ (2) -6 **18** -24

[1~2] 두 수의 곱셈과 나눗셈
(1) 두 수의 부호가 같은 경우 [곱셈 ⇨ +(절댓값의 곱) / 나눗셈 ⇨ +(절댓값의 몫)
(2) 두 수의 부호가 다른 경우 [곱셈 ⇨ −(절댓값의 곱) / 나눗셈 ⇨ −(절댓값의 몫)

1 ① $(+2)\times(+4)=+(2\times4)=+8$
② $(+6)\times(-2)=-(6\times2)=-12$
③ $(-10)\div(+5)=-(10\div5)=-2$
④ $(+1.6)\div(-0.4)=-(1.6\div0.4)=-4$
⑤ $\left(-\frac{3}{2}\right)\div\left(-\frac{3}{8}\right)=\left(-\frac{3}{2}\right)\times\left(-\frac{8}{3}\right)$
$=+\left(\frac{3}{2}\times\frac{8}{3}\right)=+4$
따라서 계산 결과가 가장 작은 것은 ②이다.

2 ① $(+4)\times\left(-\frac{3}{4}\right)=-\left(4\times\frac{3}{4}\right)=-3$

② $(-9)\div(+3)=-(9\div3)=-3$

③ $(+1.2)\times(-3)=-(1.2\times3)=-3.6$

④ $\left(+\frac{2}{3}\right)\div\left(-\frac{2}{9}\right)=\left(+\frac{2}{3}\right)\times\left(-\frac{9}{2}\right)$
$=-\left(\frac{2}{3}\times\frac{9}{2}\right)=-3$

⑤ $\left(-\frac{5}{3}\right)\times\left(+\frac{9}{5}\right)=-\left(\frac{5}{3}\times\frac{9}{5}\right)=-3$

따라서 계산 결과가 나머지 넷과 다른 하나는 ③이다.

[5~8] $(-a)^n$과 $-a^n$의 계산

(1) • $(-a)^n=\underbrace{(-a)\times(-a)\times\cdots\times(-a)}_{-a\text{를 } n\text{번 곱}}$

• $-a^n=-(\underbrace{a\times a\times\cdots\times a}_{a\text{를 } n\text{번 곱}})$ (앞의 $-$: 부호가 붙은 것)

(2) • $(-1)^n=\begin{cases} n\text{이 홀수이면 } -1 \\ n\text{이 짝수이면 } +1 \end{cases}$

• $-1^n=-1$

5 ① $-4^2=-(4\times4)=-16$

② $(-4)^3=(-4)\times(-4)\times(-4)=-64$

③ $-(-4^3)=-\{-(4\times4\times4)\}$
$=-(-64)=64$

④ $(-4)^2=(-4)\times(-4)=16$

⑤ $-4\times(-4)^2=-4\times(-4)\times(-4)$
$=-(4\times4\times4)=-64$

따라서 계산 결과가 가장 큰 것은 ③이다.

6 ① $\left(-\frac{1}{2}\right)^2=\left(-\frac{1}{2}\right)\times\left(-\frac{1}{2}\right)=\frac{1}{4}$

② $-\left(\frac{1}{2}\right)^2=-\left(\frac{1}{2}\times\frac{1}{2}\right)=-\frac{1}{4}$

③ $\left(-\frac{1}{2}\right)^3=\left(-\frac{1}{2}\right)\times\left(-\frac{1}{2}\right)\times\left(-\frac{1}{2}\right)$
$=-\left(\frac{1}{2}\times\frac{1}{2}\times\frac{1}{2}\right)=-\frac{1}{8}$

④ $-\left(-\frac{1}{2}\right)^3=-\left\{\left(-\frac{1}{2}\right)\times\left(-\frac{1}{2}\right)\times\left(-\frac{1}{2}\right)\right\}$
$=-\left\{-\left(\frac{1}{2}\times\frac{1}{2}\times\frac{1}{2}\right)\right\}$
$=-\left(-\frac{1}{8}\right)=\frac{1}{8}$

⑤ $\frac{1}{(-2)^3}=\frac{1}{(-2)\times(-2)\times(-2)}=\frac{1}{-(2\times2\times2)}$
$=\frac{1}{-8}=-\frac{1}{8}$

따라서 계산 결과가 가장 작은 것은 ②이다.

7 $(-1)^{1001}\div(-1)^{1003}\times(-1)^{1004}$
$=-1\div(-1)\times1=1$

8 1단계 $(-1)^{2024}=1$, $(-1)^{2025}=-1$, $1^{2026}=1$이므로

2단계 주어진 식을 계산하면
$(-1)^{2024}-(-1)^{2025}-1^{2026}$
$=1-(-1)-1$
$=1+1-1=1$

채점 기준		
1단계	$(-1)^{2024}$, $(-1)^{2025}$, 1^{2026}의 값 구하기	… 40 %
2단계	주어진 식 계산하기	… 60 %

[9~12] 분배법칙

세 수 a, b, c에 대하여

(1) $a\times(b+c)=a\times b+a\times c$

(2) $(a+b)\times c=a\times c+b\times c$

9 $14\times95=14\times(100-5)$
$=14\times100-14\times5$ ← 분배법칙: $a\times(b+c)=a\times b+a\times c$
$=1400-70$
$=1330$
$\therefore a=100,\ b=1330$

10 $(-2.75)\times15+0.75\times15$
$=(-2.75+0.75)\times15$ ← 분배법칙: $a\times c+b\times c=(a+b)\times c$
$=(-2)\times15$
$=-30$

11 (2) $a\times b=12$, $a\times c=16$이므로
$a\times(b+c)=a\times b+a\times c=12+16=28$

12 $a\times b=32$, $a\times c=24$이므로
$a\times(b-c)=a\times b-a\times c=32-24=8$

[13~14] 역수 구하기: $\frac{●}{▲}$ ⇨ $\frac{▲}{●}$

(1) 정수는 분모를 1로 고쳐서 역수를 구한다.

(2) 대분수는 가분수로 고쳐서 역수를 구한다.

(3) 소수는 분수로 고쳐서 역수를 구한다.

13 $\frac{5}{9}$의 역수는 $\frac{9}{5}$이므로 $a=\frac{9}{5}$

$-3\left(=-\frac{3}{1}\right)$의 역수는 $-\frac{1}{3}$이므로 $b=-\frac{1}{3}$

$\therefore a\times b=\frac{9}{5}\times\left(-\frac{1}{3}\right)=-\left(\frac{9}{5}\times\frac{1}{3}\right)=-\frac{3}{5}$

14 $0.28\left(=\frac{7}{25}\right)$의 역수는 $\frac{25}{7}$이므로 $a=\frac{25}{7}$

$-1\frac{2}{5}\left(=-\frac{7}{5}\right)$의 역수는 $-\frac{5}{7}$이므로 $b=-\frac{5}{7}$

$\therefore a+b=\frac{25}{7}+\left(-\frac{5}{7}\right)=\frac{20}{7}$

[15~16] 곱셈과 나눗셈의 혼합 계산
❶ 거듭제곱이 있으면 거듭제곱을 먼저 계산한다.
❷ 나눗셈을 곱셈으로 고친다.
❸ 음수가 홀수 개이면 − 부호를, 음수가 짝수 개이면 + 부호를 각 수의 절댓값의 곱에 붙인다.

15 $\left(-\frac{9}{10}\right)\times\left(\frac{2}{3}\right)^2\div\left(-\frac{12}{5}\right)=\left(-\frac{9}{10}\right)\times\frac{4}{9}\times\left(-\frac{5}{12}\right)$
$=+\left(\frac{9}{10}\times\frac{4}{9}\times\frac{5}{12}\right)=\frac{1}{6}$

16 ① $4\times(-5)\div(-2)=4\times(-5)\times\left(-\frac{1}{2}\right)$
$=+\left(4\times5\times\frac{1}{2}\right)=10$
② $(-60)\div12\div(-3)^2=(-60)\div12\div9$
$=(-60)\times\frac{1}{12}\times\frac{1}{9}$
$=-\left(60\times\frac{1}{12}\times\frac{1}{9}\right)$
$=-\frac{5}{9}$
③ $16\times\frac{3}{4}\div\left(-\frac{6}{5}\right)=16\times\frac{3}{4}\times\left(-\frac{5}{6}\right)$
$=-\left(16\times\frac{3}{4}\times\frac{5}{6}\right)$
$=-10$
④ $\frac{1}{4}\times(-10)\div(-2)^2=\frac{1}{4}\times(-10)\div4$
$=\frac{1}{4}\times(-10)\times\frac{1}{4}$
$=-\left(\frac{1}{4}\times10\times\frac{1}{4}\right)$
$=-\frac{5}{8}$
⑤ $\left(-\frac{2}{3}\right)\div\frac{4}{9}\times\frac{3}{4}=\left(-\frac{2}{3}\right)\times\frac{9}{4}\times\frac{3}{4}$
$=-\left(\frac{2}{3}\times\frac{9}{4}\times\frac{3}{4}\right)$
$=-\frac{9}{8}$
따라서 옳지 않은 것은 ⑤이다.

[17~18] 덧셈, 뺄셈, 곱셈, 나눗셈의 혼합 계산
❶ 거듭제곱이 있으면 거듭제곱을 먼저 계산한다.
❷ ( ) → { } → [ ]의 순서로 계산한다.
❸ 곱셈, 나눗셈을 한다.
❹ 덧셈, 뺄셈을 한다.

17 (1) 1단계 $-\frac{3}{5}-\frac{3}{4}\div\left\{\left(\frac{2}{3}-\frac{1}{2}\right)\times\frac{5}{6}\right\}$
(㉠: −, ㉡: ÷, ㉢: −, ㉣: ×)
에서 계산 순서를 차례로 나열하면
㉢, ㉣, ㉡, ㉠

(2) 2단계 $-\frac{3}{5}-\frac{3}{4}\div\left\{\left(\frac{2}{3}-\frac{1}{2}\right)\times\frac{5}{6}\right\}$
$=-\frac{3}{5}-\frac{3}{4}\div\left\{\left(\frac{4}{6}-\frac{3}{6}\right)\times\frac{5}{6}\right\}$
$=-\frac{3}{5}-\frac{3}{4}\div\left(\frac{1}{6}\times\frac{5}{6}\right)$
$=-\frac{3}{5}-\frac{3}{4}\div\frac{5}{36}=-\frac{3}{5}-\frac{3}{4}\times\frac{36}{5}$
$=-\frac{3}{5}-\frac{27}{5}=-\frac{30}{5}=-6$

채점 기준		
1단계	계산 순서를 차례로 나열하기	… 40 %
2단계	계산 결과 구하기	… 60 %

18 $3-\left[2\times\left\{(-3)^2-6\div\left(-\frac{3}{2}\right)\right\}+1\right]$
$=3-\left[2\times\left\{9-6\div\left(-\frac{3}{2}\right)\right\}+1\right]$
$=3-\left[2\times\left\{9-6\times\left(-\frac{2}{3}\right)\right\}+1\right]$
$=3-\{2\times(9+4)+1\}$
$=3-(2\times13+1)=3-(26+1)$
$=3-27=-24$

단원 마무리 P. 45~47

1 9	2 $a=-1$, $b=3$	3 ④	4 ⑤
5 5개	6 ①	7 ㄹ, ㄴ, ㄷ, ㄱ	8 ④
9 $\frac{13}{6}$	10 $-\frac{5}{6}$	11 ②	12 −12
13 $-\frac{2}{3}$	14 ④	15 −20	

1 양의 유리수는 $+3.5$, $+8$의 2개이므로 $a=2$
음의 유리수는 -1, $-\frac{2}{3}$, -2.9, $-\frac{40}{8}$의 4개이므로
$b=4$
정수가 아닌 유리수는 $+3.5$, $-\frac{2}{3}$, -2.9의 3개이므로
$c=3$
$\therefore a+b+c=2+4+3=9$

2 $-\frac{4}{3}\left(=-1\frac{1}{3}\right)$와 $\frac{13}{4}\left(=3\frac{1}{4}\right)$에 대응하는 점을 각각 수직선 위에 나타내면 다음 그림과 같다.

$-\frac{4}{3}$ $\frac{13}{4}$
−2 −1 0 1 2 3 4

따라서 $-\frac{4}{3}$에 가장 가까운 정수는 -1이고, $\frac{13}{4}$에 가장 가까운 정수는 3이므로 $a=-1$, $b=3$

3 ① $\left|\frac{5}{4}\right|=\frac{5}{4}(=1.25)$ ② $|-0.1|=0.1$

③ $\left|\frac{9}{2}\right|=\frac{9}{2}(=4.5)$ ④ $|-4.6|=4.6$ ⑤ $|0|=0$

이므로 주어진 수의 절댓값의 대소를 비교하면

$|0|<|-0.1|<\left|\frac{5}{4}\right|<\left|\frac{9}{2}\right|<|-4.6|$

따라서 절댓값이 가장 큰 수는 ④이다.

4 □ 안에 들어갈 부등호의 방향은 다음과 같다.

①, ②, ③, ④ < ⑤ >

따라서 부등호의 방향이 나머지 넷과 다른 하나는 ⑤이다.

5 $\frac{13}{5}=2\frac{3}{5}$이므로 -2 이상이고 $\frac{13}{5}$보다 작은 정수는

-2, -1, 0, 1, 2의 5개이다.

7 ㄱ. $(+11)+(-6)=+(11-6)=+5$

ㄴ. $(-2)+\left(+\frac{24}{7}\right)=+\left(\frac{24}{7}-2\right)$

$=+\left(\frac{24}{7}-\frac{14}{7}\right)=+\frac{10}{7}$

ㄷ. $\left(+\frac{3}{8}\right)-\left(-\frac{13}{8}\right)=\left(+\frac{3}{8}\right)+\left(+\frac{13}{8}\right)$

$=+\left(\frac{3}{8}+\frac{13}{8}\right)=+2$

ㄹ. $\left(-\frac{2}{9}\right)-\left(+\frac{1}{3}\right)=\left(-\frac{2}{9}\right)+\left(-\frac{1}{3}\right)=-\left(\frac{2}{9}+\frac{1}{3}\right)$

$=-\left(\frac{2}{9}+\frac{3}{9}\right)=-\frac{5}{9}$

따라서 계산 결과가 작은 것부터 차례로 나열하면

ㄹ, ㄴ, ㄷ, ㄱ이다.

8 ④ $-1.1-5-(+0.9)=-1.1-5-0.9$

$=-1.1-0.9-5$

$=-(1.1+0.9)-5$

$=-2-5=-7$

9 $a=5+\left(-\frac{1}{3}\right)=\frac{15}{3}+\left(-\frac{1}{3}\right)=\frac{14}{3}$

$b=2-\left(-\frac{1}{2}\right)=\frac{4}{2}+\frac{1}{2}=\frac{5}{2}$

$\therefore a-b=\frac{14}{3}-\frac{5}{2}=\frac{28}{6}-\frac{15}{6}=\frac{13}{6}$

10 어떤 수를 □라 하면 $\square-\left(-\frac{3}{4}\right)=\frac{2}{3}$이므로

$\square=\frac{2}{3}+\left(-\frac{3}{4}\right)=\frac{8}{12}+\left(-\frac{9}{12}\right)=-\frac{1}{12}$

따라서 어떤 수는 $-\frac{1}{12}$이므로 바르게 계산하면

$-\frac{1}{12}+\left(-\frac{3}{4}\right)=-\frac{1}{12}+\left(-\frac{9}{12}\right)$

$=-\frac{10}{12}=-\frac{5}{6}$

11 ① $-(-2)^2=-\{(-2)\times(-2)\}=-4$

② $(-2)^3=(-2)\times(-2)\times(-2)=-8$

③ $-2^2=-(2\times2)=-4$

④ $\left(-\frac{1}{2}\right)^2=\left(-\frac{1}{2}\right)\times\left(-\frac{1}{2}\right)=\frac{1}{4}$

⑤ $-\left(\frac{1}{2}\right)^4=-\left(\frac{1}{2}\times\frac{1}{2}\times\frac{1}{2}\times\frac{1}{2}\right)=-\frac{1}{16}$

따라서 계산 결과가 가장 작은 것은 ②이다.

12 $13.2\times(-0.12)+86.8\times(-0.12)$

$=(13.2+86.8)\times(-0.12)$

$=100\times(-0.12)=-12$

13 1단계 $1.5=\frac{15}{10}=\frac{3}{2}$이므로 1.5의 역수는 $\frac{2}{3}$이다.

$\therefore a=\frac{2}{3}$

2단계 $-\frac{3}{4}$의 역수는 $-\frac{4}{3}$이므로 $b=-\frac{4}{3}$

3단계 $\therefore a+b=\frac{2}{3}+\left(-\frac{4}{3}\right)=-\frac{2}{3}$

채점 기준		
1단계	a의 값 구하기	··· 30 %
2단계	b의 값 구하기	··· 30 %
3단계	$a+b$의 값 구하기	··· 40 %

14 ① $(-2)\times(-8)=+(2\times8)=+16$

② $(+7)\times(-3)=-(7\times3)=-21$

③ $(+24)\div(+8)=+(24\div8)=+3$

④ $(-56)\div(-7)\times(+4)=(-56)\times\left(-\frac{1}{7}\right)\times(+4)$

$=+\left(56\times\frac{1}{7}\times4\right)=+32$

⑤ $(-3)^2\times(+2)\div(+6)=(+9)\times(+2)\div(+6)$

$=(+9)\times(+2)\times\left(+\frac{1}{6}\right)$

$=+\left(9\times2\times\frac{1}{6}\right)=+3$

따라서 계산 결과가 가장 큰 것은 ④이다.

15 $-1-\left[20\times\left\{\left(-\frac{1}{2}\right)^3\div\left(-\frac{5}{2}\right)+1\right\}-2\right]$

$=-1-\left[20\times\left\{\left(-\frac{1}{8}\right)\div\left(-\frac{5}{2}\right)+1\right\}-2\right]$

$=-1-\left[20\times\left\{\left(-\frac{1}{8}\right)\times\left(-\frac{2}{5}\right)+1\right\}-2\right]$

$=-1-\left\{20\times\left(\frac{1}{20}+1\right)-2\right\}$

$=-1-\left(20\times\frac{21}{20}-2\right)$

$=-1-(21-2)=-1-19=-20$

01 문자의 사용

유형 1 P. 50~51

1 (1) $-y$ (2) $0.1xy^2$ (3) $-6(a+b)$ (4) $-3a+10b$

2 (1) $-\frac{x}{y}$ (2) $\frac{a}{a+b}$ (3) $\frac{x-y}{5}$ (4) $\frac{a}{2}-\frac{4b}{3c}$

3 (1) $\frac{a}{bc}$ (2) $3-\frac{2y}{x}$ (3) $\frac{7(a+b)}{c}$

4 (1) $3\times a\times b$ (2) $(-1)\times x\times y\times y$ (3) $2\times(a+b)\times h$
(4) $5\times a\times a\times b\times x$ (5) $(-1.7)\times x\times y\times y\times y$

5 (1) $1\div a$ (2) $(a-b)\div 3$ (3) $8\div(a+b)$
(4) $(x+y)\div 2$ (5) $(x-y)\div(-5)$

6 (1) $5a$원 (2) $100\times a+500\times b$, $(100a+500b)$원
(3) $y-200\times x$, $(y-200x)$원
(4) $x\div 10\left(\text{또는 } x\times\frac{1}{10}\right)$, $\frac{x}{10}$원$\left(\text{또는 } \frac{1}{10}x\text{원}\right)$

7 (1) $a\times 2-b\times 5$, $2a-5b$ (2) $10\times a+1\times b$, $10a+b$
(3) $100\times a+10\times b+1\times 7$, $100a+10b+7$

8 (1) $3\times x$, $3x$ cm (2) $2\times(x+y)$, $2(x+y)$ cm
(3) $\frac{1}{2}\times a\times b$, $\frac{1}{2}ab\text{ cm}^2$

9 (1) $80\times t$, $80t$ km (2) $x\div 5$, $\frac{x}{5}$시간

10 (1) $\frac{3}{100}x$명 (2) $a+a\times\frac{b}{100}$, $\left(a+\frac{ab}{100}\right)$원
(3) $\frac{17}{100}\times y$, $\frac{17y}{100}$g

1 (1) $y\times(-1)=-y$ (1은 생략한다.)
(2) $y\times 0.1\times x\times y=0.1\times x\times y\times y=0.1\times x\times(y\times y)$
$=0.1xy^2$
(3) $(a+b)\times(-6)=-6(a+b)$
(4) $\underline{(-3)\times a}+\underline{b\times 10}=-3a+10b$ ($-3a$, $10b$, + 생략할 수 없다.)

2 (1) $x\div(-y)=x\times\left(-\frac{1}{y}\right)=-\frac{x}{y}$
(2) $a\div(a+b)=a\times\frac{1}{a+b}=\frac{a}{a+b}$
(3) $(x-y)\div 5=(x-y)\times\frac{1}{5}=\frac{x-y}{5}$
(4) $a\div 2-b\div\frac{3}{4}c=a\times\frac{1}{2}-b\times\frac{4}{3c}=\frac{a}{2}-\frac{4b}{3c}$ ($\frac{a}{2}$, $\frac{4b}{3c}$, − 생략할 수 없다.)

3 (1) $a\div b\div c=a\times\frac{1}{b}\times\frac{1}{c}=\frac{a}{bc}$
(2) $3-2\div x\times y=3-2\times\frac{1}{x}\times y=3-\frac{2y}{x}$
주의 $2\div x\times y=2\div xy=\frac{2}{xy}$ (×)
(3) $(a+b)\times 7\div c=(a+b)\times 7\times\frac{1}{c}$
$=\frac{7(a+b)}{c}$

[4] $abc=a\times b\times c$ (× 생략)

4 (1) $3ab=3\times a\times b$ (× 생략)
(2) $-xy^2=(-1)\times x\times y^2$
$=(-1)\times x\times y\times y$
(3) $2(a+b)h=2\times(a+b)\times h$ (× 생략)
(4) $5a^2bx=5\times a^2\times b\times x$
$=5\times a\times a\times b\times x$
(5) $-1.7xy^3=(-1.7)\times x\times y^3$
$=(-1.7)\times x\times y\times y\times y$

[5] $\frac{b}{a}=b\div a$

5 (1) $\frac{1}{a}=1\div a$
(2) $\frac{a-b}{3}=(a-b)\div 3$
(3) $\frac{8}{a+b}=8\div(a+b)$
(4) $\frac{1}{2}(x+y)=\frac{x+y}{2}=(x+y)\div 2$
(5) $-\frac{1}{5}(x-y)=\frac{x-y}{-5}=(x-y)\div(-5)$

6 (1) 한 개에 a원인 사과 5개의 가격
⇨ $a\times 5=5a$(원)
(2) 100원짜리 동전 a개와 500원짜리 동전 b개를 합한 금액 ($(100\times a)$원, $(500\times b)$원, +)
⇨ $100\times a+500\times b=100a+500b$(원)
(3) 한 자루에 200원인 연필 x자루를 사고 y원을 냈을 때의 거스름돈 ($(200\times x)$원)
⇨ $y-200\times x=y-200x$(원)
(4) 사탕 10개의 가격이 x원일 때, 사탕 1개의 가격
⇨ $x\div 10=x\times\frac{1}{10}=\frac{x}{10}\left(\text{또는 } \frac{1}{10}x\right)$(원)

7 (1) a를 2배 한 것에서 b를 5배 한 것을 뺀 수 ($a\times2$, $b\times5$, $-$)

⇨ $a\times2-b\times5=2a-5b$

(2) 십의 자리의 숫자가 a, 일의 자리의 숫자가 b인 두 자리의 자연수 ($10\times a$, $1\times b$)

⇨ $10\times a+1\times b=10a+b$

(3) 백의 자리의 숫자가 a, 십의 자리의 숫자가 b, 일의 자리의 숫자가 7인 세 자리의 자연수 ($100\times a$, $10\times b$, 1×7)

⇨ $100\times a+10\times b+1\times7=100a+10b+7$

8 (1) $3\times x=3x(\text{cm})$

(2) $2\times(x+y)=2(x+y)(\text{cm})$

(3) $\frac{1}{2}\times a\times b=\frac{1}{2}ab(\text{cm}^2)$

9 (1) $80\times t=80t(\text{km})$

(2) $x\div5=x\times\frac{1}{5}=\frac{x}{5}$(시간)

10 (1) $x\times\frac{3}{100}=\frac{3}{100}x$(명)

(2) (정가)=(원가)+(이익)에서

(이익)$=a\times\frac{b}{100}$(원)이므로

(정가)$=a+a\times\frac{b}{100}=a+\frac{ab}{100}$(원)

(3) (소금의 양)$=\frac{(\text{소금물의 농도})}{100}\times$(소금물의 양)이므로

(소금의 양)$=\frac{17}{100}\times y=\frac{17y}{100}$(g)

02 식의 값

유형 2 P. 52

1 (1) 3, 11 (2) 5 (3) 1
2 (1) -3, 5, -1 (2) 18 (3) -4
3 (1) $\frac{1}{3}$, 3, 12 (2) 4 (3) -3
4 (1) -3, 9 (2) -9 (3) 9 (4) -27
5 (1) -2, 5 (2) 3 (3) -10
6 (1) 2 (2) $\frac{13}{4}$ (3) 17

1 $2a+5$에 주어진 a의 값을 대입하면

(1) $2\times\boxed{3}+5=6+5=\boxed{11}$

(2) $2\times0+5=0+5=5$

(3) $2\times(-2)+5=-4+5=1$

2 주어진 식에 $x=-3$, $y=5$를 대입하면

(1) $2x+y=2\times(\boxed{-3})+\boxed{5}=-6+5=\boxed{-1}$

(2) $-x+3y=-(-3)+3\times5=3+15=18$

(3) $x-\frac{1}{5}y=-3-\frac{1}{5}\times5=-3-1=-4$

3 주어진 식을 나눗셈 기호를 사용하여 나타낸 후 $a=\frac{1}{3}$을 대입하면

(1) $\frac{4}{a}=4\div a=4\div\boxed{\frac{1}{3}}=4\times\boxed{3}=\boxed{12}$

(2) $\frac{2}{a}-2=2\div a-2=2\div\frac{1}{3}-2$
$=2\times3-2=4$

(3) $6-\frac{3}{a}=6-3\div a=6-3\div\frac{1}{3}$
$=6-3\times3=6-9=-3$

4 주어진 식에 $a=-3$을 대입하면

(1) $a^2=(\boxed{-3})^2=\boxed{9}$

(2) $-a^2=-(-3)^2=-(+9)=-9$

(3) $(-a)^2=\{-(-3)\}^2=3^2=9$

(4) $a^3=(-3)^3=-27$

참고 $(-3)^3=(-3)\times(-3)\times(-3)$
$=-(3\times3\times3)=-27$

5 주어진 식에 $b=-2$를 대입하면

(1) $b^2+1=(\boxed{-2})^2+1=4+1=\boxed{5}$

(2) $7-b^2=7-(-2)^2=7-4=3$

(3) $b^3+\frac{4}{b}=(-2)^3+\frac{4}{-2}=-8-2=-10$

6 주어진 식에 $a=\frac{1}{2}$, $b=-1$을 대입하면

(1) $4a^2+b^2=4\times\left(\frac{1}{2}\right)^2+(-1)^2$
$=4\times\frac{1}{4}+1$
$=1+1=2$

(2) $a^2-6ab=\left(\frac{1}{2}\right)^2-6\times\frac{1}{2}\times(-1)$
$=\frac{1}{4}+3=\frac{13}{4}$

(3) $\frac{10}{a}-3b^2=10\div\frac{1}{2}-3\times(-1)^2$
$=10\times2-3$
$=20-3=17$

쌍둥이 기출문제 P. 53~54

1 ⑤ 2 ④ 3 ⑤ 4 ①, ④ 5 xy
6 $\frac{1}{2}(a+b)h$ 7 -3 8 ⑤ 9 ①
10 ② 11 ② 12 -10℃

[1~6] 곱셈 기호와 나눗셈 기호의 생략
(1) 곱셈 기호의 생략
① 수는 문자 앞에 쓴다. 단, 문자 앞의 1은 생략한다.
② 문자는 알파벳 순서로 쓰고, 같은 문자의 곱은 거듭제곱으로 나타낸다.
(2) 나눗셈 기호의 생략
나눗셈 기호를 생략하고 분수 꼴로 나타내거나
역수의 곱셈으로 고친 후 곱셈 기호를 생략한다.

1 ⑤ $2\times x\div y\div z=2\times x\times\frac{1}{y}\times\frac{1}{z}=\frac{2x}{yz}$

2 ㄱ. $a\times b\div c=a\times b\times\frac{1}{c}=\frac{ab}{c}$
ㄴ. $a\div b\times c=a\times\frac{1}{b}\times c=\frac{ac}{b}$
ㄷ. $a\times\left(\frac{1}{b}\div c\right)=a\times\left(\frac{1}{b}\times\frac{1}{c}\right)$
$=a\times\frac{1}{bc}=\frac{a}{bc}$
ㄹ. $a\div(b\div c)=a\div\frac{b}{c}=a\times\frac{c}{b}=\frac{ac}{b}$
따라서 옳은 것은 ㄴ, ㄷ이다.

3 ⑤ (판매한 가격)=(정가)−(할인 금액)
$=2000-2000\times\frac{a}{100}$
$=2000-20a$(원)

4 ① $3500\times a+1800\times b=3500a+1800b$(원)
② (정가)=(원가)+(이익)
$=800+800\times\frac{a}{100}$
$=800+8a$(원)
③ (소금의 양)$=\frac{(\text{소금물의 농도})}{100}\times$(소금물의 양)
$=\frac{a}{100}\times400=4a$(g)
④ $(a+b)\div2=(a+b)\times\frac{1}{2}=\frac{a+b}{2}$
⑤ $10\times a+1\times b=10a+b$
따라서 옳은 것은 ①, ④이다.

5 (평행사변형의 넓이)=(밑변의 길이)×(높이)
$=x\times y=xy$

6 (사다리꼴의 넓이)
$=\frac{1}{2}\times${(윗변의 길이)+(아랫변의 길이)}×(높이)
$=\frac{1}{2}\times(a+b)\times h$
$=\frac{1}{2}(a+b)h$

[7~10] 식의 값을 구하는 방법
① 생략된 곱셈, 나눗셈 기호를 다시 쓴다.
② 문자에 주어진 수를 대입하여 계산한다.
주의 문자에 음수를 대입할 때는 반드시 괄호를 사용한다.

7 $-a^2+2a=-(-1)^2+2\times(-1)$
$=-1-2$
$=-3$

8 ① $-x=-(-5)=5$
② $x^2=(-5)^2=25$
③ $-(-x)^2=-\{-(-5)\}^2=-5^2=-25$
④ $\frac{25}{x}=\frac{25}{-5}=-5$
⑤ $-x^2+x=-(-5)^2+(-5)$
$=-25-5=-30$
따라서 식의 값이 가장 작은 것은 ⑤이다.

9 $4a^2-2b=4\times2^2-2\times(-3)$
$=16+6=22$

10 $2xy-4y^2=2\times1\times\left(-\frac{1}{2}\right)-4\times\left(-\frac{1}{2}\right)^2$
$=-1-4\times\frac{1}{4}$
$=-1-1$
$=-2$

[11~12] 식의 값의 활용
문장으로 주어진 식의 값 문제는 어떤 문자에 어떤 값을 대입해야 하는지 먼저 파악한 후 식의 값을 구한다.

11 $0.6x+331$에 $x=15$를 대입하면
$0.6\times15+331=9+331=340$
따라서 기온이 15℃일 때, 소리의 속력은 초속 340 m이다.

12 $20-6h$에 $h=5$를 대입하면
$20-6\times5=20-30=-10$(℃)
따라서 지면에서 높이가 5 km인 곳의 기온은 -10℃이다.

일차식과 그 계산

유형 3 P. 55

1 풀이 참조 **2** 풀이 참조

3 (1) ○ (2) ○ (3) × (4) × (5) × (6) ○

4 (1) $8x$ (2) $-15x$ (3) $2x$ (4) $\frac{5}{2}x$

5 (1) $6a+4$ (2) $-6a-15$ (3) $-a-1$ (4) $-12+3a$

6 (1) $-x+3$ (2) $3x+2$ (3) $27x+\frac{18}{5}$ (4) $-x+\frac{4}{3}$

1

다항식	항	상수항
(1) $-3x+7y+1$	$-3x$, $7y$, 1	1
(2) $a+2b-3$	a, $2b$, -3	-3
(3) x^2-6x+3	x^2, $-6x$, 3	3
(4) $\frac{y}{4}-\frac{1}{2}$	$\frac{y}{4}$, $-\frac{1}{2}$	$-\frac{1}{2}$

2

다항식	계수	
(1) $5x-y$	x의 계수: 5	y의 계수: -1
(2) $\frac{a}{8}-4b+1$	a의 계수: $\frac{1}{8}$	b의 계수: -4
(3) $-x^2+9x+4$	x^2의 계수: -1	x의 계수: 9

3 (1), (2), (6) 다항식의 차수가 1이므로 일차식이다.
(3) 다항식의 차수가 2이므로 일차식이 아니다.
(4) $0\times x+5=0+5=5$의 상수항뿐이므로 일차식이 아니다.
(5) 분모에 문자가 있는 식은 다항식이 아니므로 일차식이 아니다.

[4] 단항식과 수의 곱셈, 나눗셈
(1) (단항식)×(수): 수끼리 곱한 후 문자 앞에 쓴다.
(2) (단항식)÷(수): 나누는 수의 역수를 곱한다.

4 (1) $2x\times4=(2\times4)x=8x$
(2) $5\times(-3x)=\{5\times(-3)\}x=-15x$
(3) $8x\div4=8x\times\frac{1}{4}=\left(8\times\frac{1}{4}\right)x=2x$
(4) $(-3x)\div\left(-\frac{6}{5}\right)=(-3x)\times\left(-\frac{5}{6}\right)$
$=\left\{(-3)\times\left(-\frac{5}{6}\right)\right\}x=\frac{5}{2}x$

5 (1) $2(3a+2)=2\times(3a+2)$
$=2\times3a+2\times2$
$=6a+4$
(2) $3(-2a-5)=3\times(-2a-5)$
$=3\times(-2a)-3\times5$
$=-6a-15$
(3) $-(a+1)=(-1)\times(a+1)$
$=(-1)\times a+(-1)\times1$
$=-a-1$
괄호 안의 모든 항의 부호가 바뀐다.
(4) $(4-a)\times(-3)=4\times(-3)-a\times(-3)$
$=-12+3a$

6 (1) $(-2x+6)\div2=(-2x+6)\times\frac{1}{2}$
$=-2x\times\frac{1}{2}+6\times\frac{1}{2}$
$=-x+3$
(2) $(-12x-8)\div(-4)=(-12x-8)\times\left(-\frac{1}{4}\right)$
$=-12x\times\left(-\frac{1}{4}\right)-8\times\left(-\frac{1}{4}\right)$
$=3x+2$
(3) $\left(9x+\frac{6}{5}\right)\div\frac{1}{3}=\left(9x+\frac{6}{5}\right)\times3=9x\times3+\frac{6}{5}\times3$
$=27x+\frac{18}{5}$
(4) $\left(\frac{3}{2}x-2\right)\div\left(-\frac{3}{2}\right)=\left(\frac{3}{2}x-2\right)\times\left(-\frac{2}{3}\right)$
$=\frac{3}{2}x\times\left(-\frac{2}{3}\right)-2\times\left(-\frac{2}{3}\right)$
$=-x+\frac{4}{3}$

유형 4 P. 56

1 (1) $3a$ (2) $-3b$ (3) -4

2 (1) $2x$와 $-3x$, -3과 5 (2) $6y$와 $-y$, $\frac{1}{3}$과 $-\frac{3}{5}$
(3) x^2과 $3x^2$, $-2x$와 $7x$

3 (1) $3x$ (2) $-8y$ (3) $\frac{1}{2}a$ (4) $-\frac{7}{6}b$

4 (1) $-9x$ (2) $11a$ (3) $0.5x$ (4) y (5) $\frac{13}{12}b$

5 (1) $4x+3$ (2) $2x-4$ (3) $1.1a+0.9$ (4) $-y-3$
(5) $\frac{11}{6}a-6$ (6) $-\frac{9}{10}b+\frac{10}{9}$

[1~2] 덧셈식으로 고친 후 동류항을 찾으면 편리하다.

1 $2a-3b+3+3a+b-4$
$=2a+(-3b)+3+3a+b+(-4)$
(1) (2) (3)

2 (1) $2x-3-3x+5=2x+(-3)+(-3x)+5$ (동류항: $2x$와 $-3x$, -3과 5)

(2) $\frac{1}{3}+6y-y-\frac{3}{5}=\frac{1}{3}+6y+(-y)+\left(-\frac{3}{5}\right)$ (동류항: $\frac{1}{3}$과 $-\frac{3}{5}$, $6y$와 $-y$)

(3) $x^2-2x+4+3x^2+7x=x^2+(-2x)+4+3x^2+7x$ (동류항: $-2x$와 $7x$, x^2과 $3x^2$)

3 (1) $-2x+5x=(-2+5)x=3x$

(2) $-7y-y=(-7-1)y=-8y$

(3) $-\frac{1}{2}a+a=\left(-\frac{1}{2}+1\right)a=\frac{1}{2}a$

(4) $\frac{1}{2}b-\frac{5}{3}b=\left(\frac{1}{2}-\frac{5}{3}\right)b=\left(\frac{3}{6}-\frac{10}{6}\right)b=-\frac{7}{6}b$

4 (1) $-2x+3x-10x=(-2+3-10)x=-9x$

(2) $7a-11a+15a=(7-11+15)a=11a$

(3) $2.8x-1.3x-x=(2.8-1.3-1)x=0.5x$

(4) $\frac{5}{2}y-3y+\frac{3}{2}y=\left(\frac{5}{2}-3+\frac{3}{2}\right)y=y$

(5) $-\frac{1}{4}b+2b-\frac{2}{3}b=\left(-\frac{1}{4}+2-\frac{2}{3}\right)b$
$=\left(-\frac{3}{12}+\frac{24}{12}-\frac{8}{12}\right)b$
$=\frac{13}{12}b$

5 (1) $7x-1-3x+4=7x-3x-1+4$
$=4x+3$

(2) $-2x+9+4x-13=-2x+4x+9-13$
$=2x-4$

(3) $5.4a+1.7-4.3a-0.8=5.4a-4.3a+1.7-0.8$
$=1.1a+0.9$

(4) $-\frac{1}{2}+6y-\frac{5}{2}-7y=6y-7y-\frac{1}{2}-\frac{5}{2}$
$=-y-\frac{6}{2}$
$=-y-3$

(5) $\frac{1}{3}a-1+\frac{3}{2}a-5=\frac{1}{3}a+\frac{3}{2}a-1-5$
$=\frac{2}{6}a+\frac{9}{6}a-6$
$=\frac{11}{6}a-6$

(6) $\frac{2}{3}-\frac{7}{5}b+\frac{4}{9}+\frac{1}{2}b=-\frac{7}{5}b+\frac{1}{2}b+\frac{2}{3}+\frac{4}{9}$
$=-\frac{14}{10}b+\frac{5}{10}b+\frac{6}{9}+\frac{4}{9}$
$=-\frac{9}{10}b+\frac{10}{9}$

유형 5 P. 57~58

1 (1) $8x+2$ (2) $-2x+4$ (3) $-y+5$ (4) $2x+2$ (5) $\frac{1}{2}b-\frac{1}{3}$ (6) $-3x+3$

2 (1) $5a-14$ (2) $11x-11$ (3) $12a+4$ (4) $-x-9$ (5) $6x-11$ (6) $3a-3$

3 (1) $-3x+4$ (2) $9y-5$ (3) $a+9$ (4) $-5b-1$ (5) $y+7$ (6) $4a-8$

4 (1) $-5x+17$ (2) $-11x+13$ (3) $10x+27$ (4) $-14x-2$ (5) $-4x+6$ (6) $2x-5$

5 (1) $6x+2$ (2) $13a+5b$ (3) $-3x+4y$

6 (1) $\frac{5}{6}x-\frac{1}{3}$ (2) $\frac{13}{12}a-\frac{5}{12}$ (3) $\frac{1}{4}y-\frac{5}{4}$ (4) $\frac{2}{9}b+\frac{1}{18}$

7 (1) -3, -10 (2) $\frac{14}{15}$, $-\frac{13}{15}$

8 (1) $8x+6$ (2) $-7x+3$ (3) $-b-3$

9 (1) $-$ (2) $5x-10$ (3) $8x-14$

10 (1) $-x+2$ (2) $-3x+7$

1 (1) $(3x+4)+(5x-2)=3x+4+5x-2$
$=3x+5x+4-2$
$=8x+2$

(2) $(2x-5)+(-4x+9)=2x-5-4x+9$
$=2x-4x-5+9$
$=-2x+4$

(3) $(-6y-2)+(5y+7)=-6y-2+5y+7$
$=-6y+5y-2+7$
$=-y+5$

(4) $\left(\frac{3}{2}x-3\right)+\left(\frac{1}{2}x+5\right)=\frac{3}{2}x-3+\frac{1}{2}x+5$
$=\frac{3}{2}x+\frac{1}{2}x-3+5$
$=\frac{4}{2}x+2=2x+2$

(5) $\left(\frac{1}{3}-\frac{3}{4}b\right)+\left(-\frac{2}{3}+\frac{5}{4}b\right)=\frac{1}{3}-\frac{3}{4}b-\frac{2}{3}+\frac{5}{4}b$
$=-\frac{3}{4}b+\frac{5}{4}b+\frac{1}{3}-\frac{2}{3}$
$=\frac{2}{4}b-\frac{1}{3}=\frac{1}{2}b-\frac{1}{3}$

(6) $(0.5x-1)+(-3.5x+4)=0.5x-1-3.5x+4$
$=0.5x-3.5x-1+4$
$=-3x+3$

2 (1) $4(3a-2)+(-7a-6)=12a-8-7a-6$
$=12a-7a-8-6$
$=5a-14$

(2) $(5x+7)+3(2x-6)=5x+7+6x-18$
$=5x+6x+7-18$
$=11x-11$

(3) $2(a-8)+5(2a+4)=2a-16+10a+20$
$=2a+10a-16+20$
$=12a+4$

(4) $5(-x+3)+8\left(\frac{1}{2}x-3\right)=-5x+15+4x-24$
$=-5x+4x+15-24$
$=-x-9$

(5) $4(x-2)+\frac{1}{3}(6x-9)=4x-8+2x-3$
$=4x+2x-8-3$
$=6x-11$

(6) $\frac{1}{2}(4a-2)+\frac{1}{6}(6a-12)=2a-1+a-2$
$=2a+a-1-2$
$=3a-3$

3 (1) $(2x-3)-(5x-7)=2x-3-5x+7$
$=2x-5x-3+7$
$=-3x+4$

(2) $(7y+4)-(-2y+9)=7y+4+2y-9$
$=7y+2y+4-9$
$=9y-5$

(3) $(-2a+4)-(-3a-5)=-2a+4+3a+5$
$=-2a+3a+4+5$
$=a+9$

(4) $\left(\frac{1}{5}-6b\right)-\left(\frac{6}{5}-b\right)=\frac{1}{5}-6b-\frac{6}{5}+b$
$=-6b+b+\frac{1}{5}-\frac{6}{5}$
$=-5b-1$

(5) $\left(\frac{2}{3}y+1\right)-\left(-\frac{1}{3}y-6\right)=\frac{2}{3}y+1+\frac{1}{3}y+6$
$=\frac{2}{3}y+\frac{1}{3}y+1+6$
$=y+7$

(6) $(3.7a-3)-(-0.3a+5)=3.7a-3+0.3a-5$
$=3.7a+0.3a-3-5$
$=4a-8$

4 (1) $(-3x+7)-2(x-5)=-3x+7-2x+10$
$=-3x-2x+7+10$
$=-5x+17$

(2) $4(-2x+1)-3(x-3)=-8x+4-3x+9$
$=-8x-3x+4+9$
$=-11x+13$

(3) $-(-4x-3)+3(2x+8)=4x+3+6x+24$
$=4x+6x+3+24$
$=10x+27$

(4) $-6\left(\frac{2}{3}+x\right)+8\left(\frac{1}{4}-x\right)=-4-6x+2-8x$
$=-6x-8x-4+2$
$=-14x-2$

(5) $-\left(\frac{3}{2}x+6\right)-4\left(\frac{5}{8}x-3\right)=-\frac{3}{2}x-6-\frac{5}{2}x+12$
$=-\frac{3}{2}x-\frac{5}{2}x-6+12$
$=-4x+6$

(6) $-\frac{1}{3}(6x+9)-\frac{2}{5}(-10x+5)=-2x-3+4x-2$
$=-2x+4x-3-2$
$=2x-5$

5 (1) $4x-\{6-2(x+4)\}=4x-(6-2x-8)$
$=4x-(-2x+6-8)$
$=4x-(-2x-2)$
$=4x+2x+2$
$=6x+2$

(2) $9a+6b-\{a-(5a-b)\}=9a+6b-(a-5a+b)$
$=9a+6b-(-4a+b)$
$=9a+6b+4a-b$
$=9a+4a+6b-b$
$=13a+5b$

(3) $3x-5y-\{6(x-y)-3y\}=3x-5y-(6x-6y-3y)$
$=3x-5y-(6x-9y)$
$=3x-5y-6x+9y$
$=3x-6x-5y+9y$
$=-3x+4y$

6 (1) $\frac{x}{2}+\frac{x-1}{3}=\frac{3x}{6}+\frac{2(x-1)}{6}$
$=\frac{3x+2x-2}{6}$
$=\frac{5x-2}{6}$
$=\frac{5}{6}x-\frac{1}{3}$

(2) $\frac{a-2}{3}+\frac{3a+1}{4}=\frac{4(a-2)}{12}+\frac{3(3a+1)}{12}$
$=\frac{4a-8+9a+3}{12}$
$=\frac{4a+9a-8+3}{12}$
$=\frac{13a-5}{12}$
$=\frac{13}{12}a-\frac{5}{12}$

(3) $\frac{3y+1}{4}-\frac{y+3}{2}=\frac{3y+1}{4}-\frac{2(y+3)}{4}$
$=\frac{3y+1-2y-6}{4}$
$=\frac{3y-2y+1-6}{4}$
$=\frac{y-5}{4}$
$=\frac{1}{4}y-\frac{5}{4}$

(4) $\frac{2b-1}{6}-\frac{b-2}{9}=\frac{3(2b-1)}{18}-\frac{2(b-2)}{18}$
$=\frac{6b-3-2b+4}{18}$
$=\frac{6b-2b-3+4}{18}$
$=\frac{4b+1}{18}$
$=\frac{2}{9}b+\frac{1}{18}$

7 (1) $-\frac{1}{2}(12x+16)+\frac{1}{3}(9x-6)=-6x-8+3x-2$
$=-6x+3x-8-2$
$=-3x-10$
따라서 x의 계수는 -3, 상수항은 -10이다.
(2) $\frac{8x-1}{5}-\frac{2x+2}{3}=\frac{3(8x-1)}{15}-\frac{5(2x+2)}{15}$
$=\frac{24x-3-10x-10}{15}$
$=\frac{24x-10x-3-10}{15}$
$=\frac{14x-13}{15}=\frac{14}{15}x-\frac{13}{15}$
따라서 x의 계수는 $\frac{14}{15}$, 상수항은 $-\frac{13}{15}$이다.

8 (1) $\square=5x+7+(3x-1)=5x+7+3x-1$
$=5x+3x+7-1=8x+6$
(2) $\square=-2x+1-(5x-2)=-2x+1-5x+2$
$=-2x-5x+1+2=-7x+3$
(3) $\square=3b-2-(4b+1)=3b-2-4b-1$
$=3b-4b-2-1=-b-3$

9 (2) (어떤 다항식)$-(3x-4)=2x-6$이므로
(어떤 다항식)$=2x-6+(3x-4)=2x-6+3x-4$
$=2x+3x-6-4=5x-10$
(3) 어떤 다항식이 $5x-10$이므로 바르게 계산하면
$(5x-10)+(3x-4)=5x-10+3x-4$
$=5x+3x-10-4$
$=8x-14$

10 (1) 어떤 다항식을 $\square$라 하면
$\square+(2x-5)=x-3$
$\therefore \square=x-3-(2x-5)=x-3-2x+5$
$=x-2x-3+5=-x+2$
따라서 어떤 다항식은 $-x+2$이다.
(2) 어떤 다항식이 $-x+2$이므로 바르게 계산하면
$(-x+2)-(2x-5)=-x+2-2x+5$
$=-x-2x+2+5$
$=-3x+7$

쌍둥이 기출문제 P. 59~61

1 ③	**2** -9	**3** ②, ③	**4** ③	**5** -5
6 -2	**7** ④	**8** ㄱ, ㄷ, ㅂ		**9** ④
10 ⑤	**11** ①	**12** ⑤	**13** ④	
14 $-\frac{1}{12}x+\frac{11}{12}$		**15** $5x-5$	**16** ②	
17 (1) $-3x-2$ (2) $-9x+1$			**18** ④	

[1~2] 다항식의 이해
(1) 다항식: 한 개 또는 두 개 이상의 항의 합으로 이루어진 식
(2) 단항식: 다항식 중에서 항이 한 개뿐인 식
(3) 항의 차수: 어떤 항에서 문자가 곱해진 개수
(4) 다항식의 차수: 다항식에서 차수가 가장 큰 항의 차수

1 ① a^2+a는 항이 2개이므로 단항식이 아니다.
② x^2-2x+3에서 x의 계수는 -2이다.
③ $-3y$는 단항식, 즉 다항식 중에서 항이 한 개뿐인 식이다.
④ $3a^2+4a-3$에서 상수항은 -3이다.
⑤ x^3+2x의 다항식의 차수는 3이다.
따라서 옳은 것은 ③이다.

2 $-\frac{3}{4}x^2+7x+2$에서 항은 $-\frac{3}{4}x^2$, $7x$, 2의 3개이고
x^2의 계수는 $-\frac{3}{4}$, 상수항은 2이므로
$a=3$, $b=-\frac{3}{4}$, $c=2$
$\therefore 2abc=2\times3\times\left(-\frac{3}{4}\right)\times2=-9$

[3~4] 일차식: 차수가 1인 다항식 ⇨ $ax+b$ (a, b는 상수, $a\neq0$) 꼴
주의 분모에 문자가 포함된 식은 다항식이 아니므로 일차식이 아니다.

3 ① 상수항뿐이므로 일차식이 아니다.
④ 다항식의 차수가 2이므로 일차식이 아니다.
⑤ 분모에 문자가 있는 식은 다항식이 아니므로 일차식이 아니다.
따라서 일차식은 ②, ③이다.

4 ㄷ. 다항식의 차수가 3이므로 일차식이 아니다.
ㄹ. 분모에 문자가 있는 식은 다항식이 아니므로 일차식이 아니다.
ㅂ. $0\times x+6=6$의 상수항뿐이므로 일차식이 아니다.
따라서 일차식은 ㄱ, ㄴ, ㅁ의 3개이다.

5 $5(2x-3)=5\times2x-5\times3=10x-15$
따라서 $a=10$, $b=-15$이므로
$a+b=10+(-15)=-5$

6 $(12x+6)\div(-3)=(12x+6)\times\left(-\frac{1}{3}\right)$
$=12x\times\left(-\frac{1}{3}\right)+6\times\left(-\frac{1}{3}\right)$
$=-4x-2$
따라서 $a=-4$, $b=-2$이므로
$a-b=-4-(-2)=-4+2=-2$

[7~8] 동류항: 문자가 같고, 차수도 같은 항
참고 상수항끼리는 모두 동류항이다.

7 ① 차수가 다르므로 동류항이 아니다.
② 문자가 다르므로 동류항이 아니다.
③ $\frac{4}{x}$는 분모에 문자가 있으므로 다항식이 아니다.
⑤ 차수가 다르므로 동류항이 아니다.
따라서 동류항끼리 짝 지어진 것은 ④이다.

8 ㄴ, ㄹ. 차수가 다르므로 동류항이 아니다.
ㅁ. $\frac{9}{x}$는 분모에 문자가 있으므로 다항식이 아니다.
ㅂ. 상수항끼리는 동류항이다.
따라서 동류항끼리 짝 지어진 것은 ㄱ, ㄷ, ㅂ이다.

[9~12] ❶ 괄호가 있으면 분배법칙을 이용하여 괄호를 푼다.
❷ 동류항끼리 모아서 계산한다.

9 $(-2a+4)+(-3a+2)=-2a+4-3a+2$
$=-2a-3a+4+2$
$=-5a+6$

10 ① $(2x+11)+(x-4)=2x+11+x-4$
$=2x+x+11-4=3x+7$
② $(-8x+1)+(-x-7)=-8x+1-x-7$
$=-8x-x+1-7=-9x-6$
③ $(9x+13)-(7x-5)=9x+13-7x+5$
$=9x-7x+13+5=2x+18$
④ $(4x-3)-(2x-6)=4x-3-2x+6$
$=4x-2x-3+6=2x+3$
⑤ $(-4x-10)-(-12x+10)=-4x-10+12x-10$
$=-4x+12x-10-10$
$=8x-20$
따라서 계산하였을 때, x의 계수가 가장 큰 것은 ⑤이다.

11 $4(2x+1)-3(x-2)=8x+4-3x+6$
$=8x-3x+4+6$
$=5x+10$
따라서 x의 계수는 5, 상수항은 10이므로 구하는 곱은
$5\times10=50$

12 $\frac{1}{3}(9x-6)+\frac{1}{2}(-2x+10)=3x-2-x+5$
$=3x-x-2+5$
$=2x+3$
따라서 x의 계수는 2, 상수항은 3이므로 구하는 합은
$2+3=5$

13 $\frac{x}{3}+\frac{x+2}{6}=\frac{2x}{6}+\frac{x+2}{6}=\frac{2x+x+2}{6}$
$=\frac{3x+2}{6}=\frac{1}{2}x+\frac{1}{3}$

14 $\frac{x+3}{4}-\frac{2x-1}{6}=\frac{3(x+3)}{12}-\frac{2(2x-1)}{12}$
$=\frac{3x+9-4x+2}{12}=\frac{3x-4x+9+2}{12}$
$=\frac{-x+11}{12}=-\frac{1}{12}x+\frac{11}{12}$

[15~16] 문자에 식을 대입할 때는 괄호를 사용한다.

15 $A=2x+1$, $B=-x+2$이므로
$A-3B=(2x+1)-3(-x+2)$
$=2x+1+3x-6$
$=2x+3x+1-6$
$=5x-5$

16 $B+2(A-B)=B+2A-2B$
$=2A+B-2B$
$=2A-B$
$A=-3x+5$, $B=x-4$이므로
$2A-B=2(-3x+5)-(x-4)$
$=-6x+10-x+4$
$=-6x-x+10+4$
$=-7x+14$

17 (1) 1단계 어떤 다항식을 □라 하면
□$+(6x-3)=3x-5$
2단계 ∴ □$=3x-5-(6x-3)=3x-5-6x+3$
$=3x-6x-5+3=-3x-2$
따라서 어떤 다항식은 $-3x-2$이다.
(2) 3단계 어떤 다항식이 $-3x-2$이므로
바르게 계산하면
$(-3x-2)-(6x-3)=-3x-2-6x+3$
$=-3x-6x-2+3$
$=-9x+1$

채점 기준		
1단계	어떤 다항식을 □라 하고 식 세우기	… 30 %
2단계	어떤 다항식 구하기	… 30 %
3단계	바르게 계산한 식 구하기	… 40 %

18 어떤 다항식을 $\square$라 하면

$\square-(4x-6)=-7x-1$

$\therefore \square=-7x-1+(4x-6)$
$=-7x-1+4x-6$
$=-7x+4x-1-6$
$=-3x-7$

따라서 어떤 다항식은 $-3x-7$이므로 바르게 계산하면

$(-3x-7)+(4x-6)=-3x-7+4x-6$
$=-3x+4x-7-6$
$=x-13$

단원 마무리 P. 62~63

1	⑤	**2**	④	**3**	②	**4**	148회	**5**	⑤
6	①	**7**	④	**8**	②	**9**	$-\frac{3}{7}$	**10**	$-x+6$

1 ① $0.1\times x=0.1x$

② $3\times\frac{1}{2}\times x=\frac{3}{2}x$

③ $3\div a+b=\frac{3}{a}+b$

④ $(-1)\times(x+y)=-(x+y)$

⑤ $x\div(y\div 4)=x\div\frac{y}{4}=x\times\frac{4}{y}=\frac{4x}{y}$

따라서 옳은 것은 ⑤이다.

2 (거스름돈)$=10000-$(라면 x개의 가격)
$=10000-750x$(원)

3 ① $-6x+y=-6\times\left(-\frac{1}{3}\right)+2=2+2=4$

② $3x-4y=3\times\left(-\frac{1}{3}\right)-4\times2=-1-8=-9$

③ $9x^2-y=9\times\left(-\frac{1}{3}\right)^2-2=9\times\frac{1}{9}-2=1-2=-1$

④ $\frac{5}{x}+5y=5\div\left(-\frac{1}{3}\right)+5\times2=5\times(-3)+10$
$=-15+10=-5$

⑤ $4xy-\frac{y^2}{3}=4\times\left(-\frac{1}{3}\right)\times2-\frac{2^2}{3}=-\frac{8}{3}-\frac{4}{3}$
$=-\frac{12}{3}=-4$

따라서 식의 값이 가장 작은 것은 ②이다.

4 $\frac{36}{5}x-32$에 $x=25$를 대입하면

$\frac{36}{5}\times25-32=180-32=148$

따라서 기온이 $25\,^\circ\mathrm{C}$일 때, 귀뚜라미는 1분 동안 148회를 운다.

5 $-6x^2+x-3$에서 다항식의 차수는 2, x의 계수는 1, 상수항은 -3이므로 $a=2$, $b=1$, $c=-3$

$\therefore a+b-c=2+1-(-3)=2+1+3=6$

6 ② 분모에 문자가 있는 식은 다항식이 아니므로 일차식이 아니다.

③ 다항식의 차수가 2이므로 일차식이 아니다.

④ $0\times x+7=7$의 상수항뿐이므로 일차식이 아니다.

⑤ 다항식의 차수가 3이므로 일차식이 아니다.

따라서 일차식은 ①이다.

7 ① $2(1-3x)=2-6x$

② $\frac{1}{5}(5x-3)=x-\frac{3}{5}$

③ $-\frac{1}{4}(8x-24)=-2x+6$

④ $(4x-6)\div\frac{2}{3}=(4x-6)\times\frac{3}{2}=6x-9$

⑤ $(5x-10)\div\left(-\frac{1}{5}\right)=(5x-10)\times(-5)=-25x+50$

따라서 옳은 것은 ④이다.

8 ② 차수가 다르므로 동류항이 아니다.

9 $\frac{x-3}{7}-\frac{2x-1}{3}=\frac{3(x-3)}{21}-\frac{7(2x-1)}{21}$
$=\frac{3x-9-14x+7}{21}=\frac{3x-14x-9+7}{21}$
$=\frac{-11x-2}{21}=-\frac{11}{21}x-\frac{2}{21}$

따라서 $a=-\frac{11}{21}$, $b=-\frac{2}{21}$이므로

$a-b=-\frac{11}{21}-\left(-\frac{2}{21}\right)=-\frac{11}{21}+\frac{2}{21}$
$=-\frac{9}{21}=-\frac{3}{7}$

10 1단계 어떤 다항식을 $\square$라 하면

$\square-(2x+7)=-5x-8$

2단계 $\therefore \square=-5x-8+(2x+7)$
$=-5x-8+2x+7$
$=-5x+2x-8+7$
$=-3x-1$

3단계 따라서 어떤 다항식은 $-3x-1$이므로 바르게 계산하면

$(-3x-1)+(2x+7)=-3x-1+2x+7$
$=-3x+2x-1+7$
$=-x+6$

채점 기준		
1단계	어떤 다항식을 $\square$라 하고 식 세우기	… 30 %
2단계	어떤 다항식 구하기	… 30 %
3단계	바르게 계산한 식 구하기	… 40 %

방정식과 그 해

유형 1 P. 66

1 (1) $x-10=6$ (2) $2(x+1)=14$ (3) $6+3x=x-2$
2 (1) $5a=6000$ (2) $35-2x=7$
3 표는 풀이 참조, $x=3$
4 (1) ○ (2) × (3) × (4) ○
5 ㄱ, ㅁ, ㅂ **6** ㄴ, ㄹ, ㅂ

1 (1) x에서 10을 빼면 / 6과 같다. ⇨ $x-10=6$
($x-10$ / $=6$)
(2) x에 1을 더한 것의 2배는 / 14와 같다. ⇨ $2(x+1)=14$
($(x+1)\times2$ / $=14$)
(3) 6에 x의 3배를 더한 것은 / x에서 2를 뺀 것과 같다.
($6+x\times3$ / $=x-2$)
⇨ $6+3x=x-2$

2 (1) 박물관의 학생 1명당 입장료가 a원일 때, 학생 5명의 입장료는 / 6000원이다.
($5\times a$ / $=6000$)
⇨ $5a=6000$
(2) 귤 35개를 x명의 학생에게 2개씩 나누어 주었더니 / 7개가 남았다.
($35-x\times2$ / $=7$)
⇨ $35-2x=7$

3

x의 값	좌변	우변	참 / 거짓
0	$2\times0-5=-5$	1	거짓
1	$2\times1-5=-3$	1	거짓
2	$2\times2-5=-1$	1	거짓
3	$2\times3-5=1$	1	참

$x=3$일 때 등식이 참이 되므로 방정식 $2x-5=1$의 해는 $x=3$이다.

[4~5] $x=a$가 방정식의 해(근)인지 확인할 때는
⇨ 방정식에 $x=a$를 대입하여 (좌변)=(우변)인지 확인한다.

4 (1) 주어진 방정식에 $x=-1$을 대입하면
$-1+4=3$ (○)
(2) 주어진 방정식에 $x=2$를 대입하면
$4\times2-10\neq-8$ (×)
($=-2$)
(3) 주어진 방정식에 $x=0$을 대입하면
$2\times(0+1)\neq0$ (×)
($=2$)
(4) 주어진 방정식에 $x=6$을 대입하면
$1-\frac{1}{2}\times6=-2$ (○)

5 각 방정식에 $x=2$를 대입하면
ㄱ. $4\times2-2=6$
ㄴ. $2+2\neq0$ ($2+2=4$)
ㄷ. $3\neq2-1$ ($2-1=1$)
ㄹ. $0.6\times2+1.8\neq2$ ($=3$)
ㅁ. $-5\times2+7=-3$
ㅂ. $\frac{2}{4}+1=\frac{3}{2}$
따라서 해가 $x=2$인 것은 ㄱ, ㅁ, ㅂ이다.

[6] 항등식: 미지수에 어떠한 값을 대입하여도 항상 참이 되는 등식
⇨ 좌변과 우변을 각각 정리했을 때
(좌변)=(우변)인 등식
예 $3x+1=4x+1-x$
($3x+1=$ $3x+1$)

6 ㄱ. $3x-1=2$ ⇨ (좌변)≠(우변)이므로 항등식이 아니다.
ㄴ. $2x-x=x$ ⇨ (좌변)=(우변)이므로 항등식이다.
(x $=x$)
ㄷ. $x+2>7$ ⇨ 등식이 아니므로 항등식이 아니다.
ㄹ. $3(x+1)-6=3(x-1)$
($3x+3-6$ $=$ $3x-3$)
⇨ (좌변)=(우변)이므로 항등식이다.
ㅁ. $x=-4$ ⇨ (좌변)≠(우변)이므로 항등식이 아니다.
ㅂ. $-(x-1)=1-x$
($-x+1$ $=$ $1-x$)
⇨ (좌변)=(우변)이므로 항등식이다.
따라서 항등식은 ㄴ, ㄹ, ㅂ이다.

유형 2 P. 67

1 (1) ○ (2) × (3) ○ (4) ○ (5) × (6) ○ (7) × (8) ○
2 (1) ㄱ, ㄹ (2) ㄴ, ㄷ
3 (1) 1, 1, 8, 4, 8, 2 (2) 5, 5, -3, -2, -3, 6
4 (1) $x=-8$ (2) $x=2$
(3) $x=20$ (4) $x=-3$

1 (1) $a=b$의 양변에 1을 더하면
$a+1=b+1$ (○)
(2) $a=b$의 양변에서 3을 빼면
$a-3=b-3$
$\therefore a-3\neq3-b$ (×)
(3) $a=b$의 양변에 -4를 곱하면
$-4a=-4b$ (○)

(4) $a=b$의 양변을 2로 나누면

$\frac{a}{2}=\frac{b}{2}$ (○)

(5) $a+3=b-3$의 양변에서 3을 빼면

$a+3-3=b-3-3$이므로 $a=b-6$

$\therefore a\neq b$ (×)

(6) $2a+5=2b+5$의 양변에서 5를 빼면

$2a+5-5=2b+5-5$이므로 $2a=2b$

이때 $2a=2b$의 양변을 2로 나누면

$\frac{2a}{2}=\frac{2b}{2}$

$\therefore a=b$ (○)

(7) $\frac{a}{3}=\frac{b}{2}$의 양변에 9를 곱하면

$\frac{a}{3}\times 9=\frac{b}{2}\times 9$이므로 $3a=\frac{9}{2}b$

$\therefore 3a\neq 2b$ (×)

참고 $\frac{a}{3}=\frac{b}{2}$의 양변에 6을 곱하면

$\frac{a}{3}\times 6=\frac{b}{2}\times 6$이므로 $2a=3b$

(8) $20a=12b$의 양변을 4로 나누면

$\frac{20}{4}a=\frac{12}{4}b$

$\therefore 5a=3b$ (○)

2 (1)

$3x-2=10$

$3x-2+2=10+2$ — (가) 양변에 2를 더한다. ⇨ ㄱ

$3x=12$

$\frac{3x}{3}=\frac{12}{3}$ — (나) 양변을 3으로 나눈다. ⇨ ㄹ

$\therefore x=4$

(2)

$\frac{1}{3}x+7=4$

$\frac{1}{3}x+7-7=4-7$ — (가) 양변에서 7을 뺀다. ⇨ ㄴ

$\frac{1}{3}x=-3$

$\frac{1}{3}x\times 3=-3\times 3$ — (나) 양변에 3을 곱한다. ⇨ ㄷ

$\therefore x=-9$

4 (1)

$2x+9=-7$

$2x+9-9=-7-9$ — 양변에서 9를 뺀다.

$2x=-16$

$\frac{2x}{2}=\frac{-16}{2}$ — 양변을 2로 나눈다.

$\therefore x=-8$

(2)

$5x-2=8$

$5x-2+2=8+2$ — 양변에 2를 더한다.

$5x=10$

$\frac{5x}{5}=\frac{10}{5}$ — 양변을 5로 나눈다.

$\therefore x=2$

(3)

$\frac{1}{4}x-3=2$

$\frac{1}{4}x-3+3=2+3$ — 양변에 3을 더한다.

$\frac{1}{4}x=5$

$\frac{1}{4}x\times 4=5\times 4$ — 양변에 4를 곱한다.

$\therefore x=20$

(4)

$\frac{2}{3}x+1=-1$

$\frac{2}{3}x+1-1=-1-1$ — 양변에서 1을 뺀다.

$\frac{2}{3}x=-2$

$\frac{2}{3}x\times\frac{3}{2}=-2\times\frac{3}{2}$ — 양변에 $\frac{3}{2}$을 곱한다.

$\therefore x=-3$

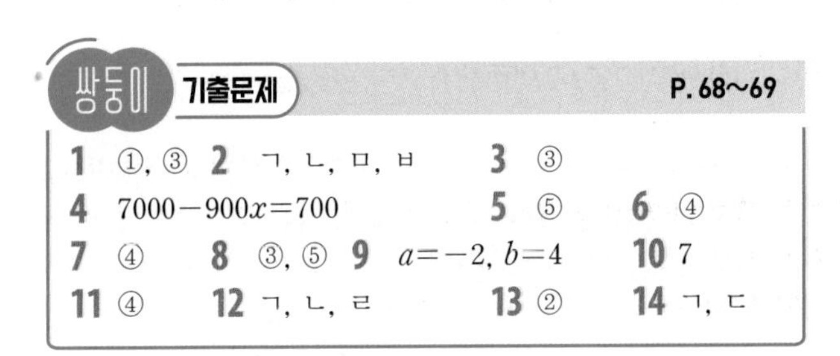

쌍둥이 기출문제 P. 68~69

1	①, ③	**2**	ㄱ, ㄴ, ㅁ, ㅂ	**3**	③		
4	$7000-900x=700$			**5**	⑤	**6**	④
7	④	**8**	③, ⑤	**9**	$a=-2$, $b=4$	**10**	7
11	④	**12**	ㄱ, ㄴ, ㄹ	**13**	②	**14**	ㄱ, ㄷ

[1~2] 등식은 등호(=)를 사용하여 두 수나 식이 같음을 나타낸 식이므로 등호가 없는 식은 등식이 아니다.

1 ① $2x+1$ ⇨ 다항식

③ $0>-1$ ⇨ 부등호를 사용한 식

2 ㄷ. $2\times 40\geq 50$ ⇨ 부등호를 사용한 식

ㄹ. $2x^2+2$ ⇨ 다항식

따라서 등식은 ㄱ, ㄴ, ㅁ, ㅂ이다.

3 어떤 수 x의 3배에서 5를 뺀 것은 / 어떤 수 x에 1을 더한 것과 같다.
($x\times 3-5$) ($=x+1$)

⇨ $3x-5=x+1$

4 7000원을 내고 한 자루에 900원인 볼펜 x자루를 샀더니 / 거스름돈이 700원이었다.
($7000-900\times x$) ($=700$)

⇨ $7000-900x=700$

[5~6] $x=a$가 방정식의 해(근)이다.
⇨ 방정식에 $x=a$를 대입하면 등식이 성립한다.

5 각 방정식에 $x=7$을 대입하면
① $\underbrace{7+4}_{=11}\neq 7$
② $\underbrace{2\times 7-9}_{=5}\neq 3$
③ $\underbrace{5\times 7-25}_{=10}\neq\underbrace{7+1}_{=8}$
④ $\underbrace{3\times(7-1)}_{=18}\neq\underbrace{7+1}_{=8}$
⑤ $\frac{1}{5}\times(7+3)=2$
따라서 해가 $x=7$인 것은 ⑤이다.

6 각 방정식의 x에 [ ] 안의 수를 대입하면
① $\underbrace{3-2}_{=1}\neq 10$
② $\underbrace{\frac{1}{3}\times(-3)-2}_{=-3}\neq -1$
③ $\underbrace{-5\times 1}_{=-5}\neq\underbrace{1+6}_{=7}$
④ $2\times(1-2)=-2$
⑤ $\underbrace{5\times\left(-\frac{1}{5}\right)+10}_{=9}\neq\underbrace{10\times\left(-\frac{1}{5}\right)}_{=-2}$
따라서 [ ] 안의 수가 주어진 방정식의 해인 것은 ④이다.

7 ① $5x=5$ ⇨ (좌변)$\neq$(우변)이므로 항등식이 아니다.
② $x+1=2x$ ⇨ (좌변)$\neq$(우변)이므로 항등식이 아니다.
③ (좌변)$=2x+3x=5x$
⇨ (좌변)$\neq$(우변)이므로 항등식이 아니다.
④ (우변)$=4x-x=3x$
⇨ (좌변)$=$(우변)이므로 항등식이다.
⑤ (좌변)$=8(x+2)=8x+16$
⇨ (좌변)$\neq$(우변)이므로 항등식이 아니다.
따라서 항등식인 것은 ④이다.

8 x의 값에 관계없이 항상 참이 되는 등식은 항등식이다.
① $x-3=1$ ⇨ (좌변)$\neq$(우변)이므로 항등식이 아니다.
② $3x+1=-2$ ⇨ (좌변)$\neq$(우변)이므로 항등식이 아니다.
③ (우변)$=2x+1-x=x+1$
⇨ (좌변)$=$(우변)이므로 항등식이다.
④ (우변)$=3(x-1)=3x-3$
⇨ (좌변)$\neq$(우변)이므로 항등식이 아니다.
⑤ (우변)$=2(2x-3)=4x-6$
⇨ (좌변)$=$(우변)이므로 항등식이다.
따라서 x의 값에 관계없이 항상 참이 되는 등식은 ③, ⑤이다.

[9~10] 항등식이 되는 조건
$ax+b=cx+d$가 x에 대한 항등식이다.
⇨ $a=c$, $b=d$

9 $ax+4=-2x+b$가 x에 대한 항등식이므로 좌변과 우변의 x의 계수와 상수항이 각각 같아야 한다.
$\therefore a=-2$, $b=4$

10 $3(x-a)=bx+12$가 x의 값에 관계없이 항상 성립하므로 x에 대한 항등식이다.
즉, 좌변과 우변의 x의 계수와 상수항이 각각 같아야 한다.
이때 좌변의 괄호를 풀면 $3x-3a$이므로
$3=b$, $-3a=12$
따라서 $a=-4$, $b=3$이므로 $b-a=3-(-4)=3+4=7$

11 ① $a=b$의 양변에 c를 더하면 $a+c=b+c$
② $a=b$의 양변에서 5를 빼면 $a-5=b-5$
③ $a+7=b+7$의 양변에서 7을 빼면
$a+7-7=b+7-7$ $\quad\therefore a=b$
④ $a=1$, $b=2$, $c=0$이면
$1\times 0=2\times 0$이지만 $1\neq 2$이다.
⑤ $\frac{a}{5}=\frac{b}{2}$의 양변에 10을 곱하면
$\frac{a}{5}\times 10=\frac{b}{2}\times 10$ $\quad\therefore 2a=5b$
따라서 옳지 않은 것은 ④이다.

12 ㄱ. $a=b$의 양변에 -5를 곱하면 $-5a=-5b$
ㄴ. $-9a=-9b$의 양변을 -9로 나누면
$\frac{-9a}{-9}=\frac{-9b}{-9}$ $\quad\therefore a=b$
ㄷ. $\frac{a}{8}=\frac{b}{6}$의 양변에 16을 곱하면
$\frac{a}{8}\times 16=\frac{b}{6}\times 16$ $\quad\therefore 2a=\frac{8}{3}b$
ㄹ. $a=b$의 양변을 2로 나누면 $\frac{a}{2}=\frac{b}{2}$
$\frac{a}{2}=\frac{b}{2}$의 양변에서 1을 빼면
$\frac{a}{2}-1=\frac{b}{2}-1$
따라서 옳은 것은 ㄱ, ㄴ, ㄹ이다.

13
$4x+13=25$
$4x+13-13=25-13$ ← (가) 양변에서 13을 뺀다.
$4x=12$
$\frac{4x}{4}=\frac{12}{4}$ ← 양변을 4로 나눈다.
$\therefore x=3$
따라서 (가)에 이용된 등식의 성질은 ②이다.

14

$$\frac{1}{2}x-3=-1$$
$$\frac{1}{2}x-3\underline{+3}=-1\underline{+3}$$ ← (가) 양변에 3을 더한다.
$$\frac{1}{2}x=2$$
$$\frac{1}{2}x\underline{\times 2}=2\underline{\times 2}$$ ← (나) 양변에 2를 곱한다.
$$\therefore x=4$$

따라서 (가), (나)에 이용된 등식의 성질은 각각 ㄱ, ㄷ이다.

일차방정식의 풀이

유형 3 P. 70

1 (1) $x=5-8$ (2) $3x-x=4$
(3) $2x=6+4$ (4) $x+2x=-3$

2 ㄱ, ㄴ, ㄷ, ㅅ **3** $6x$, $6x$, 7, 2, 6, 3

4 (1) $x=5$ (2) $x=1$ (3) $x=-4$ (4) $x=2$ (5) $x=3$

5 (1) $x=2$ (2) $x=-3$ (3) $x=-1$
(4) $x=\frac{1}{2}$ (5) $x=\frac{4}{13}$

[1] $+□$를 이항 ⇨ $-□$, $-□$를 이항 ⇨ $+□$

1 (1) $x\underline{+8}=5$ ⇨ $x=5\underline{-8}$
(2) $3x=\underline{x}+4$ ⇨ $3x\underline{-x}=4$
(3) $2x\underline{-4}=6$ ⇨ $2x=6\underline{+4}$
(4) $x=\underline{-2x}-3$ ⇨ $x\underline{+2x}=-3$

[2] 일차방정식은 다음 두 조건을 모두 만족시킨다.
① 등식이다.
② 정리하여 (일차식)$=0$ 꼴로 나타낼 수 있다.

2 ㄱ. $x=2$에서 $\underline{x-2}=0$ ⇨ 일차방정식
(일차식)

ㄴ. $-(x-1)=x-1$에서 $-x+1=x-1$
$-x+1-x+1=0$
$\therefore \underline{-2x+2}=0$ ⇨ 일차방정식
(일차식)

ㄷ. $4x-x=4$에서 $3x=4$
$\therefore \underline{3x-4}=0$ ⇨ 일차방정식
(일차식)

ㄹ. $x+3=x^2+1$에서 $x+3-x^2-1=0$
$\therefore \underline{-x^2+x+2}=0$ ⇨ 일차방정식이 아니다.
(일차식이 아니다.)

ㅁ. $5x-2>0$ ⇨ 등식이 아니므로 일차방정식이 아니다.

ㅂ. $2x+5=x+(x+5)$에서 $2x+5=2x+5$
$2x+5-2x-5=0$
$\therefore 0=0$ ⇨ 일차방정식이 아니다.

ㅅ. $3x-x^2=4-x^2$에서 $3x-x^2-4+x^2=0$
$\therefore \underline{3x-4}=0$ ⇨ 일차방정식
(일차식)

ㅇ. $4x-8$ ⇨ 등식이 아니므로 일차방정식이 아니다.

따라서 일차방정식은 ㄱ, ㄴ, ㄷ, ㅅ이다.

3

$$8x-7=6x-1$$
$$8x-\boxed{6x}=-1+\boxed{7}$$ ← -7, $\boxed{6x}$을(를) 각각 이항하면
$$\boxed{2}x=\boxed{6}$$
$$\therefore x=\boxed{3}$$

4 (1) $5-2x=-5$에서 $-2x=-5-5$
$-2x=-10$ $\therefore x=5$

(2) $5x+\frac{1}{2}=\frac{11}{2}$에서 $5x=\frac{11}{2}-\frac{1}{2}$
$5x=5$ $\therefore x=1$

(3) $-3x=-x+8$에서 $-3x+x=8$
$-2x=8$ $\therefore x=-4$

(4) $x+1=-2x+7$에서 $x+2x=7-1$
$3x=6$ $\therefore x=2$

(5) $10-4x=x-5$에서 $-4x-x=-5-10$
$-5x=-15$ $\therefore x=3$

5 (1) $x+10=3(x+2)$에서 괄호를 풀면
$x+10=3x+6$
$x-3x=6-10$, $-2x=-4$
$\therefore x=2$

(2) $8x-5(x-1)=-4$에서 괄호를 풀면
$8x-5x+5=-4$
$8x-5x=-4-5$, $3x=-9$
$\therefore x=-3$

(3) $x+4(x+1)=-3-2x$에서 괄호를 풀면
$x+4x+4=-3-2x$
$x+4x+2x=-3-4$, $7x=-7$
$\therefore x=-1$

(4) $6\left(x-\frac{1}{2}\right)=2-4x$에서 괄호를 풀면
$6x-3=2-4x$
$6x+4x=2+3$, $10x=5$
$\therefore x=\frac{1}{2}$

(5) $8\left(\frac{x}{2}+\frac{1}{4}\right)-3=-9\left(x-\frac{1}{3}\right)$에서 괄호를 풀면
$4x+2-3=-9x+3$
$4x-1=-9x+3$, $4x+9x=3+1$
$13x=4$ $\therefore x=\frac{4}{13}$

유형 4 P. 71~72

1 (1) 10, -16, 16, 21, 7
(2) 100, $-x$, $-x$, x, -33, 3, -33, -11

2 (1) $x=6$ (2) $x=\frac{3}{5}$ (3) $x=36$

3 (1) $x=-\frac{7}{2}$ (2) $x=15$ (3) $x=12$

4 15, 10, 10, 6, $3x$, 10, 6, 7, 6, $-\frac{6}{7}$

5 (1) $x=12$ (2) $x=-6$ (3) $x=\frac{1}{7}$ (4) $x=-4$
(5) $x=1$ (6) $x=-2$

6 (1) $x=-9$ (2) $x=3$ (3) $x=\frac{9}{2}$ (4) $x=-1$

7 (1) $x=-10$ (2) $x=5$ (3) $x=-11$ (4) $x=15$

8 -2, -2, 3 **9** -6

10 (1) $x=3$ (2) -5 **11** 7

1 (1) $0.3x-1.6=0.5$ → 양변에 10을 곱하면
$3x-16=5$ → -16을 이항하면
$3x=5+16$
$3x=21$
$\therefore x=7$

(2) $0.02x+0.33=-0.01x$ → 양변에 100을 곱하면
$2x+33=-x$ → 33, $-x$를 각각 이항하면
$2x+x=-33$
$3x=-33$
$\therefore x=-11$

2 (1) 양변에 10을 곱하면
$14x-28=5x+26$
$14x-5x=26+28$
$9x=54$ $\therefore x=6$
(2) 양변에 100을 곱하면
$88x-24=36-12x$
$88x+12x=36+24$
$100x=60$ $\therefore x=\frac{3}{5}$
(3) 양변에 100을 곱하면
$18x+40=20x-32$
$18x-20x=-32-40$
$-2x=-72$ $\therefore x=36$

3 (1) 양변에 10을 곱하면
$16x+50=4(x+2)$
$16x+50=4x+8$
$16x-4x=8-50$, $12x=-42$
$\therefore x=-\frac{7}{2}$
(2) 양변에 100을 곱하면
$15(x-1)=20x-90$
$15x-15=20x-90$
$15x-20x=-90+15$, $-5x=-75$
$\therefore x=15$
(3) 양변에 100을 곱하면
$30(2x-1)=46(x+3)$,
$60x-30=46x+138$
$60x-46x=138+30$, $14x=168$
$\therefore x=12$

4 $\frac{2x}{3}=\frac{x-2}{5}$ → 양변에 15를 곱하면
$10x=3(x-2)$ → 괄호를 풀면
$10x=3x-6$ → $3x$를 이항하면
$10x-3x=-6$
$7x=-6$
$\therefore x=-\frac{6}{7}$

5 (1) 양변에 3을 곱하면
$2x-15=x-3$
$2x-x=-3+15$ $\therefore x=12$
(2) 양변에 4를 곱하면
$x-6=4x+12$
$x-4x=12+6$
$-3x=18$ $\therefore x=-6$
(3) 양변에 12를 곱하면
$4x-9=-3x-8$
$4x+3x=-8+9$
$7x=1$ $\therefore x=\frac{1}{7}$
(4) 양변에 18을 곱하면
$8x+24=3x+4$
$8x-3x=4-24$
$5x=-20$ $\therefore x=-4$
(5) 양변에 6을 곱하면
$15x+1=4x+12$
$15x-4x=12-1$
$11x=11$ $\therefore x=1$
(6) 양변에 20을 곱하면
$-15x+14=8x+60$
$-15x-8x=60-14$
$-23x=46$ $\therefore x=-2$

6 (1) 양변에 4를 곱하면
$x-3=2(x+3)$
$x-3=2x+6$, $x-2x=6+3$
$-x=9$ $\therefore x=-9$

(2) 양변에 10을 곱하면

$6(x+2)-5(x+1)=10$

$6x+12-5x-5=10$, $x+7=10$

$\therefore x=3$

(3) 양변에 15를 곱하면

$10x-3(2-x)=15(x-1)$

$10x-6+3x=15x-15$, $13x-6=15x-15$

$13x-15x=-15+6$, $-2x=-9$

$\therefore x=\frac{9}{2}$

(4) 양변에 6을 곱하면

$3(1+3x)-(x-1)=2+6x$

$3+9x-x+1=2+6x$, $8x+4=2+6x$

$8x-6x=2-4$, $2x=-2$

$\therefore x=-1$

7 (1) 소수를 분수로 고치면

$\frac{4x+1}{5}=\frac{3}{5}(x-3)$

양변에 5를 곱하면

$4x+1=3(x-3)$

$4x+1=3x-9$

$4x-3x=-9-1$ $\quad \therefore x=-10$

(2) 소수를 분수로 고치면

$\frac{3x-5}{2}-3=\frac{2}{5}x$

양변에 10을 곱하면

$5(3x-5)-30=4x$

$15x-25-30=4x$

$15x-55=4x$, $15x-4x=55$

$11x=55$ $\quad \therefore x=5$

(3) 소수를 분수로 고치면

$\frac{1}{5}x-3=\frac{1}{2}(x-1)+\frac{4}{5}$

양변에 10을 곱하면

$2x-30=5(x-1)+8$

$2x-30=5x-5+8$

$2x-30=5x+3$, $2x-5x=3+30$

$-3x=33$ $\quad \therefore x=-11$

(4) 소수를 분수로 고치면

$\frac{2x+1}{3}-\frac{1}{4}(3x-7)=\frac{5}{6}$

양변에 12를 곱하면

$4(2x+1)-3(3x-7)=10$

$8x+4-9x+21=10$, $-x+25=10$

$-x=-15$ $\quad \therefore x=15$

8 $4x+a=6x+7$에 $x=-2$를 대입하면

$4\times(\boxed{-2})+a=6\times(\boxed{-2})+7$

$-8+a=-12+7$, $a=-5+8$

$\therefore a=\boxed{3}$

9 $3(x+4)=x-a$에 $x=-3$을 대입하면

$3\times(-3+4)=-3-a$

$3=-3-a$

$\therefore a=-3-3=-6$

10 (1) $2x-1=-x+8$에서 $2x+x=8+1$

$3x=9$ $\quad \therefore x=3$

(2) 주어진 두 일차방정식의 해가 서로 같으므로

$x=3$은 $2x+a=1$의 해이다.

따라서 $2x+a=1$에 $x=3$을 대입하면

$2\times3+a=1$, $6+a=1$

$\therefore a=1-6=-5$

11 $7-5x=-x+15$에서 $-5x+x=15-7$

$-4x=8$ $\quad \therefore x=-2$

주어진 두 일차방정식의 해가 서로 같으므로

$x=-2$는 $5x+a=-3$의 해이다.

따라서 $5x+a=-3$에 $x=-2$를 대입하면

$5\times(-2)+a=-3$, $-10+a=-3$

$\therefore a=-3+10=7$

03 일차방정식의 활용

유형 5 P. 73

1 $x+2$, 18, 18, 20, 38

2 $10-x$, $10-x$, 6, 6, 4, 6, 4

3 $45+x$, $13+x$, $45+x$, $13+x$, 19, 19, 19, 64, 32

1 연속하는 두 짝수를 x, $x+2$라 하면

두 짝수의 합이 38이므로 $x+(\boxed{x+2})=38$

$x+x+2=38$, $2x=36$ $\quad \therefore x=\boxed{18}$

따라서 연속하는 두 짝수는 $\boxed{18}$, $18+2=\boxed{20}$이다.

확인 구한 연속하는 두 짝수를 합하면 $18+20=\boxed{38}$이므로 문제의 뜻에 맞는다.

2 사탕을 x개 샀다고 하면 과자는 ($\boxed{10-x}$)개를 샀다.

사탕 x개의 값은 $300x$원이고, 과자 $(10-x)$개의 값은 $1500(10-x)$원이므로

$300x+1500(\boxed{10-x})=7800$

$300x+15000-1500x=7800$

$-1200x=-7200$ $\quad \therefore x=\boxed{6}$

따라서 사탕은 $\boxed{6}$개, 과자는 $10-6=\boxed{4}$(개)를 샀다.

확인 $300\times\boxed{6}+1500\times\boxed{4}=7800$(원)이므로 문제의 뜻에 맞는다.

3 x년 후에 어머니의 나이가 딸의 나이의 2배가 된다고 하면
x년 후의 어머니의 나이는 ($\boxed{45+x}$)세,
딸의 나이는 ($\boxed{13+x}$)세이므로
$\boxed{45+x}=2(\boxed{13+x})$
$45+x=26+2x$, $-x=-19$ $\quad\therefore x=\boxed{19}$
따라서 $\boxed{19}$년 후에 어머니의 나이는 딸의 나이의 2배가 된다.
확인 $\boxed{19}$년 후의 어머니의 나이는 $\boxed{64}$세, 딸의 나이는 $\boxed{32}$세이므로 문제의 뜻에 맞는다.

유형 6 P. 74

1 ❶ 표는 풀이 참조
❷ $2\frac{30}{60}\left(\text{또는 }\frac{5}{2}\right)$, $\frac{x}{6}+\frac{x}{4}=2\frac{30}{60}\left(\text{또는 }\frac{x}{6}+\frac{x}{4}=\frac{5}{2}\right)$
❸ 6, 6

2 ❶ 표는 풀이 참조
❷ $60(x+5)=80x$
❸ 15, 15

1 ❶ 두 지점 A, B 사이의 거리를 x km라 하면

	갈 때	올 때
속력	시속 6 km	시속 4 km
거리	x km	x km
시간	$\frac{x}{6}$시간	$\frac{x}{4}$시간

❷ 총 2시간 30분이 걸렸으므로
(갈 때 걸린 시간)+(올 때 걸린 시간)
$=\boxed{2\frac{30}{60}}$(시간) $\left(\text{또는 }\boxed{\frac{5}{2}}\text{시간}\right)$
⇨ $\frac{x}{6}+\frac{x}{4}=2\frac{30}{60}\left(\text{또는 }\frac{x}{6}+\frac{x}{4}=\frac{5}{2}\right)$
❸ $2\frac{30}{60}=2\frac{1}{2}=\frac{5}{2}$이므로 $\frac{x}{6}+\frac{x}{4}=\frac{5}{2}$
양변에 12를 곱하면
$2x+3x=30$, $5x=30$ $\quad\therefore x=\boxed{6}$
따라서 두 지점 A, B 사이의 거리는 $\boxed{6}$ km이다.
확인 갈 때 걸린 시간은 $\frac{6}{6}=1$(시간), 올 때 걸린 시간은 $\frac{6}{4}=\frac{3}{2}$(시간)이므로 총 $1+\frac{3}{2}=\frac{5}{2}$(시간)이 된다. 즉, 문제의 뜻에 맞는다.

2 ❶ 형이 출발한 지 x분 후에 동생을 만난다고 하면

	동생	형
속력	분속 60 m	분속 80 m
시간	$(x+5)$분	x분
거리	$60(x+5)$ m	$80x$ m

❷ (동생이 이동한 거리)=(형이 이동한 거리)이므로
⇨ $60(x+5)=80x$
❸ $60(x+5)=80x$에서 괄호를 풀면
$60x+300=80x$
$-20x=-300$ $\quad\therefore x=\boxed{15}$
따라서 형이 출발한 지 $\boxed{15}$분 후에 동생을 만난다.
확인 (동생이 이동한 거리)$=60\times(15+5)=1200$(m),
(형이 이동한 거리)$=80\times15=1200$(m)이므로
(동생이 이동한 거리)=(형이 이동한 거리)이다.
즉, 문제의 뜻에 맞는다.

한 걸음 더 연습 P. 75

1 $30+x$, $10x+3$, $10x+3$, $30+x$, 8, 38
2 $x-4$, $3x$, $x-4$, $3x$, 5, 5
3 $5x+4$, $8x-14$, $5x+4=8x-14$, 6, 6
4 3000, 3000, $250x+50x=3000$, 10, 10

1 처음 자연수의 일의 자리의 숫자를 x라 하자.
십의 자리의 숫자는 3이므로 처음 자연수는 $\boxed{30+x}$
십의 자리의 숫자와 일의 자리의 숫자를 바꾼 수는 $\boxed{10x+3}$
바꾼 수는 처음 수의 2배보다 7만큼 크므로
$\boxed{10x+3}=2\times(\boxed{30+x})+7$
$10x+3=60+2x+7$, $8x=64$ $\quad\therefore x=\boxed{8}$
따라서 처음 자연수의 십의 자리의 숫자는 3, 일의 자리의 숫자는 8이므로 처음 자연수는 $\boxed{38}$이다.
확인 $83=38\times2+7$이므로 문제의 뜻에 맞는다.

2 처음 정사각형의 한 변의 길이를 x cm라 하자.
가로의 길이는 4 cm만큼 줄였으므로 ($\boxed{x-4}$) cm
세로의 길이는 3배로 늘였으므로 $\boxed{3x}$ cm
새로 만든 직사각형의 둘레의 길이가 처음 정사각형의 둘레의 길이보다 12 cm만큼 더 길어졌으므로
$2\times\{(\boxed{x-4})+\boxed{3x}\}=4x+12$
$2(4x-4)=4x+12$, $8x-8=4x+12$
$4x=20$ $\quad\therefore x=\boxed{5}$
따라서 처음 정사각형의 한 변의 길이는 $\boxed{5}$ cm이다.
확인 $2\times\{(5-4)+3\times5\}=4\times5+12$이므로 문제의 뜻에 맞는다.

3 학생 수를 x라 하자.
한 학생에게 사탕을 5개씩 나누어 주면 4개가 남으므로
(사탕의 개수)$=\boxed{5x+4}$
한 학생에게 사탕을 8개씩 나누어 주면 14개가 부족하므로
(사탕의 개수)$=\boxed{8x-14}$
사탕의 개수는 일정하므로
$\boxed{5x+4=8x-14}$, $-3x=-18$ $\therefore x=\boxed{6}$
따라서 학생 수는 $\boxed{6}$이다.
확인 $5\times6+4=8\times6-14$이므로 문제의 뜻에 맞는다.

4 두 사람이 출발한 지 x분 후에 만난다고 하자.

	민희	할머니
속력	분속 250 m	분속 50 m
시간	x분	x분
거리	$250x$ m	$50x$ m

3 km$=\boxed{3000}$ m이므로
(민희가 이동한 거리)+(할머니가 이동한 거리)$=\boxed{3000}$(m)
방정식을 세우면 $\boxed{250x+50x=3000}$
$300x=3000$ $\therefore x=\boxed{10}$
따라서 두 사람은 출발한 지 $\boxed{10}$분 후에 만난다.
확인 민희가 이동한 거리는 $250\times10=2500$(m)
할머니가 이동한 거리는 $50\times10=500$(m)
$2500+500=3000$(m)이므로 문제의 뜻에 맞는다.
주의 속력이 분속 ▲m이므로 걸린 시간은 '분'으로, 거리는 'm'로 단위를 통일해야 한다.

쌍둥이 기출문제 P. 76~78

1 ②	**2** ⑤	**3** ②	**4** ④	**5** ①
6 $x=1$	**7** ④	**8** ④	**9** ①	**10** $\frac{3}{4}$
11 ③	**12** ②	**13** ③	**14** ④	**15** 15세
16 ⑤	**17** 5 cm	**18** 9 cm	**19** ①	
20 (1) 13 (2) 58	**21** 6 km	**22** ②		

[1~2] 일차방정식
등식의 모든 항을 좌변으로 이항하여 정리한 식이 (일차식)$=0$ 꼴이면 일차방정식이다.

1 ① $3x+4$ ⇨ 등식이 아니므로 일차방정식이 아니다.
② $x^2-5x=x^2+1$에서 $-5x-1=0$ ⇨ 일차방정식
③ $7x+14=7(2+x)$에서 $7x+14=14+7x$
$0=0$ ⇨ 일차방정식이 아니다.
④ $2x+3-x=x+3$에서 $0=0$ ⇨ 일차방정식이 아니다.
⑤ $x^2-x=x+2$에서
$x^2-2x-2=0$ ⇨ 일차방정식이 아니다.
따라서 일차방정식인 것은 ②이다.

2 ① $2x+3=x-5$에서 $x+8=0$ ⇨ 일차방정식
② $6-x=3x+5$에서 $-4x+1=0$ ⇨ 일차방정식
③ $x^2+2=x^2-x+3$에서 $x-1=0$ ⇨ 일차방정식
④ $3x=2$에서 $3x-2=0$ ⇨ 일차방정식
⑤ $4(x+5)-x=3x+20$에서 $4x+20-x=3x+20$
$0=0$ ⇨ 일차방정식이 아니다.
따라서 일차방정식이 아닌 것은 ⑤이다.

[3~4] 일차방정식의 풀이
❶ 괄호가 있으면 분배법칙을 이용하여 괄호를 먼저 푼다.
❷ 일차항은 좌변으로, 상수항은 우변으로 각각 이항하여 정리한다.
❸ 양변을 x의 계수로 나누어 $x=$(수) 꼴로 나타낸다.
❹ 구한 해가 일차방정식을 참이 되게 하는지 확인한다.

3 $x+5=-2x-4$에서
$x+2x=-4-5$, $3x=-9$
$\therefore x=-3$

4 ① $x+2=3$에서 $x=3-2=1$
② $2x+5=7$에서 $2x=7-5$
$2x=2$ $\therefore x=1$
③ $-x+4=3x$에서 $-x-3x=-4$
$-4x=-4$ $\therefore x=1$
④ $3x+7=-2(x-1)$에서 $3x+7=-2x+2$
$3x+2x=2-7$, $5x=-5$ $\therefore x=-1$
⑤ $6\left(\frac{x}{3}-\frac{1}{2}\right)=4\left(x-\frac{5}{4}\right)$에서 $2x-3=4x-5$
$2x-4x=-5+3$, $-2x=-2$ $\therefore x=1$
따라서 해가 나머지 넷과 다른 하나는 ④이다.

[5~8] 계수에 소수 또는 분수가 있으면 양변에 적당한 수를 곱하여 계수를 모두 정수로 고쳐서 방정식을 푼다.
(1) 계수가 소수인 경우 ⇨ 양변에 10, 100, 1000, ...을 곱한다.
(2) 계수가 분수인 경우 ⇨ 양변에 분모의 최소공배수를 곱한다.

5 양변에 10을 곱하면
$2x-30=5x$
$2x-5x=30$, $-3x=30$ $\therefore x=-10$

6 양변에 100을 곱하면
$70x=5(x-4)+85$
$70x=5x-20+85$, $70x-5x=65$
$65x=65$ $\therefore x=1$

7 양변에 12를 곱하면
$6x+3=8x$
$6x-8x=-3$, $-2x=-3$ $\therefore x=\frac{3}{2}$

8 양변에 21을 곱하면
$7x-3(5x+6)=21(1-x)$
$7x-15x-18=21-21x$, $-8x-18=21-21x$
$-8x+21x=21+18$, $13x=39$
$\therefore x=3$

[9~10] 일차방정식의 해가 주어질 때, 상수의 값 구하기
⇨ 해를 주어진 일차방정식에 대입하여 상수의 값을 구한다.

9 주어진 방정식에 $x=5$를 대입하면
$5+6=3\times5+a$
$11=15+a$, $-a=4$
$\therefore a=-4$

10 주어진 방정식에 $x=-4$를 대입하면
$\frac{1}{5}\times(-4-6)=2a\times(-4)+4$
$-2=-8a+4$, $8a=6$
$\therefore a=\frac{3}{4}$

[11~12] 두 일차방정식의 해가 서로 같을 때, 상수의 값 구하기
❶ 두 일차방정식 중 해를 구할 수 있는 일차방정식의 해를 먼저 구한다.
❷ ❶에서 구한 해를 다른 방정식에 대입하여 상수의 값을 구한다.

11 $2x+3=5x+9$에서
$2x-5x=9-3$, $-3x=6$
$\therefore x=-2$
주어진 두 일차방정식의 해가 서로 같으므로
$x=-2$는 $ax-6=4x$의 해이다.
따라서 $ax-6=4x$에 $x=-2$를 대입하면
$a\times(-2)-6=4\times(-2)$, $-2a-6=-8$
$-2a=-8+6$, $-2a=-2$
$\therefore a=1$

12 $3x-2=2x+3$에서
$3x-2x=3+2$ $\quad\therefore x=5$
주어진 두 일차방정식의 해가 서로 같으므로
$x=5$는 $ax+3=x-7$의 해이다.
따라서 $ax+3=x-7$에 $x=5$를 대입하면
$a\times5+3=5-7$, $5a+3=-2$
$5a=-2-3$, $5a=-5$
$\therefore a=-1$

13 연속하는 세 자연수 중 가장 작은 수를 x라 하면
세 자연수는 x, $x+1$, $x+2$이다.
세 자연수의 합이 99이므로
$x+(x+1)+(x+2)=99$
$3x+3=99$, $3x=96$
$\therefore x=32$
따라서 세 자연수 중 가장 작은 수는 32이다.

14 연속하는 세 자연수 중 가장 큰 수를 x라 하면
세 자연수는 $x-2$, $x-1$, x이다.
세 자연수의 합이 126이므로
$(x-2)+(x-1)+x=126$
$3x-3=126$, $3x=129$
$\therefore x=43$
따라서 세 자연수 중 가장 큰 수는 43이다.

15 동생의 나이를 x세라 하면
형의 나이는 $(x+7)$세이다.
두 사람의 나이의 합이 37세이므로
$x+(x+7)=37$
$2x+7=37$, $2x=37-7$
$2x=30$ $\quad\therefore x=15$
따라서 동생의 나이는 15세이다.

16 현재 아들의 나이를 x세라 하면
어머니의 나이는 $(x+25)$세이고, 9년 후의 아들의 나이는 $(x+9)$세, 어머니의 나이는 $\{(x+25)+9\}$세이다.
9년 후에 어머니의 나이가 아들의 나이의 2배이므로
$(x+25)+9=2(x+9)$
$x+34=2x+18$, $x-2x=18-34$
$-x=-16$ $\quad\therefore x=16$
따라서 현재 아들의 나이는 16세이다.

17 직사각형의 세로의 길이를 x cm라 하면
가로의 길이는 $(x+4)$ cm이다.
직사각형의 둘레의 길이가 28 cm이므로
$2\{(x+4)+x\}=28$
$2(2x+4)=28$, $4x+8=28$
$4x=20$ $\quad\therefore x=5$
따라서 직사각형의 세로의 길이는 5 cm이다.

18 사다리꼴의 윗변의 길이를 x cm라 하면
아랫변의 길이는 $2x$ cm이다.
사다리꼴의 넓이가 162 cm^2이므로
$\frac{1}{2}\times(x+2x)\times12=162$
$3x\times6=162$, $18x=162$ $\quad\therefore x=9$
따라서 사다리꼴의 윗변의 길이는 9 cm이다.

19 학생 수를 x라 할 때, 한 학생에게 연필을
4자루씩 나누어 주면 1자루가 남으므로
(연필의 수)$=4x+1$
5자루씩 나누어 주면 6자루가 부족하므로
(연필의 수)$=5x-6$
연필의 수는 일정하므로
$4x+1=5x-6$, $-x=-7$ $\quad\therefore x=7$
따라서 학생 수는 7이다.

20 (1) 1단계 학생 수를 x라 할 때, 한 학생에게 공책을 5권씩 나누어 주면 7권이 부족하므로
(공책의 수)$=5x-7$
4권씩 나누어 주면 6권이 남으므로
(공책의 수)$=4x+6$
공책의 수는 일정하므로
$5x-7=4x+6$
2단계 $5x-4x=6+7$ $\therefore x=13$
따라서 학생 수는 13이다.
(2) 3단계 공책의 수는 $5\times13-7=58$

채점 기준		
1단계	학생 수를 x라 하고, 조건에 맞는 일차방정식 세우기	… 40 %
2단계	학생 수 구하기	… 30 %
3단계	공책의 수 구하기	… 30 %

21 등산로의 길이를 x km라 하면

	올라갈 때	내려올 때
속력	시속 3 km	시속 4 km
거리	x km	x km
시간	$\frac{x}{3}$시간	$\frac{x}{4}$시간

총 3시간 30분, 즉 $3\frac{30}{60}=\frac{7}{2}$시간이 걸렸으므로
(올라갈 때 걸린 시간)+(내려올 때 걸린 시간)$=\frac{7}{2}$(시간)
$\frac{x}{3}+\frac{x}{4}=\frac{7}{2}$
양변에 12를 곱하면 $4x+3x=42$
$7x=42$ $\therefore x=6$
따라서 등산로의 길이는 6 km이다.

22 올라간 거리를 x km라 하면

	올라갈 때	내려올 때
속력	시속 4 km	시속 3 km
거리	x km	$(x+2)$ km
시간	$\frac{x}{4}$시간	$\frac{x+2}{3}$시간

총 3시간이 걸렸으므로
(올라갈 때 걸린 시간)+(내려올 때 걸린 시간)=3(시간)
$\frac{x}{4}+\frac{x+2}{3}=3$
양변에 12를 곱하면 $3x+4(x+2)=36$
$3x+4x+8=36$
$7x=28$ $\therefore x=4$
따라서 올라간 거리는 4 km이다.

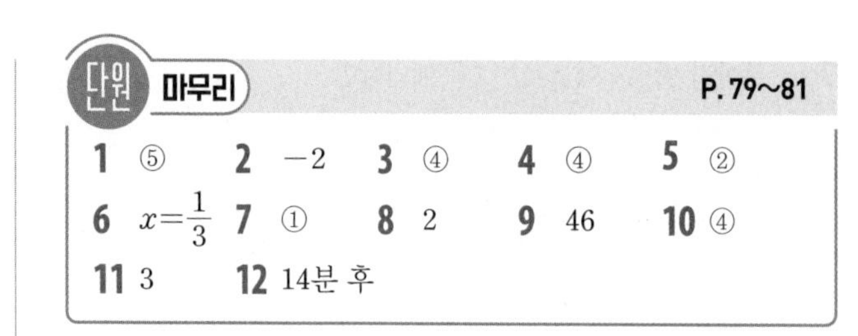

1 ⑤ $15-2x=1$

2 $ax+12=3b-6x$가 모든 x에 대하여 항상 참이므로 x에 대한 항등식이다.
즉, 좌변과 우변의 x의 계수와 상수항이 각각 같아야 하므로
$a=-6$, $12=3b$
따라서 $a=-6$, $b=4$이므로
$a+b=-6+4=-2$

3 ① $a=-b$의 양변에 3을 더하면 $a+3=3-b$
② $a=2b$의 양변에 c를 곱하면 $ac=2bc$
③ $\frac{a}{8}=\frac{b}{4}$의 양변에 8을 곱하면 $a=2b$
④ $a=3b$의 양변에서 3을 빼면 $a-3=3b-3$
$\therefore a-3=3(b-1)$
⑤ $a=b$의 양변에 c를 곱하면 $ac=bc$
$ac=bc$의 양변에서 d를 빼면 $ac-d=bc-d$
따라서 옳지 않은 것은 ④이다.

4 $\frac{3x-1}{4}=5$
(가) 양변에 4를 곱한다.
$3x-1=20$
(나) 양변에 1을 더한다.
$3x=21$
(다) 양변을 3으로 나눈다.
$\therefore x=7$
따라서 (가), (나), (다)에 이용된 등식의 성질을 차례로 나열하면 ㄷ, ㄱ, ㄹ이다.

5 ㄱ. $2x-3=x+7$에서 $x-10=0$ ⇨ 일차방정식
ㄴ. $x^2+2x=x^2-3x+7$에서 $5x-7=0$ ⇨ 일차방정식
ㄷ. $x^2-1=x+1$에서 $x^2-x-2=0$
⇨ 일차방정식이 아니다.
ㄹ. $6x+4=3\left(2x+\frac{4}{3}\right)$에서 $6x+4=6x+4$
$0=0$ ⇨ 일차방정식이 아니다.
따라서 일차방정식은 ㄱ, ㄴ이다.

6 양변에 24를 곱하면
$3(7x-3)-18(x-1)=10$
$21x-9-18x+18=10$
$3x+9=10$
$3x=1$ $\therefore x=\frac{1}{3}$

7 주어진 방정식에 $x=-2$를 대입하면
$3-2\times(-2)=2(-2a+2)-5$
$3+4=-4a+4-5$, $7=-4a-1$
$4a=-8$ $\therefore a=-2$

8 1단계 $0.4x-0.7=0.3(x-4)$의 양변에 10을 곱하면
$4x-7=3(x-4)$
$4x-7=3x-12$, $4x-3x=-12+7$
$\therefore x=-5$
2단계 주어진 두 일차방정식의 해가 같으므로
$x=-5$는 $ax+4=3x+9$의 해이다.
따라서 $ax+4=3x+9$에 $x=-5$를 대입하면
$a\times(-5)+4=3\times(-5)+9$
$-5a=-10$ $\therefore a=2$

채점 기준	
1단계	$0.4x-0.7=0.3(x-4)$의 해 구하기 … 50 %
2단계	상수 a의 값 구하기 … 50 %

9 연속하는 세 짝수 중 가장 작은 수를 x라 하면
세 짝수는 x, $x+2$, $x+4$이다.
세 짝수의 합이 144이므로
$x+(x+2)+(x+4)=144$
$3x+6=144$, $3x=138$ $\therefore x=46$
따라서 세 짝수 중 가장 작은 수는 46이다.

10 재민이가 문구점에서 샤프를 x자루 샀다고 하면
샤프심은 $(9-x)$개를 샀다.
샤프 x자루의 값은 $1100x$원이고,
샤프심 $(9-x)$개의 값은 $300(9-x)$원이므로
$300(9-x)+1100x=7500$
$2700-300x+1100x=7500$
$-300x+1100x=7500-2700$
$800x=4800$ $\therefore x=6$
따라서 재민이가 구매한 샤프의 개수는 6이다.

11 새로 만든 삼각형의 밑변의 길이는 $(12-x)$ cm,
높이는 $8+4=12$(cm)이다.
새로 만든 삼각형의 넓이가 처음 삼각형의 넓이보다 6 cm^2 만큼 늘어났으므로
$\frac{1}{2}\times(12-x)\times12=\left(\frac{1}{2}\times12\times8\right)+6$
$6(12-x)=54$, $72-6x=54$
$-6x=-18$ $\therefore x=3$

12 1단계 재석이가 출발한 지 x분 후에 세호를 만난다고 하면

	세호	재석
속력	분속 70 m	분속 110 m
시간	$(x+8)$분	x분
거리	$70(x+8)$ m	$110x$ m

두 사람이 이동한 거리는 같으므로
$70(x+8)=110x$
2단계 괄호를 풀면 $70x+560=110x$
$70x-110x=-560$
$-40x=-560$ $\therefore x=14$
3단계 따라서 재석이가 출발한 지 14분 후에 세호를 만난다.

채점 기준	
1단계	재석이가 출발한 지 x분 후에 세호를 만난다고 하고, 조건에 맞는 일차방정식 세우기 … 40 %
2단계	일차방정식 풀기 … 40 %
3단계	재석이가 출발한 지 몇 분 후에 세호를 만나는지 구하기 … 20 %

01 순서쌍과 좌표

유형 1 P. 84

1 A(−5), B(−3), C$\left(-\frac{1}{2}\right)$, D$\left(\frac{5}{2}\right)$, E(4)

2
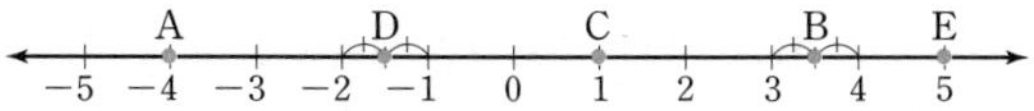

3 A(−4, 1), B(2, 3), C(−3, −3), D(4, −2),
E(0, 2), F(3, 0)

4
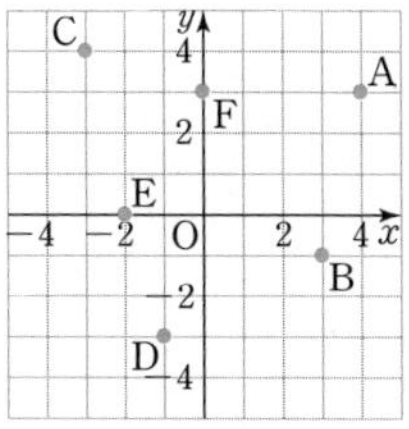

5 (1) O(0, 0) (2) P(−4, 0) (3) Q(0, 5)

6 (1) 풀이 참조 (2) 20

5 (1) 원점 O는 x좌표가 0, y좌표가 0이다.
∴ O(0, 0)
(2) x축 위에 있으므로 y좌표가 0이다.
∴ P(−4, 0)
(3) y축 위에 있으므로 x좌표가 0이다.
∴ Q(0, 5)

6 (1) 네 점 A, B, C, D를 좌표평면 위에 나타내고, 사각형 ABCD를 그리면 다음 그림과 같다.

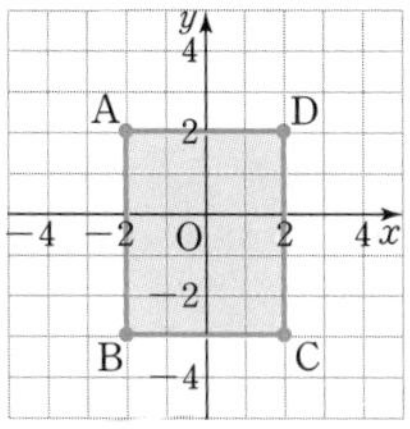

(2) (1)에서 사각형 ABCD는 직사각형이다.
∴ (사각형 ABCD의 넓이)
=(가로의 길이)×(세로의 길이)
=4×5
=20

유형 2 P. 85

1
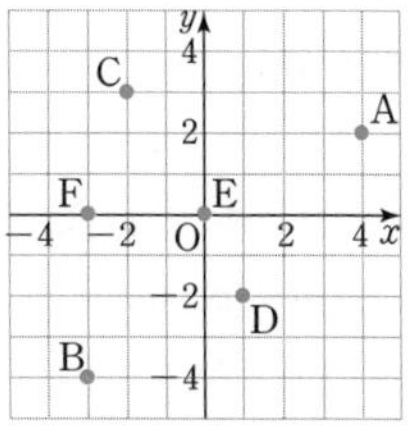

(1) 제1사분면 (2) 제3사분면
(3) 제2사분면 (4) 제4사분면
(5) 어느 사분면에도 속하지 않는다.
(6) 어느 사분면에도 속하지 않는다.

2 (1) 제2사분면 (2) 제4사분면
(3) 제1사분면 (4) 제3사분면
(5) 어느 사분면에도 속하지 않는다.

3 (1) 제4사분면 (2) −, +, 제2사분면
(3) +, +, 제1사분면 (4) −, −, 제3사분면
(5) −, +, 제2사분면

4 (1) −, + (2) +, −, 제4사분면
(3) −, −, 제3사분면 (4) +, +, 제1사분면
(5) −, +, 제2사분면

3 (1) (a, b) ⇨ (+, −): 제4사분면
(2) (b, a) ⇨ (−, +): 제2사분면
(3) $-b>0$이므로 $(a, -b)$ ⇨ (+, +): 제1사분면
(4) $-a<0$이므로 $(-a, b)$ ⇨ (−, −): 제3사분면
(5) $-a<0$, $-b>0$이므로
$(-a, -b)$ ⇨ (−, +): 제2사분면

4 (1) 점 (a, b)가 제2사분면 위의 점이므로 $a<0$, $b>0$
(2) (b, a) ⇨ (+, −): 제4사분면
(3) $-b<0$이므로 $(a, -b)$ ⇨ (−, −): 제3사분면
(4) $-a>0$이므로 $(-a, b)$ ⇨ (+, +): 제1사분면
(5) $-b<0$, $-a>0$이므로
$(-b, -a)$ ⇨ (−, +): 제2사분면

쌍둥이 기출문제 P. 86~87

1 ① 2 $a=-12$, $b=2$ 3 ③
4 (0, 4) → (−4, −1) → (1, 2) → (−3, 0)
→ (2, −4) → (−2, 3)
5 ④ 6 ② 7 1 8 13
9 (1) 풀이 참조 (2) 6 10 좌표평면은 풀이 참조, 9
11 ② 12 ④ 13 제2사분면 14 제1사분면

[1~2] 두 순서쌍 (a, b), (c, d)가 서로 같다.
⇨ $a=c$, $b=d$

1 두 순서쌍 $(a, -2)$, $(-5, b+3)$이 서로 같으므로
$a=-5$이고, $-2=b+3$에서 $b=-5$
$\therefore a+b=-5+(-5)=-10$

2 두 순서쌍 $\left(\frac{1}{3}a, 1\right)$, $(-4, 2b-3)$이 서로 같으므로
$\frac{1}{3}a=-4$에서 $a=-12$
$1=2b-3$에서 $-2b=-4$ $\quad\therefore b=2$

3 ① $A(-4, 2)$ ② $B(-2, 1)$
④ $D(2, 1)$ ⑤ $E(1, 0)$
따라서 옳은 것은 ③이다.

[5~8] x축 또는 y축 위의 점의 좌표
(1) x축 위의 점의 좌표 ⇨ y좌표가 0 ⇨ (x좌표, 0)
(2) y축 위의 점의 좌표 ⇨ x좌표가 0 ⇨ (0, y좌표)

5 x축 위에 있으므로 y좌표가 0이다.
따라서 x좌표가 3이고, y좌표가 0인 점의 좌표는 $(3, 0)$이다.

6 y축 위에 있으므로 x좌표가 0이다.
따라서 x좌표가 0이고, y좌표가 -2인 점의 좌표는 $(0, -2)$이다.

7 점 $A(-2a, 3a+3)$은 x축 위의 점이므로 y좌표가 0이다.
즉, $3a+3=0$에서 $3a=-3$ $\quad\therefore a=-1$
점 $B(2b-4, 5b-7)$은 y축 위의 점이므로 x좌표가 0이다.
즉, $2b-4=0$에서 $2b=4$ $\quad\therefore b=2$
$\therefore a+b=-1+2=1$

8 점 $P\left(a-3, \frac{1}{3}a-5\right)$는 x축 위의 점이므로 y좌표가 0이다.
즉, $\frac{1}{3}a-5=0$에서 $\frac{1}{3}a=5$ $\quad\therefore a=15$
점 $Q(10-5b, b+6)$은 y축 위의 점이므로 x좌표가 0이다.
즉, $10-5b=0$에서 $-5b=-10$ $\quad\therefore b=2$
$\therefore a-b=15-2=13$

9 (1) 1단계 세 점 A, B, C를 좌표평면 위에 나타내고, 삼각형 ABC를 그리면 다음 그림과 같다.

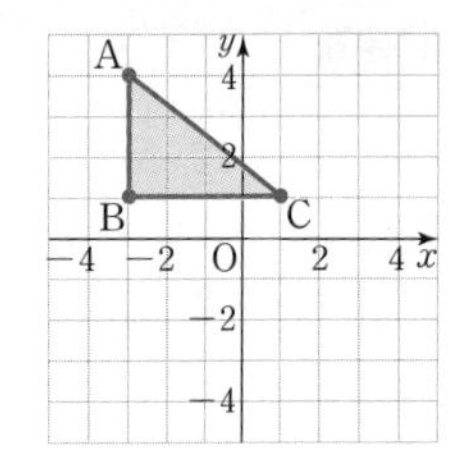

(2) 2단계 (선분 AB의 길이)$=4-1=3$,
(선분 BC의 길이)$=1-(-3)=4$이므로

3단계 (삼각형 ABC의 넓이)$=\frac{1}{2}\times4\times3=6$

채점 기준		
1단계	좌표평면 위에 세 점 A, B, C를 나타내고 삼각형 ABC 그리기	… 40 %
2단계	두 선분 AB, BC의 길이 구하기	… 30 %
3단계	삼각형 ABC의 넓이 구하기	… 30 %

10 네 점 A, B, C, D를 좌표평면 위에 나타내고, 사각형 ABCD를 그리면 다음 그림과 같다.

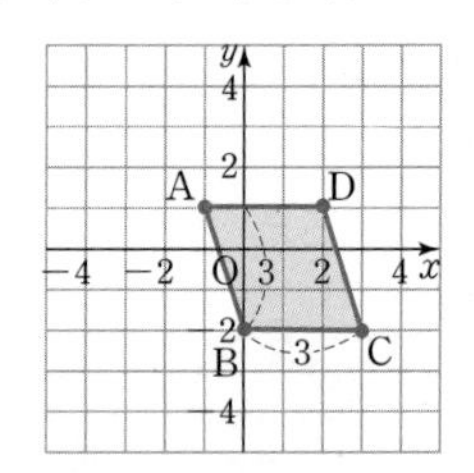

이때 사각형 ABCD는 평행사변형이고
밑변의 길이는 3, 높이는 3이므로
(사각형 ABCD의 넓이)$=3\times3=9$

[11~14] 사분면 위의 점의 x좌표와 y좌표의 부호
(1) 제1사분면: $(+, +)$ (2) 제2사분면: $(-, +)$
(3) 제3사분면: $(-, -)$ (4) 제4사분면: $(+, -)$
이때 좌표축 위의 점(x축 위의 점, y축 위의 점, 원점)은 어느 사분면에도 속하지 않는다.

11 ① 제1사분면
③ y축 위의 점이므로 어느 사분면에도 속하지 않는다.
④ 제4사분면
⑤ 제3사분면
따라서 제2사분면 위의 점은 ②이다.

12 ① 점 $(0, -5)$는 y축 위의 점이다.
② 점 $(2, 0)$은 x축 위의 점이므로 어느 사분면에도 속하지 않는다.
③ 점 $(-2, 3)$은 제2사분면 위의 점이다.
⑤ 점 $(2, 4)$와 점 $(4, 2)$는 서로 다른 점이다.
따라서 옳은 것은 ④이다.

13 점 (a, b)가 제4사분면 위의 점이므로
$a>0$, $b<0$
따라서 $-a<0$, $-b>0$이므로
점 $(-a, -b)$는 제2사분면 위의 점이다.

14 점 $P(a, -b)$가 제3사분면 위의 점이므로
$a<0$, $-b<0$
따라서 $b>0$, $-a>0$이므로
점 $Q(b, -a)$는 제1사분면 위의 점이다.

그래프와 그 해석

유형 3 P. 88~89

1 (1) ㄴ (2) ㄱ (3) ㄷ **2** ㄴ
3 (1) 수연, 영재, 민서 (2) 수연, 현지
4 (1) 시속 30 km (2) 60분 (3) 2번
5 (1) 35 m (2) 2분 후 (3) 6분 후
6 (1) 40분, 60분 (2) 20분

1 (1), (2), (3)그래프에서 x축은 시간, y축은 속력을 나타내므로 상황에 알맞은 그래프의 모양을 생각하면 다음과 같다.

상황	속력을 올린다.	속력을 유지한다.	속력을 줄인다.
그래프 모양	오른쪽 위로 향한다.	수평이다.	오른쪽 아래로 향한다.

따라서 (1), (2), (3)의 상황에 알맞은 그래프를 각각 고르면 ㄴ, ㄱ, ㄷ이다.

3 (1) 양초를 다 태우면 양초의 길이가 0이 되므로 양초를 다 태운 학생은 수연, 영재, 민서이다.
(2) 양초를 태우는 도중에 불을 끄면 양초의 길이가 변함없이 일정한 구간이 있어야 하므로 양초를 태우는 도중에 불을 끈 적이 있는 학생은 수연, 현지이다.

4 (2) 자동차가 시속 60 km로 달린 시간은 출발한 지 1시간 30분 후부터 2시간 30분 후까지 60분 동안이다.
(3) 속력이 일정하다가 증가로 바뀌는 것은 출발한 지 1시간 후와 출발한 지 2시간 30분 후이므로 모두 2번이다.

5

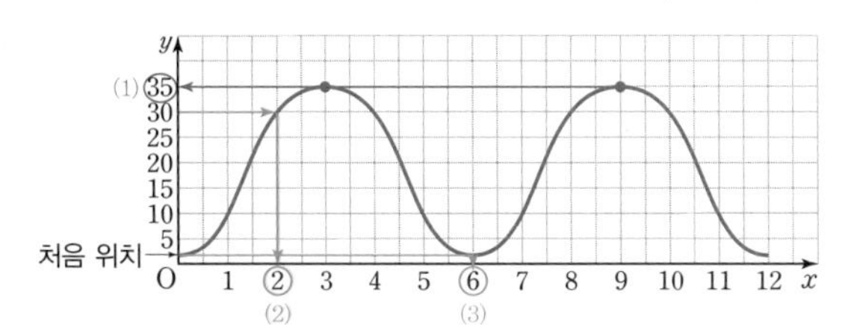

(1) 재승이가 탑승한 칸이 지면으로부터 가장 높은 곳에 있을 때의 높이는 y의 값 중 가장 큰 값이다.
따라서 $y=35$가 가장 큰 값이므로 35 m이다.
(2) 재승이가 탑승한 칸의 높이가 처음으로 30 m가 되는 때는 y의 값이 처음으로 30이 될 때 x의 값이다.
따라서 y의 값이 처음으로 30이 되는 때는 $x=2$일 때이므로 탑승한 지 2분 후이다.
(3) 재승이가 탑승한 칸이 한 바퀴 돌아 처음 위치에 돌아오는 때는 y의 값이 처음($x=0$일 때) y의 값과 첫 번째로 같아지는 때, 즉 $x=6$일 때이므로 탑승한 지 6분 후이다.

6 (2) 집에서 도서관까지 걸어서 갈 때는 자전거로 갈 때보다 $60-40=20$(분) 더 걸린다.

쌍둥이 기출문제 P. 90~91

1 ㄴ **2** ③ **3** ㄷ **4** ② **5** ②
6 ㄱ, ㄹ **7** (1) 수빈: 1.5 km, 유나: 1 km (2) 10분 후
8 (1) 30분 후 (2) 1 km

[1~2] 상황에 알맞은 그래프를 찾을 때는 그래프에서 x축과 y축이 각각 무엇을 나타내는지 확인하고, 상황에 알맞은 그래프의 모양을 생각한다.

1 그래프에서 x축은 시간, y축은 물의 온도를 나타내므로 상황에 알맞은 그래프의 모양을 생각하면 다음과 같다.

상황	온도가 높아진다.	온도가 변함없다.
그래프 모양	오른쪽 위로 향한다.	수평이다.

따라서 주어진 상황에 알맞은 그래프는 ㄴ이다.

2 그래프에서 x축은 시간, y축은 잉크 양을 나타내므로 상황에 알맞은 그래프의 모양을 생각하면 다음과 같다.

상황	프린터를 사용한다.	잉크통을 다시 채운다.	프린터를 사용한다.
그래프 모양	오른쪽 아래로 향한다.	오른쪽 위로 향한다.	오른쪽 아래로 향한다.

따라서 주어진 상황에 알맞은 그래프는 ③이다.

[3~4]

컵의 단면	물의 높이	그래프
	일정하게 높아진다.	
	점점 느리게 높아진다.	
	점점 빠르게 높아진다.	

3 종이컵의 폭이 위로 갈수록 점점 넓어지므로 물의 높이는 점점 느리게 높아진다. 따라서 알맞은 그래프는 ㄷ이다.

4 컵의 아랫부분은 폭이 좁으면서 일정하고, 윗부분은 폭이 넓으면서 일정하다. 따라서 물의 높이가 빠르고 일정하게 높아지다가 느리고 일정하게 높아지므로 그래프로 알맞은 것은 ②이다.

[5~8] 좌표가 주어진 그래프를 해석할 때는 x축과 y축이 각각 무엇을 나타내는지 확인하고, 그래프에서 좌표를 읽어 필요한 값을 구한다.

5 ② 소율이는 달리기를 시작한 지 30분 후부터 50분 후까지 20분 동안 멈춰 있었으므로 달린 시간은
총 $70-20=50$(분)이다.

6 ㄴ. 윤재는 11시부터 11시 30분까지 휴게소에 머물렀으므로 휴게소에 머문 시간은 30분이다.
ㄷ. 휴게소에서 캠핑장까지의 거리는 $100-40=60(\text{km})$이다.
따라서 옳은 것은 ㄱ, ㄹ이다.

7 (2) 수빈이와 유나는 영화관까지 가는 데 각각 20분, 30분이 걸렸으므로 수빈이가 영화관에 도착한 지 $30-20=10$(분) 후에 유나가 도착하였다.

8 (1) 30분에서 두 그래프가 처음으로 만나므로 출발한 지 30분 후에 성진이와 민재가 처음으로 다시 만났다.
(2) 출발한 지 40분 후에 성진이와 민재는 각각 4 km, 3 km를 이동하였으므로 성진이와 민재 사이의 거리는 $4-3=1(\text{km})$이다.

P. 92~93

1 ② **2** -9 **3** ④, ⑤ **4** 제4사분면
5 ㄴ **6** (가)-ㄷ, (나)-ㄱ, (다)-ㄴ
7 (1) 6분 (2) 10분 후 (3) 분속 50 m **8** ②, ⑤

1 ② B(4, 0)

2 점 $\left(-3a+5, \frac{a}{2}-3\right)$은 x축 위의 점이므로 y좌표가 0이다.
즉, $\frac{a}{2}-3=0$에서 $\frac{a}{2}=3$ $\quad\therefore a=6$
점 $(2b+3, 1-4b)$는 y축 위의 점이므로 x좌표가 0이다.
즉, $2b+3=0$에서 $2b=-3$ $\quad\therefore b=-\frac{3}{2}$
$\therefore ab=6\times\left(-\frac{3}{2}\right)=-9$

3 ④ 점 $(-5, 1)$은 제2사분면 위의 점이다.
⑤ 점 $(-3, 0)$은 x축 위의 점이므로 어느 사분면에도 속하지 않는다.

4 1단계 점 $\mathrm{A}(-a, b)$가 제2사분면 위의 점이므로 $-a<0$, $b>0$
2단계 따라서 $a>0$, $-b<0$이므로 점 $\mathrm{B}(a, -b)$는 제4사분면 위의 점이다.

채점 기준		
1단계	$-a$, b의 부호 구하기	… 50 %
2단계	점 B가 위치한 사분면 구하기	… 50 %

5 그래프에서 x축은 시간, y축은 집에서 떨어진 거리를 나타내므로 상황에 알맞은 그래프의 모양을 생각하면 다음과 같다.

상황	공연장에 간다.	공연을 본다.	집으로 돌아온다.
그래프 모양	오른쪽 위로 향한다.	수평이다.	오른쪽 아래로 향한다.

따라서 주어진 상황에 알맞은 그래프는 ㄴ이다.

6 용기의 밑면의 반지름의 길이가 길수록 같은 시간 동안 물의 높이가 느리게 높아진다.
세 용기 (가), (나), (다)의 밑면의 반지름의 길이는 (가)<(나)<(다)이므로 각 용기에 해당하는 그래프는
(가)-ㄷ, (나)-ㄱ, (다)-ㄴ이다.

7 (1) 로봇이 정지한 동안에는 속력이 분속 0 m이므로 출발한 지 16분 후부터 22분 후까지 6분 동안 정지하였다.
(2) 로봇의 속력이 감소하기 시작한 때는 그래프가 오른쪽 아래로 향하기 시작한 때이므로 출발한 지 10분 후이다.
(3) 로봇이 가장 빨리 이동할 때는 출발한 지 4분 후부터 10분 후까지이고, 이때 속력은 분속 50 m이다.

8 ② B 선수만 도중에 달리기를 멈추었다가 다시 달렸다.
③ B 선수는 출발한 지 12초 후부터 20초 후까지 8초 동안 달리기를 멈추었다.
④ A 선수는 출발한 지 36초 후, B 선수는 출발한 지 40초 후에 도착하였으므로 A 선수가 도착하고 $40-36=4$(초) 후에 B 선수가 도착하였다.
⑤ 출발선에서 100 m 떨어진 지점 이후부터 A 선수가 B 선수를 앞서기 시작하였다.
따라서 옳지 않은 것은 ②, ⑤이다.

01 정비례

유형 1 P. 96

1 (1) 800, 1600, 2400, 3200, 4000, $y=800x$
(2) 4, 8, 12, 16, 20, $y=4x$
(3) 1.5, 3, 4.5, 6, 7.5, $y=1.5x$
(4) 5, 10, 15, 20, 25, $y=5x$

2 (1) $y=10x$, ○ (2) $y=x+3$, ×
(3) $y=100-5x$, × (4) $y=50x$, ○

3 (1) $y=\frac{1}{2}x$ (2) -4 **4** (1) $y=-3x$ (2) 3

3 (1) y가 x에 정비례하므로 $y=ax$로 놓고,
이 식에 $x=4$, $y=2$를 대입하면
$2=a\times4 \quad \therefore a=\frac{1}{2}$
$\therefore y=\frac{1}{2}x$
(2) $y=\frac{1}{2}x$에 $x=-8$을 대입하면
$y=\frac{1}{2}\times(-8)=-4$

4 (1) y가 x에 정비례하므로 $y=ax$로 놓고,
이 식에 $x=-2$, $y=6$을 대입하면
$6=a\times(-2) \quad \therefore a=-3$
$\therefore y=-3x$
(2) $y=-3x$에 $x=-1$을 대입하면
$y=-3\times(-1)=3$

유형 2 P. 97

1 (1) $y=14x$ (2) 280 km **2** (1) $y=15x$ (2) 24분
3 (1) $y=2x$ (2) 6번

1 (1) x L의 휘발유로 달릴 수 있는 거리는 $14x$ km이므로
$y=14x$
(2) $y=14x$에 $x=20$을 대입하면 $y=14\times20=280$
따라서 휘발유 20 L로 달릴 수 있는 거리는 280 km이다.

2 (1) x분 동안 인쇄할 수 있는 종이는 $15x$장이므로
$y=15x$
(2) $y=15x$에 $y=360$을 대입하면
$360=15x \quad \therefore x=24$
따라서 종이 360장을 인쇄하려면 24분이 걸린다.

3 (1) 두 톱니바퀴 A, B가 서로 맞물려 돌아갈 때
(A의 톱니의 수)×(A의 회전수)
=(B의 톱니의 수)×(B의 회전수)
이므로 $30\times x=15\times y \quad \therefore y=2x$
(2) $y=2x$에 $x=3$을 대입하면
$y=2\times3=6$
따라서 톱니바퀴 A가 3번 회전하면 톱니바퀴 B는 6번 회전한다.

유형 3 P. 98~99

1 (1) 0, -3, 그래프는 풀이 참조
(2) 0, 1, 그래프는 풀이 참조

2 (1) ㄷ, ㄹ, ㅁ (2) ㄱ, ㄴ, ㅂ
(3) ㄷ, ㄹ, ㅁ (4) ㄱ, ㄴ, ㅂ

3 (1) × (2) ○ (3) × (4) ○

4 (1) -6 (2) 8 (3) $\frac{3}{2}$ (4) -15 (5) $-\frac{1}{3}$

5 (1) $\frac{3}{2}$ (2) $-\frac{1}{2}$ (3) $-\frac{3}{5}$ (4) -8 (5) $\frac{7}{3}$

6 (1) $y=\frac{2}{5}x$ (2) $y=-x$ (3) $y=\frac{5}{4}x$ (4) $y=-\frac{4}{3}x$

7 (1) $y=2x$ (2) 10

[1] 정비례 관계 $y=ax(a\neq0)$의 그래프를 그릴 때는 원점 이외의 한 점을 구하여 원점과 구한 점을 직선으로 연결한다.

1 (1) $y=-3x$에서
$x=0$일 때, $y=0 \quad \therefore (0, 0)$
$x=1$일 때, $y=-3 \quad \therefore (1, -3)$
따라서 $y=-3x$의 그래프는 오른쪽 그림과 같이 두 점 $(0, 0)$, $(1, -3)$을 지나는 직선이다.

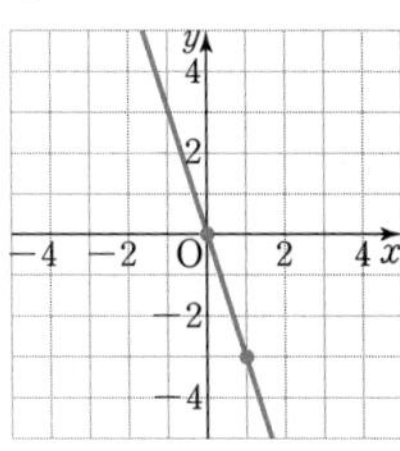

(2) $y=\frac{1}{4}x$에서
$x=0$일 때, $y=0 \quad \therefore (0, 0)$
$x=4$일 때, $y=1 \quad \therefore (4, 1)$
따라서 $y=\frac{1}{4}x$의 그래프는 오른쪽 그림과 같이 두 점 $(0, 0)$, $(4, 1)$을 지나는 직선이다.

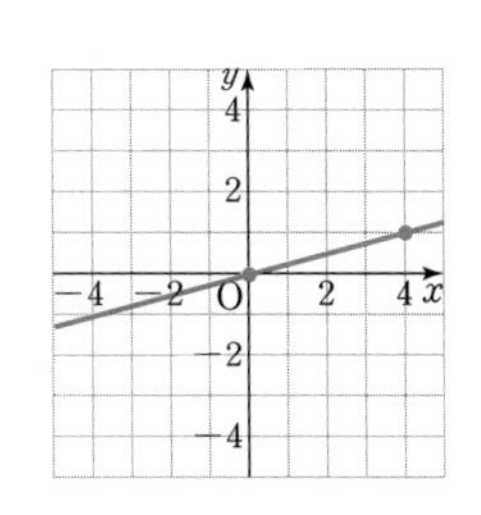

2 (1), (3) $y=ax$에서 $a<0$일 때, 그래프는 오른쪽 아래로 향하는 직선이고, 제2사분면과 제4사분면을 지난다.

∴ ㄷ, ㄹ, ㅁ

(2), (4) $y=ax$에서 $a>0$일 때, 그래프는 제1사분면과 제3사분면을 지나고, x의 값이 증가하면 y의 값도 증가한다.

∴ ㄱ, ㄴ, ㅂ

[3] 점 (p, q)가 정비례 관계 ~의 그래프 위에 있다.
⇨ 주어진 정비례 관계식에 $x=p$, $y=q$를 대입하면 등식이 성립한다.

3 (1) $y=6x$에 $x=2$, $y=4$를 대입하면

$4\neq6\times2$

따라서 점 (2, 4)는 정비례 관계 $y=6x$의 그래프 위에 있지 않다.

(2) $y=6x$에 $x=-1$, $y=-6$을 대입하면

$-6=6\times(-1)$

따라서 점 $(-1, -6)$은 정비례 관계 $y=6x$의 그래프 위에 있다.

(3) $y=6x$에 $x=-\frac{1}{3}$, $y=2$를 대입하면

$2\neq6\times\left(-\frac{1}{3}\right)$

따라서 점 $\left(-\frac{1}{3}, 2\right)$는 정비례 관계 $y=6x$의 그래프 위에 있지 않다.

(4) $y=6x$에 $x=\frac{1}{9}$, $y=\frac{2}{3}$를 대입하면

$\frac{2}{3}=6\times\frac{1}{9}$

따라서 점 $\left(\frac{1}{9}, \frac{2}{3}\right)$는 정비례 관계 $y=6x$의 그래프 위에 있다.

4 (1) $y=-\frac{2}{3}x$에 $x=9$, $y=a$를 대입하면

$a=-\frac{2}{3}\times9=-6$

(2) $y=-\frac{2}{3}x$에 $x=-12$, $y=a$를 대입하면

$a=-\frac{2}{3}\times(-12)=8$

(3) $y=-\frac{2}{3}x$에 $x=a$, $y=-1$을 대입하면

$-1=-\frac{2}{3}\times a \qquad \therefore a=(-1)\times\left(-\frac{3}{2}\right)=\frac{3}{2}$

(4) $y=-\frac{2}{3}x$에 $x=a$, $y=10$을 대입하면

$10=-\frac{2}{3}\times a \qquad \therefore a=10\times\left(-\frac{3}{2}\right)=-15$

(5) $y=-\frac{2}{3}x$에 $x=3a$, $y=a+1$을 대입하면

$a+1=-\frac{2}{3}\times3a$, $a+1=-2a$

$3a=-1 \qquad \therefore a=-\frac{1}{3}$

5 (1) $y=ax$에 $x=4$, $y=6$을 대입하면

$6=a\times4 \qquad \therefore a=\frac{3}{2}$

(2) $y=ax$에 $x=-4$, $y=2$를 대입하면

$2=a\times(-4) \qquad \therefore a=-\frac{1}{2}$

(3) $y=ax$에 $x=5$, $y=-3$을 대입하면

$-3=a\times5 \qquad \therefore a=-\frac{3}{5}$

(4) $y=ax$에 $x=-2$, $y=16$을 대입하면

$16=a\times(-2) \qquad \therefore a=-8$

(5) $y=ax$에 $x=-6$, $y=-14$를 대입하면

$-14=a\times(-6) \qquad \therefore a=\frac{7}{3}$

[6~7] 그래프가 원점을 지나는 직선이면 x와 y 사이의 관계식은 $y=ax$ 꼴이다. (단, a는 상수)

6 (1) 그래프가 원점을 지나는 직선이므로 $y=ax$로 놓는다.

이 그래프가 점 (5, 2)를 지나므로

$y=ax$에 $x=5$, $y=2$를 대입하면

$2=a\times5 \qquad \therefore a=\frac{2}{5}$

$\therefore y=\frac{2}{5}x$

(2) 그래프가 원점을 지나는 직선이므로 $y=ax$로 놓는다.

이 그래프가 점 $(-2, 2)$를 지나므로

$y=ax$에 $x=-2$, $y=2$를 대입하면

$2=a\times(-2) \qquad \therefore a=-1$

$\therefore y=-x$

(3) 그래프가 원점을 지나는 직선이므로 $y=ax$로 놓는다.

이 그래프가 점 $(-4, -5)$를 지나므로

$y=ax$에 $x=-4$, $y=-5$를 대입하면

$-5=a\times(-4) \qquad \therefore a=\frac{5}{4}$

$\therefore y=\frac{5}{4}x$

(4) 그래프가 원점을 지나는 직선이므로 $y=ax$로 놓는다.

이 그래프가 점 $(-6, 8)$을 지나므로

$y=ax$에 $x=-6$, $y=8$을 대입하면

$8=a\times(-6) \qquad \therefore a=-\frac{4}{3}$

$\therefore y=-\frac{4}{3}x$

7 (1) 그래프가 원점을 지나는 직선이므로 $y=ax$로 놓는다.

이 그래프가 점 (2, 4)를 지나므로

$y=ax$에 $x=2$, $y=4$를 대입하면

$4=a\times2 \qquad \therefore a=2$

$\therefore y=2x$

(2) $y=2x$에 $x=5$, $y=k$를 대입하면

$k=2\times5=10$

쌍둥이 기출문제 P. 100~102

1 ⑤	2 ③	3 $y=3x$, 정비례	4 ③, ⑤
5 -10	6 ④	7 (1) $y=60x$ (2) 720 g	
8 $y=4x$, 13분 후	9 ②	10 ⑤	11 ①
12 ⑤	13 ②, ⑤	14 ⑤	15 ①	16 -9
17 $y=-\frac{4}{3}x$	18 $\frac{10}{3}$		

[1~4] 정비례 ⇨ $y=ax$ 꼴

1 y가 x에 정비례하면 $y=ax$ 꼴이다.
② $xy=3$에서 $y=\frac{3}{x}$
따라서 y가 x에 정비례하는 것은 ⑤이다.

2 y가 x에 정비례하면 $y=ax$ 꼴이다.
ㄷ. $\frac{y}{x}=10$에서 $y=10x$
따라서 y가 x에 정비례하는 것은 ㄱ, ㄷ이다.

4 ① $y=1000x$
② (정사각형의 둘레의 길이)$=4\times$(한 변의 길이)이므로
$y=4x$
③ (직각삼각형의 넓이)$=\frac{1}{2}\times$(밑변의 길이)$\times$(높이)이므로
$\frac{1}{2}\times x\times y=8$, $xy=16$ $\therefore y=\frac{16}{x}$
④ (거리)$=$(속력)$\times$(시간)이므로 $y=40x$
⑤ $y=15-0.2x$
따라서 y가 x에 정비례하지 않는 것은 ③, ⑤이다.

[5~6] 정비례 관계식 구하기
⇨ $y=ax$로 놓고, a의 값을 구한다.

5 1단계 y가 x에 정비례하므로 $y=ax$로 놓고,
이 식에 $x=3$, $y=15$를 대입하면
$15=a\times 3$ $\therefore a=5$ $\therefore y=5x$
2단계 $y=5x$에 $x=-2$를 대입하면
$y=5\times(-2)=-10$

채점 기준		
1단계	x와 y 사이의 관계식 구하기	… 50 %
2단계	$x=-2$일 때, y의 값 구하기	… 50 %

6 y가 x에 정비례하므로 $y=ax$로 놓고,
이 식에 $x=-2$, $y=8$을 대입하면
$8=a\times(-2)$ $\therefore a=-4$ $\therefore y=-4x$
$y=-4x$에 $x=-3$, $y=A$를 대입하면
$A=-4\times(-3)=12$
$y=-4x$에 $x=B$, $y=-4$를 대입하면
$-4=-4\times B$ $\therefore B=1$
$\therefore A-B=12-1=11$

[7~8] 정비례 관계의 활용
❶ x와 y 사이의 관계식을 구한다. ⇨ $y=ax$ 꼴
❷ 주어진 조건($x=p$ 또는 $y=q$)을 대입하여 필요한 값을 구한다.

7 (1) 빵 1개를 만드는 데 필요한 밀가루의 양은 60 g이므로
빵 x개를 만드는 데 필요한 밀가루의 양은 $60x$ g이다.
즉, x와 y 사이의 관계식을 구하면 $y=60x$
(2) $y=60x$에 $x=12$를 대입하면
$y=60\times 12=720$
따라서 빵 12개를 만드는 데 필요한 밀가루의 양은 720 g 이다.

8 물의 높이는 매분 4 cm씩 높아지므로
x분 후의 물의 높이는 $4x$ cm이다.
즉, $y=4x$이므로 이 식에 $y=52$를 대입하면
$52=4x$ $\therefore x=13$
따라서 물을 넣기 시작한 지 13분 후에 물의 높이가 52 cm가 된다.

9 $y=-2x$에서
$x=-2$일 때, $y=-2\times(-2)=4$ $\therefore (-2, 4)$
$x=-1$일 때, $y=-2\times(-1)=2$ $\therefore (-1, 2)$
$x=0$일 때, $y=-2\times 0=0$ $\therefore (0, 0)$
$x=1$일 때, $y=-2\times 1=-2$ $\therefore (1, -2)$
$x=2$일 때, $y=-2\times 2=-4$ $\therefore (2, -4)$
따라서 x의 값이 -2, -1, 0, 1, 2일 때,
정비례 관계 $y=-2x$의 그래프는 ②이다.

10 $y=\frac{1}{3}x$에서 $x=3$일 때, $y=\frac{1}{3}\times 3=1$이므로
정비례 관계 $y=\frac{1}{3}x$의 그래프는 원점과 점 (3, 1)을 지나는 직선이다.
따라서 구하는 그래프는 ⑤이다.

11 정비례 관계 $y=\frac{1}{2}x$의 그래프는 오른쪽 그림과 같다.

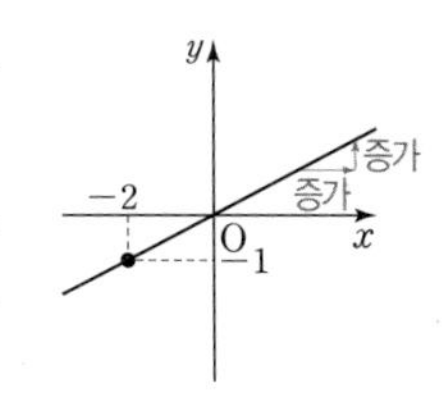

①, ③ 그래프는 제1사분면과 제3사분면을 지나고, x의 값이 증가하면 y의 값도 증가한다.
② 오른쪽 위로 향하는 직선이다.
④ $y=\frac{1}{2}x$에 $x=-2$, $y=1$을 대입하면 $1\neq\frac{1}{2}\times(-2)$이므로 점 $(-2, 1)$을 지나지 않는다.
⑤ 원점을 지난다.
따라서 옳은 것은 ①이다.

12 ⑤ a의 절댓값이 클수록 y축에 가깝다.

[13~16] 점 (p, q)가 정비례 관계 ~의 그래프 위에 있다.
⇨ 정비례 관계 ~의 그래프가 점 (p, q)를 지난다.
⇨ 주어진 정비례 관계식에 $x=p$, $y=q$를 대입하면 등식이 성립한다.

13 ① $y=\frac{5}{2}x$에 $x=-4$, $y=10$을 대입하면 $10\neq\frac{5}{2}\times(-4)$

② $y=\frac{5}{2}x$에 $x=0$, $y=0$을 대입하면 $0=\frac{5}{2}\times0$

③ $y=\frac{5}{2}x$에 $x=\frac{1}{5}$, $y=2$를 대입하면 $2\neq\frac{5}{2}\times\frac{1}{5}$

④ $y=\frac{5}{2}x$에 $x=1$, $y=-\frac{5}{2}$를 대입하면 $-\frac{5}{2}\neq\frac{5}{2}\times1$

⑤ $y=\frac{5}{2}x$에 $x=2$, $y=5$를 대입하면 $5=\frac{5}{2}\times2$

따라서 정비례 관계 $y=\frac{5}{2}x$의 그래프 위의 점은 ②, ⑤이다.

14 ① $y=-5x$에 $x=2$, $y=-10$을 대입하면 $-10=-5\times2$
② $y=-5x$에 $x=1$, $y=-5$를 대입하면 $-5=-5\times1$
③ $y=-5x$에 $x=\frac{1}{5}$, $y=-1$을 대입하면 $-1=-5\times\frac{1}{5}$
④ $y=-5x$에 $x=-3$, $y=15$를 대입하면
$15=-5\times(-3)$
⑤ $y=-5x$에 $x=-5$, $y=1$을 대입하면 $1\neq-5\times(-5)$
따라서 정비례 관계 $y=-5x$의 그래프 위의 점이 아닌 것은 ⑤이다.

15 $y=ax$의 그래프가 점 $(6, -5)$를 지나므로
$y=ax$에 $x=6$, $y=-5$를 대입하면
$-5=a\times6$ $\therefore a=-\frac{5}{6}$
즉, $y=-\frac{5}{6}x$이고, 이 그래프가 점 $\left(k, \frac{5}{2}\right)$를 지나므로
$y=-\frac{5}{6}x$에 $x=k$, $y=\frac{5}{2}$를 대입하면
$\frac{5}{2}=-\frac{5}{6}\times k$ $\therefore k=-3$

16 1단계 $y=ax$의 그래프가 점 $(8, 6)$을 지나므로
$y=ax$에 $x=8$, $y=6$을 대입하면
$6=a\times8$ $\therefore a=\frac{3}{4}$

2단계 즉, $y=\frac{3}{4}x$이고, 이 그래프가 점 $(b, -9)$를 지나므로
$y=\frac{3}{4}x$에 $x=b$, $y=-9$를 대입하면
$-9=\frac{3}{4}\times b$ $\therefore b=-9\times\frac{4}{3}=-12$

3단계 $\therefore 4a+b=4\times\frac{3}{4}+(-12)=3-12=-9$

채점 기준		
1단계	상수 a의 값 구하기	… 40 %
2단계	b의 값 구하기	… 40 %
3단계	$4a+b$의 값 구하기	… 20 %

17 그래프가 원점을 지나는 직선이므로 $y=ax$로 놓는다.
이 그래프가 점 $(-3, 4)$를 지나므로
$y=ax$에 $x=-3$, $y=4$를 대입하면
$4=a\times(-3)$ $\therefore a=-\frac{4}{3}$
$\therefore y=-\frac{4}{3}x$

18 그래프가 원점을 지나는 직선이므로 $y=ax$로 놓는다.
이 그래프가 점 $(3, 2)$를 지나므로
$y=ax$에 $x=3$, $y=2$를 대입하면
$2=a\times3$ $\therefore a=\frac{2}{3}$
즉, $y=\frac{2}{3}x$이고, 이 그래프가 점 $(5, k)$를 지나므로
$y=\frac{2}{3}x$에 $x=5$, $y=k$를 대입하면 $k=\frac{2}{3}\times5=\frac{10}{3}$

반비례

유형 4 P. 103

1 (1) 60, 30, 20, 15, 1, $y=\frac{60}{x}$
(2) 900, 450, 300, 225, 180, $y=\frac{900}{x}$
(3) 120, 60, 40, 30, 1, $y=\frac{120}{x}$
(4) 84, 42, 28, 21, $\frac{84}{5}$, $y=\frac{84}{x}$

2 (1) $y=\frac{3000}{x}$, ○ (2) $y=5x$, ×
(3) $y=\frac{12}{x}$, ○ (4) $y=\frac{20}{x}$, ○

3 (1) $y=\frac{8}{x}$ (2) 1 **4** (1) $y=-\frac{30}{x}$ (2) 15

3 (1) y가 x에 반비례하므로 $y=\frac{a}{x}$로 놓고,
이 식에 $x=4$, $y=2$를 대입하면
$2=\frac{a}{4}$ $\therefore a=8$
$\therefore y=\frac{8}{x}$

(2) $y=\frac{8}{x}$에 $x=8$을 대입하면 $y=\frac{8}{8}=1$

4 (1) y가 x에 반비례하므로 $y=\frac{a}{x}$로 놓고,
이 식에 $x=6$, $y=-5$를 대입하면
$-5=\frac{a}{6}$ $\therefore a=-30$
$\therefore y=-\frac{30}{x}$
(2) $y=-\frac{30}{x}$에 $x=-2$를 대입하면 $y=-\frac{30}{-2}=15$

유형 5 P. 104

1 (1) $y=\frac{340}{x}$ (2) $\frac{17}{2}$ m **2** (1) $y=\frac{150}{x}$ (2) 3 L
3 (1) $y=\frac{420}{x}$ (2) 70대

1 (1) y는 x에 반비례하므로 $y=\frac{a}{x}$로 놓고,
이 식에 $x=17$, $y=20$을 대입하면
$20=\frac{a}{17}$ $\therefore a=340$
$\therefore y=\frac{340}{x}$
(2) $y=\frac{340}{x}$에 $x=40$을 대입하면 $y=\frac{340}{40}=\frac{17}{2}$
따라서 진동수가 40 Hz일 때, 음파의 파장은 $\frac{17}{2}$ m이다.

2 (1) (매분 넣는 물의 양)×(물이 가득 찰 때까지 걸리는 시간) $=150$
이므로 $x\times y=150$ $\therefore y=\frac{150}{x}$
(2) $y=\frac{150}{x}$에 $y=50$을 대입하면
$50=\frac{150}{x}$, $50x=150$ $\therefore x=3$
따라서 50분 만에 물통에 물을 가득 채우려면 매분 3 L씩 물을 넣어야 한다.

3 (1) 똑같은 기계 30대로 14시간 동안 작업한 일의 양은 똑같은 기계 x대로 y시간 동안 작업한 일의 양과 같으므로
$30\times14=x\times y$ $\therefore y=\frac{420}{x}$
(2) $y=\frac{420}{x}$에 $y=6$을 대입하면
$6=\frac{420}{x}$, $6x=420$ $\therefore x=70$
따라서 6시간 만에 일을 끝내려면 70대의 기계로 작업해야 한다.

유형 6 P. 105~106

1 (1) -2, -3, 3, 2, 그래프는 풀이 참조
(2) 1, 2, -2, -1, 그래프는 풀이 참조
2 (1) ㄱ, ㄷ, ㅂ (2) ㄴ, ㄹ, ㅁ (3) ㄴ, ㄹ, ㅁ
3 (1) × (2) × (3) ○ (4) ○
4 (1) -6 (2) 2 (3) $-\frac{1}{2}$ (4) -3 (5) 12
5 (1) 10 (2) -14 (3) -15 (4) 48 (5) -6
6 (1) $y=\frac{3}{x}$ (2) $y=-\frac{21}{x}$ (3) $y=\frac{32}{x}$ (4) $y=-\frac{25}{x}$
7 (1) $y=-\frac{12}{x}$ (2) -3

[1] 반비례 관계 $y=\frac{a}{x}(a\neq0)$의 그래프를 그릴 때는 x좌표, y좌표가 모두 정수인 점을 구하여 그 점들을 매끄러운 곡선으로 연결하면 그래프를 쉽게 그릴 수 있다.

1 (1) $y=\frac{6}{x}$에서
$x=-3$일 때, $y=-2$ $\therefore (-3, -2)$
$x=-2$일 때, $y=-3$ $\therefore (-2, -3)$
$x=2$일 때, $y=3$ $\therefore (2, 3)$
$x=3$일 때, $y=2$ $\therefore (3, 2)$
따라서 $y=\frac{6}{x}$의 그래프는 오른쪽 그림과 같이 위의 네 점을 지나는 한 쌍의 매끄러운 곡선이다.

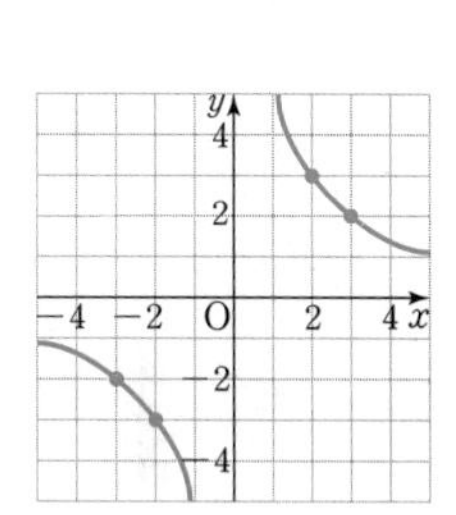

(2) $y=-\frac{2}{x}$에서
$x=-2$일 때, $y=1$ $\therefore (-2, 1)$
$x=-1$일 때, $y=2$ $\therefore (-1, 2)$
$x=1$일 때, $y=-2$ $\therefore (1, -2)$
$x=2$일 때, $y=-1$ $\therefore (2, -1)$
따라서 $y=-\frac{2}{x}$의 그래프는 오른쪽 그림과 같이 위의 네 점을 지나는 한 쌍의 매끄러운 곡선이다.

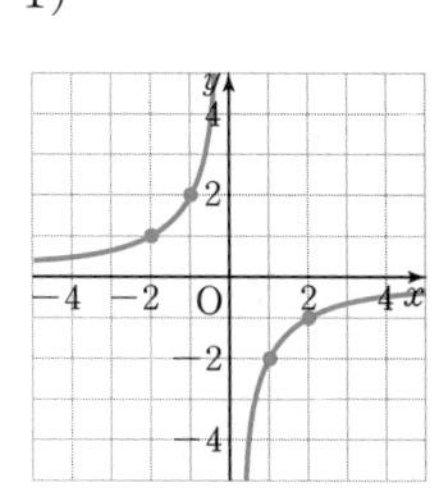

2 (1) $y=\frac{a}{x}$에서 $a>0$일 때, 그래프는 제1사분면과 제3사분면을 지난다. $\therefore$ ㄱ, ㄷ, ㅂ
(2), (3) $y=\frac{a}{x}$에서 $a<0$일 때, 그래프는 제2사분면과 제4사분면을 지나고, $x>0$인 범위에서 x의 값이 증가하면 y의 값도 증가한다. $\therefore$ ㄴ, ㄹ, ㅁ

[3] 점 (p, q)가 반비례 관계 ~의 그래프 위에 있다.
⇨ 주어진 반비례 관계식에 $x=p$, $y=q$를 대입하면 등식이 성립한다.

3 (1) $y=\frac{8}{x}$에 $x=-2$, $y=4$를 대입하면 $4\neq\frac{8}{-2}$

따라서 점 $(-2, 4)$는 반비례 관계 $y=\frac{8}{x}$의 그래프 위에 있지 않다.

(2) $y=\frac{8}{x}$에 $x=-1$, $y=-\frac{1}{8}$을 대입하면 $-\frac{1}{8}\neq\frac{8}{-1}$

따라서 점 $\left(-1, -\frac{1}{8}\right)$은 반비례 관계 $y=\frac{8}{x}$의 그래프 위에 있지 않다.

(3) $y=\frac{8}{x}$에 $x=8$, $y=1$을 대입하면 $1=\frac{8}{8}$

따라서 점 $(8, 1)$은 반비례 관계 $y=\frac{8}{x}$의 그래프 위에 있다.

(4) $y=\frac{8}{x}$에 $x=4$, $y=2$를 대입하면 $2=\frac{8}{4}$

따라서 점 $(4, 2)$는 반비례 관계 $y=\frac{8}{x}$의 그래프 위에 있다.

4 (1) $y=-\frac{24}{x}$에 $x=4$, $y=a$를 대입하면 $a=-\frac{24}{4}=-6$

(2) $y=-\frac{24}{x}$에 $x=-12$, $y=a$를 대입하면 $a=-\frac{24}{-12}=2$

(3) $y=-\frac{24}{x}$에 $x=48$, $y=a$를 대입하면

$a=-\frac{24}{48}=-\frac{1}{2}$

(4) $y=-\frac{24}{x}$에 $x=a$, $y=8$을 대입하면

$8=-\frac{24}{a}$, $8a=-24$ $\quad\therefore a=-3$

(5) $y=-\frac{24}{x}$에 $x=a$, $y=-2$를 대입하면

$-2=-\frac{24}{a}$, $-2a=-24$ $\quad\therefore a=12$

5 (1) $y=\frac{a}{x}$에 $x=5$, $y=2$를 대입하면

$2=\frac{a}{5}$ $\quad\therefore a=10$

(2) $y=\frac{a}{x}$에 $x=-2$, $y=7$을 대입하면

$7=\frac{a}{-2}$ $\quad\therefore a=-14$

(3) $y=\frac{a}{x}$에 $x=3$, $y=-5$를 대입하면

$-5=\frac{a}{3}$ $\quad\therefore a=-15$

(4) $y=\frac{a}{x}$에 $x=-6$, $y=-8$을 대입하면

$-8=\frac{a}{-6}$ $\quad\therefore a=48$

(5) $y=\frac{a}{x}$에 $x=-9$, $y=\frac{2}{3}$를 대입하면

$\frac{2}{3}=\frac{a}{-9}$ $\quad\therefore a=\frac{2}{3}\times(-9)=-6$

[6~7] 그래프가 한 쌍의 매끄러운 곡선이면 x와 y 사이의 관계식은 $y=\frac{a}{x}$ 꼴이다. (단, a는 상수)

6 (1) 그래프가 한 쌍의 매끄러운 곡선이므로 $y=\frac{a}{x}$로 놓는다.

이 그래프가 점 $(1, 3)$을 지나므로

$y=\frac{a}{x}$에 $x=1$, $y=3$을 대입하면

$3=\frac{a}{1}$ $\quad\therefore a=3$

$\therefore y=\frac{3}{x}$

(2) 그래프가 한 쌍의 매끄러운 곡선이므로 $y=\frac{a}{x}$로 놓는다.

이 그래프가 점 $(7, -3)$을 지나므로

$y=\frac{a}{x}$에 $x=7$, $y=-3$을 대입하면

$-3=\frac{a}{7}$ $\quad\therefore a=-21$

$\therefore y=-\frac{21}{x}$

(3) 그래프가 한 쌍의 매끄러운 곡선이므로 $y=\frac{a}{x}$로 놓는다.

이 그래프가 점 $(-4, -8)$을 지나므로

$y=\frac{a}{x}$에 $x=-4$, $y=-8$을 대입하면

$-8=\frac{a}{-4}$ $\quad\therefore a=32$

$\therefore y=\frac{32}{x}$

(4) 그래프가 한 쌍의 매끄러운 곡선이므로 $y=\frac{a}{x}$로 놓는다.

이 그래프가 점 $(-5, 5)$를 지나므로

$y=\frac{a}{x}$에 $x=-5$, $y=5$를 대입하면

$5=\frac{a}{-5}$ $\quad\therefore a=-25$

$\therefore y=-\frac{25}{x}$

7 (1) 그래프가 한 쌍의 매끄러운 곡선이므로 $y=\frac{a}{x}$로 놓는다.

이 그래프가 점 $(-2, 6)$을 지나므로

$y=\frac{a}{x}$에 $x=-2$, $y=6$을 대입하면

$6=\frac{a}{-2}$ $\quad\therefore a=-12$ $\quad\therefore y=-\frac{12}{x}$

(2) $y=-\frac{12}{x}$에 $x=4$, $y=k$를 대입하면 $k=-\frac{12}{4}=-3$

쌍둥이 기출문제 P. 107~109

1 ①, ③ 2 ④ 3 $y=\frac{42}{x}$, 반비례 4 ④
5 -4 6 ② 7 $y=\frac{225}{x}$, 25쪽 8 15번
9 ④ 10 ③ 11 ①, ⑤ 12 ⑤ 13 ③
14 ③, ④ 15 -18 16 ① 17 $y=-\frac{6}{x}$
18 -15

[1~4] 반비례 ⇨ $y=\frac{a}{x}$ 꼴

1 y가 x에 반비례하면 $y=\frac{a}{x}$ 꼴이다.
③ $xy=5$에서 $y=\frac{5}{x}$ ⑤ $\frac{y}{x}=\frac{1}{6}$에서 $y=\frac{1}{6}x$
따라서 y가 x에 반비례하는 것은 ①, ③이다.

2 x의 값이 2배, 3배, 4배, ...로 변함에 따라 y의 값은 $\frac{1}{2}$배, $\frac{1}{3}$배, $\frac{1}{4}$배, ...로 변하는 관계가 있을 때, y는 x에 반비례하므로 $y=\frac{a}{x}$ 꼴이다.
④ $xy=2$에서 $y=\frac{2}{x}$
따라서 y가 x에 반비례하는 것은 ④이다.

3 (마름모의 넓이)
$=\frac{1}{2}\times$(한 대각선의 길이)$\times$(다른 대각선의 길이)
이므로 $\frac{1}{2}\times x\times y=21$에서 $xy=42$ $\therefore y=\frac{42}{x}$
이때 y는 x에 반비례한다.

4 ① $y=1500x$ ② $y=500x$
③ $2(x+y)=18$에서 $2y=18-2x$ $\therefore y=9-x$
④ $y=\frac{2}{x}$ ⑤ $y=3x$
따라서 y가 x에 반비례하는 것은 ④이다.

[5~6] 반비례 관계식 구하기
⇨ $y=\frac{a}{x}$로 놓고, a의 값을 구한다.

5 (1단계) y가 x에 반비례하므로 $y=\frac{a}{x}$로 놓고,
이 식에 $x=-2$, $y=8$을 대입하면
$8=\frac{a}{-2}$ $\therefore a=-16$ $\therefore y=-\frac{16}{x}$
(2단계) $y=-\frac{16}{x}$에 $x=4$를 대입하면
$y=-\frac{16}{4}=-4$

	채점 기준	
1단계	x와 y 사이의 관계식 구하기	··· 50 %
2단계	$x=4$일 때, y의 값 구하기	··· 50 %

6 y가 x에 반비례하므로 $y=\frac{a}{x}$로 놓고,
이 식에 $x=2$, $y=18$을 대입하면
$18=\frac{a}{2}$ $\therefore a=36$ $\therefore y=\frac{36}{x}$
$y=\frac{36}{x}$에 $x=6$, $y=A$를 대입하면 $A=\frac{36}{6}=6$
$y=\frac{36}{x}$에 $x=B$, $y=4$를 대입하면
$4=\frac{36}{B}$, $4B=36$ $\therefore B=9$
$\therefore A+B=6+9=15$

[7~8] 반비례 관계의 활용
❶ x와 y 사이의 관계식을 구한다. ⇨ $y=\frac{a}{x}$ 꼴
❷ 주어진 조건($x=p$ 또는 $y=q$)을 대입하여 필요한 값을 구한다.

7 $x\times y=225$ $\therefore y=\frac{225}{x}$
$y=\frac{225}{x}$에 $y=9$를 대입하면
$9=\frac{225}{x}$, $9x=225$ $\therefore x=25$
따라서 책을 9일 만에 모두 읽으려면
하루에 25쪽씩 읽어야 한다.

8 두 톱니바퀴 A, B가 서로 맞물려 돌아갈 때
(A의 톱니의 수)$\times$(A의 회전수)
$=$(B의 톱니의 수)$\times$(B의 회전수)
이므로 $20\times 9=x\times y$ $\therefore y=\frac{180}{x}$
$y=\frac{180}{x}$에 $x=12$를 대입하면 $y=\frac{180}{12}=15$
따라서 톱니바퀴 B는 1분 동안 15번 회전한다.

9 $y=-\frac{7}{x}$에서 $-7<0$이므로
그래프는 제2사분면과 제4사분면을 지나는 한 쌍의 매끄러운 곡선이다.
따라서 반비례 관계 $y=-\frac{7}{x}$의 그래프로 알맞은 것은 ④이다.

10 그래프가 한 쌍의 매끄러운 곡선이므로 $y=\frac{a}{x}$ 꼴이고,
제1사분면과 제3사분면을 지나므로 $a>0$이다.
따라서 구하는 것은 ③이다.

11 반비례 관계 $y=\frac{4}{x}$의 그래프는 오른쪽 그림과 같다.

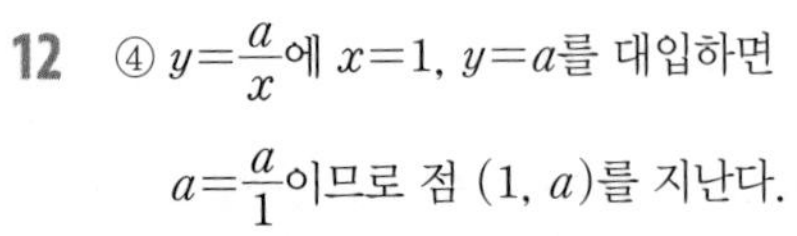

② 좌표축에 가까워지지만 좌표축과 만나지 않는다.

③ 원점을 지나지 않는다.

④ $y=\frac{4}{x}$에 $x=-2$, $y=2$를 대입하면 $2\neq\frac{4}{-2}$이므로 점 $(-2, 2)$를 지나지 않는다.

따라서 옳은 것은 ①, ⑤이다.

12 ④ $y=\frac{a}{x}$에 $x=1$, $y=a$를 대입하면

$a=\frac{a}{1}$이므로 점 $(1, a)$를 지난다.

⑤ $a>0$, $x<0$일 때, x의 값이 증가하면 y의 값은 감소한다.

따라서 옳지 않은 것은 ⑤이다.

[13~16] 점 (p, q)가 반비례 관계 ~의 그래프 위에 있다.
⇨ 반비례 관계 ~의 그래프가 점 (p, q)를 지난다.
⇨ 주어진 반비례 관계식에 $x=p$, $y=q$를 대입하면 등식이 성립한다.

13 ① $y=\frac{18}{x}$에 $x=-18$, $y=-1$을 대입하면 $-1=\frac{18}{-18}$

② $y=\frac{18}{x}$에 $x=-9$, $y=-2$를 대입하면 $-2=\frac{18}{-9}$

③ $y=\frac{18}{x}$에 $x=-3$, $y=6$을 대입하면 $6\neq\frac{18}{-3}$

④ $y=\frac{18}{x}$에 $x=1$, $y=18$을 대입하면 $18=\frac{18}{1}$

⑤ $y=\frac{18}{x}$에 $x=6$, $y=3$을 대입하면 $3=\frac{18}{6}$

따라서 반비례 관계 $y=\frac{18}{x}$의 그래프가 지나는 점이 아닌 것은 ③이다.

14 ① $y=-\frac{10}{x}$에 $x=-10$, $y=-1$을 대입하면

$-1\neq-\frac{10}{-10}$

② $y=-\frac{10}{x}$에 $x=-4$, $y=-\frac{5}{2}$를 대입하면

$-\frac{5}{2}\neq-\frac{10}{-4}$

③ $y=-\frac{10}{x}$에 $x=-2$, $y=5$를 대입하면 $5=-\frac{10}{-2}$

④ $y=-\frac{10}{x}$에 $x=5$, $y=-2$를 대입하면 $-2=-\frac{10}{5}$

⑤ $y=-\frac{10}{x}$에 $x=6$, $y=\frac{5}{3}$를 대입하면

$\frac{5}{3}\neq-\frac{10}{6}$

따라서 반비례 관계 $y=-\frac{10}{x}$의 그래프 위의 점은 ③, ④이다.

15 $y=\frac{a}{x}$의 그래프가 점 $(9, 6)$을 지나므로

$y=\frac{a}{x}$에 $x=9$, $y=6$을 대입하면

$6=\frac{a}{9}$ $\quad\therefore a=54$

즉, $y=\frac{54}{x}$이고, 이 그래프가 점 $(b, -3)$을 지나므로

$y=\frac{54}{x}$에 $x=b$, $y=-3$을 대입하면

$-3=\frac{54}{b}$, $-3b=54$ $\quad\therefore b=-18$

16 $y=\frac{a}{x}$의 그래프가 점 $(-4, 5)$를 지나므로

$y=\frac{a}{x}$에 $x=-4$, $y=5$를 대입하면

$5=\frac{a}{-4}$ $\quad\therefore a=-20$

즉, $y=-\frac{20}{x}$이고, 이 그래프가 점 $(2, b)$를 지나므로

$y=-\frac{20}{x}$에 $x=2$, $y=b$를 대입하면

$b=-\frac{20}{2}=-10$

$\therefore a-b=-20-(-10)=-20+10=-10$

17 (1단계) 그래프가 한 쌍의 매끄러운 곡선이므로

$y=\frac{a}{x}$로 놓는다.

(2단계) 이 그래프가 점 $(-3, 2)$를 지나므로

$y=\frac{a}{x}$에 $x=-3$, $y=2$를 대입하면

$2=\frac{a}{-3}$ $\quad\therefore a=-6$

(3단계) 따라서 그래프가 나타내는 x와 y 사이의 관계식은

$y=-\frac{6}{x}$이다.

채점 기준		
1단계	그래프가 나타내는 x와 y 사이의 관계식을 $y=\frac{a}{x}$로 놓기	… 30 %
2단계	상수 a의 값 구하기	… 40 %
3단계	그래프가 나타내는 x와 y 사이의 관계식 구하기	… 30 %

18 그래프가 한 쌍의 매끄러운 곡선이므로 $y=\frac{a}{x}$로 놓는다.

이 그래프가 점 $(5, 9)$를 지나므로

$y=\frac{a}{x}$에 $x=5$, $y=9$를 대입하면

$9=\frac{a}{5}$ $\quad\therefore a=45$

즉, $y=\frac{45}{x}$이고, 이 그래프가 점 $(-3, k)$를 지나므로

$y=\frac{45}{x}$에 $x=-3$, $y=k$를 대입하면

$k=\frac{45}{-3}=-15$

P. 110~112

1 ③, ⑤	**2** ⑤	**3** (1) $y=150x$ (2) 750 Wh	
4 ㄴ, ㄷ	**5** ④	**6** ②, ④	**7** (1) $y=\frac{1000}{x}$ (2) 25 L
8 ①	**9** 7	**10** $y=-\frac{32}{x}$	**11** ③

1 x의 값이 2배, 3배, 4배, …로 변함에 따라 y의 값도 2배, 3배, 4배, …로 변하는 관계가 있을 때, y는 x에 정비례하므로 $y=ax$ 꼴이다.

① $xy=10$에서 $y=\frac{10}{x}$

⑤ $\frac{y}{x}=5$에서 $y=5x$

따라서 y가 x에 정비례하는 것은 ③, ⑤이다.

2 y가 x에 정비례하므로 $y=ax$로 놓고,
이 식에 $x=3$, $y=-7$을 대입하면

$-7=a\times3 \qquad \therefore a=-\frac{7}{3}$

$\therefore y=-\frac{7}{3}x$

따라서 $y=-\frac{7}{3}x$에 $x=-6$을 대입하면

$y=-\frac{7}{3}\times(-6)=14$

3 (1) 1단계 y가 x에 정비례하므로 $y=ax$로 놓고,
이 식에 $x=2$, $y=300$을 대입하면

$300=a\times2 \qquad \therefore a=150$

$\therefore y=150x$

(2) 2단계 $y=150x$에 $x=5$를 대입하면

$y=150\times5=750$

따라서 텔레비전을 5시간 동안 시청하였을 때, 소모되는 전력량은 750 Wh이다.

채점 기준		
1단계	x와 y 사이의 관계식 구하기	… 50 %
2단계	텔레비전을 5시간 동안 시청하였을 때, 소모되는 전력량 구하기	… 50 %

4 ㄱ. $y=-6x$에 $x=-2$, $y=-12$를 대입하면

$-12\neq-6\times(-2)$

ㄹ. x의 값이 증가하면 y의 값은 감소한다.

ㅁ. $|-5|<|-6|$이므로
정비례 관계 $y=-6x$의 그래프는
정비례 관계 $y=-5x$의 그래프보다 y축에 더 가깝다.

따라서 옳은 것은 ㄴ, ㄷ이다.

참고 정비례 관계 $y=ax(a\neq0)$의 그래프는 a의 절댓값이 클수록 y축에 가깝다.

5 그래프가 원점을 지나는 직선이므로 $y=ax$로 놓는다.
이 그래프가 점 $(-2, 3)$을 지나므로
$y=ax$에 $x=-2$, $y=3$을 대입하면

$3=a\times(-2) \qquad \therefore a=-\frac{3}{2}$

$\therefore y=-\frac{3}{2}x$

① $y=-\frac{3}{2}x$에 $x=9$, $y=-6$을 대입하면

$-6\neq-\frac{3}{2}\times9$

② $y=-\frac{3}{2}x$에 $x=6$, $y=9$를 대입하면

$9\neq-\frac{3}{2}\times6$

③ $y=-\frac{3}{2}x$에 $x=\frac{1}{2}$, $y=-\frac{3}{2}$을 대입하면

$-\frac{3}{2}\neq-\frac{3}{2}\times\frac{1}{2}$

④ $y=-\frac{3}{2}x$에 $x=-4$, $y=6$을 대입하면

$6=-\frac{3}{2}\times(-4)$

⑤ $y=-\frac{3}{2}x$에 $x=-8$, $y=-12$를 대입하면

$-12\neq-\frac{3}{2}\times(-8)$

따라서 주어진 그래프 위에 있는 점은 ④이다.

6 ② $y=-\frac{2}{x}$

③ $y=3x-1$

④ $y=\frac{100}{x}$

⑤ $y=5x$

따라서 y가 x에 반비례하는 것은 ②, ④이다.

7 (1) 물탱크의 용량은 $20\times50=1000$(L)이고, 이 물탱크에 매분 x L씩 물을 넣으면 가득 채우는 데 y분이 걸리므로

$xy=1000 \qquad \therefore y=\frac{1000}{x}$

(2) $y=\frac{1000}{x}$에 $y=40$을 대입하면

$40=\frac{1000}{x}$, $40x=1000 \qquad \therefore x=25$

따라서 빈 물탱크를 40분 만에 가득 채우려면 매분 25 L씩 물을 넣어야 한다.

8 $y=\frac{15}{x}$에서 $15>0$이므로 그래프는 제1사분면과 제3사분면을 지나는 한 쌍의 매끄러운 곡선이다.

따라서 반비례 관계 $y=\frac{15}{x}$의 그래프로 알맞은 것은 ①이다.

9 **1단계** 반비례 관계 $y=-\frac{56}{x}$의 그래프가 점 $(a, 8)$을 지나므로

$y=-\frac{56}{x}$에 $x=a$, $y=8$을 대입하면

$8=-\frac{56}{a}$, $8a=-56$ $\quad\therefore a=-7$

2단계 또 반비례 관계 $y=-\frac{56}{x}$의 그래프가 점 $(-4, b)$를 지나므로

$y=-\frac{56}{x}$에 $x=-4$, $y=b$를 대입하면

$b=-\frac{56}{-4}=14$

3단계 $\therefore a+b=-7+14=7$

채점 기준		
1단계	a의 값 구하기	$\cdots$ 40 %
2단계	b의 값 구하기	$\cdots$ 40 %
3단계	$a+b$의 값 구하기	$\cdots$ 20 %

10 (가)에서 y가 x에 반비례하므로 $y=\frac{a}{x}$로 놓는다.

(나)에서 그래프가 점 $(-4, 8)$을 지나므로

$y=\frac{a}{x}$에 $x=-4$, $y=8$을 대입하면

$8=\frac{a}{-4}$ $\quad\therefore a=-32$

$\therefore y=-\frac{32}{x}$

11 ① 그래프가 한 쌍의 매끄러운 곡선이므로 y는 x에 반비례한다.

② y가 x에 반비례하므로 $y=\frac{a}{x}$로 놓는다.

이 그래프가 점 $(7, 5)$를 지나므로

$y=\frac{a}{x}$에 $x=7$, $y=5$를 대입하면 $5=\frac{a}{7}$ $\quad\therefore a=35$

$\therefore y=\frac{35}{x}$

③ $y=\frac{35}{x}$에 $x=-5$, $y=-7$을 대입하면 $-7=\frac{35}{-5}$

즉, 점 $(-5, -7)$을 지난다.

④ $x>0$일 때, x의 값이 증가하면 y의 값은 감소한다.

⑤ $xy=35$이므로 xy의 값이 일정하다.

따라서 옳은 것은 ③이다.

✣ 개념·플러스·유형·시리즈 개념과 유형이 하나로! 가장 효과적인 수학 공부 방법을 제시합니다.

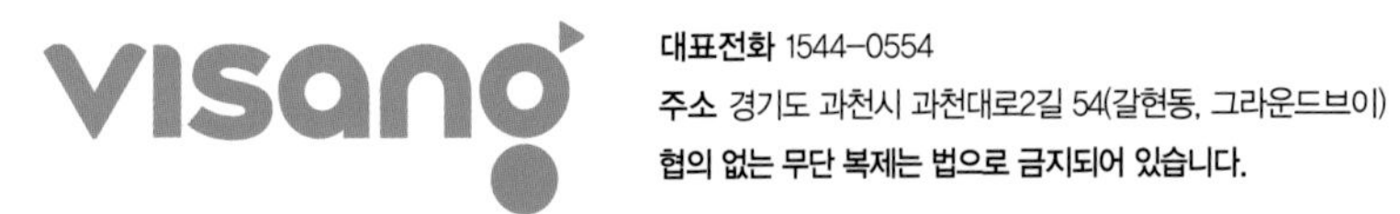

대표전화 1544-0554
주소 경기도 과천시 과천대로2길 54(갈현동, 그라운드브이)

✣ 개념·플러스·유형·시리즈 개념과 유형이 하나로! 가장 효과적인 수학 공부 방법을 제시합니다.

비상교재 누리집에 방문해보세요
http://book.visang.com/
발간 이후에 발견되는 오류 비상교재 누리집 〉 학습자료실 〉 중등교재 〉 정오표
본 교재의 정답 비상교재 누리집 〉 학습자료실 〉 중등교재 〉 정답 • 해설

ISBN 979-11-6940-549-2
정가 11,500원
품질혁신코드 VS01QI25_1